普通高等教育机电类系列教材

数控技术与编程

主编 杜文俊 赵镇锋 王 超

U0379594

西安电子科技大学出版社

内容简介

本书主要介绍数控技术和数控机床系统的基本知识，以及数控编程基础和华中数控 HNC-21T/M 系统的编程方法。全书共 9 章，主要内容包括绪论、计算机数控(CNC)系统、典型数控功能及实现、位置检测装置、数控机床的机械结构、数控编程基础、数控车床的编程、数控铣床与加工中心的编程、宏指令编程等。本书配备有电子课件，并附有习题答案，读者可登录西安电子科技大学出版社官网下载并查看。

本书可作为应用型本科机电类、机械类、自动化类相关专业的教材，也可作为数控技术培训的教学用书，还可供相关技术人员参考。

图书在版编目（CIP）数据

数控技术与编程 / 杜文俊，赵镇锋，王超主编. -- 西安：西安电子科技大学出版社，2025. 4. -- ISBN 978-7-5606-7614-2

Ⅰ. TG659

中国国家版本馆 CIP 数据核字第 2025ZP4088 号

策　　划　吴祯娥
责任编辑　吴祯娥
出版发行　西安电子科技大学出版社（西安市太白南路 2 号）
电　　话　(029) 88202421　88201467　　邮　　编　710071
网　　址　www.xduph.com　　　　　电子邮箱　xdupfxb001@163.com
经　　销　新华书店
印刷单位　广东虎彩云印刷有限公司
版　　次　2025 年 4 月第 1 版　　　　2025 年 4 月第 1 次印刷
开　　本　787 毫米×1092 毫米　1/16　印张 16.5
字　　数　389 千字
定　　价　51.00 元
ISBN 978-7-5606-7614-2
XDUP 7915001-1
＊＊＊如有印装问题可调换＊＊＊

前　言

计算机数控系统是 20 世纪 70 年代发展起来的一种综合运用计算机、自动控制、电气传动、精密测量、机械制造等多门技术的新型控制系统，它是自动化机械系统、机器人、柔性制造系统、计算机集成制造系统等高新装备的基础，同时也是 21 世纪机械制造业进行技术更新与改造，向机电一体化方向发展的主要途径和重要手段。

为了适应我国制造业的快速发展及国家振兴制造业的战略规划，我们遵循高等工科院校教学规律的要求，根据教育部机械学科教学指导委员会关于工科教材编写的有关精神，结合多年来教学及科研方面的实践经验，编写了本书。本书力求反映数控技术和数控机床系统的基本知识、核心技术与最新技术成果，并兼顾理论与实际的需求，详细介绍数控编程基础和编程方法。

本书共 9 章。第 1 章为绪论，简单介绍数控技术的产生与基本概念、数控机床的组成与分类、数控加工的过程与应用范围，以及数控技术的发展趋势。第 2 章为计算机数控（CNC）系统，介绍 CNC 系统的组成与特点、CNC 系统的功能、CNC 系统的硬件结构和软件结构、可编程控制器（PLC），并简要介绍目前较为流行的几种国内外的优秀数控系统。第 3 章为典型数控功能及实现，主要介绍插补、刀补、误差补偿、速控及故障自诊断等典型数控功能。第 4 章为位置检测装置，主要介绍各种位置检测装置的工作原理、分类和适用场合。第 5 章为数控机床的机械结构，主要介绍数控机床的机械结构及总体布局，并对数控机床主传动系统、进给传动系统、自动换刀装置、回转工作台、辅助装置等结构原理进行讲述。第 6 章为数控编程基础，主要介绍数控编程的基本概念、主要内容和方法，数控机床的坐标系，数控加工的工艺处理，数控编程的数学处理，数控程序的格式与结构，以及数控机床的对刀操作。第 7 章、第 8 章分别为数控车床的编程和数控铣床与加工中心的编程，重点讲述华中数控世纪星数控车床、铣床及加工中心的编程格式，并对每一编程指令进行了举例说明。第 9 章简单介绍宏指令编程技术。

本书由文华学院的杜文俊、赵镇锋和苏州城市学院的王超编写。其中，杜文俊编写了第 5 章～第 9 章，赵镇锋编写了第 1 章和第 4 章，王超编写了第 2 章和第 3 章。全书由杜文俊负责统稿，王超审核。

本书在编写过程中参阅了国内有关数控技术方面的教材、资料和文献，在此向其作者表示衷心感谢。

由于编者水平有限，书中难免有不妥之处，希望广大读者提出宝贵的意见，以便进一步修改。

编　者

2024 年 10 月

目　录

第 1 章 绪 论

基本要求

(1) 了解数控机床产生的背景。

(2) 掌握数控机床自动化控制的原理。

(3) 掌握数控机床的组成和各组成部分的基本功能。

(4) 掌握数控机床的分类以及各类机床的特点。

重点与难点

数控机床自动化控制的原理、数控机床的组成和各组成部分的基本功能。

课程思政

了解目前数控技术和数控机床的发展水平。在数控系统技术向高速、高精度、复合、智能、开放等方向持续迈进的今天，我们要依靠夯实基础和科技创新开拓我国数控系统技术与产业发展的新局面，为"中国制造 2025"发挥更重要的作用。

1.1 数控技术的产生与基本概念

1.1.1 数控技术的产生

20 世纪 40 年代以来，随着科技和社会生产力的迅速发展，人们对产品的质量和生产效率提出了越来越高的要求。机械加工过程的自动化成为实现上述要求的最重要的手段之一。汽车、航空、家电等生产企业大多采用自动化机床、组合机床和自动化生产线进行高效生产，在降低成本的同时可以保证产品质量，极大地提高生产效率，增强企业在市场上的竞争力，还可极大地改善工人的劳动条件，减轻工人的劳动强度。然而，成年累月地进行单产品零件的高效率和高度自动化生产的刚性机床及专用机床生产方式，需要巨大的初期投资和很长的生产准备周期,因此,这种方式仅适用于批量较大的零件生产。

但是,在产品加工中,大批量生产的零件并不是很多。据统计,单件与中、小批量生产的零件数量占机械加工总量的80%以上。尤其是在船舶、机床、重型机械、食品加工机械、包装机械和军工产品等行业,不仅加工零件批量小,而且加工零件形状比较复杂,精度要求也很高,还需要经常改型。如果仍采用专用化程度很高的自动化机床加工这类零件,就显得很不合理。对专用的生产线来说,经常改装和调整设备会大大提高产品的成本,而且有时甚至是不可能实现的。所以,传统"刚性"的自动化生产方式难以满足小批量、多品种生产的要求。

已有的各类仿形加工设备在过去的生产中部分地解决了小批量、复杂零件的加工问题,但在更换零件时,必须重新制造靠模并调整设备,这不仅要耗费大量的手工劳动,延长生产准备周期,而且由于靠模加工误差的影响,零件的加工精度很难达到较高的要求。为了解决上述这些问题,一种灵活、通用、高精度、高效率的"柔性"自动化生产技术——数控技术应运而生。

自1952年第一台数控机床问世到如今七十多年的历史中,以电子信息技术为基础,集传统的机械制造技术、计算机技术、成组技术与现代控制技术、传感检测技术、信息处理技术、网络通信技术、液压气动技术、光机电技术于一体的数控技术得到了迅速发展和广泛应用,从而促使制造业发生了根本性的变化。在市场竞争激烈的情况下,高质量、高效益和多品种、小批量的柔性生产方式已是现代企业生存与发展的必要条件。数控机床在机械制造业中得到了日益广泛的应用,世界各工业发达国家通过发展数控技术,建立数控机床产业,促使制造业跨入了一个新的"现代化"的历史发展阶段。《中国制造2025》提出,到2025年,高档数控机床与基础制造装备在国内市场的占有率要超过80%,其中用于汽车行业的机床装备平均无故障时间达到2000小时,精度保持性达到5年。"十四五"规划中,数控机床行业被赋予了高度的重视和期望。尽管我国已成为世界最大的机床产销国,但在高端数控机床领域仍依赖进口。因此,推动高端数控机床的国产化仍将是重要任务之一。

1.1.2　数控技术的基本概念

数控(Numerical Control,NC)技术,是利用数字化信息对机械运动及加工过程进行自动控制的一种技术。

数控系统,是指为实现数控技术相关功能而专门设计的由软、硬件模块等有机集成的系统。其特点是一旦提供了某些控制功能,就不能改变,除非更改硬件。

由于现代数控系统都采用了计算机进行控制,因此称为计算机数控(Computer Numerical Control,CNC)系统。对于CNC系统,只要更改控制程序,无须更改硬件电路,就可以改变其控制功能。相对于NC系统而言,CNC系统在通用性、灵活性、使用范围等方面具有更大的优越性,所以,现代数控系统无一例外地都采用计算机数控系统。实际应用中已不再刻意区分NC系统与CNC系统,而统称为数控系统。

数控机床,是指应用数控技术对机床加工过程进行控制的机床。它是一种综合应用了计算机技术、自动控制技术、精密测量技术和机床设计等先进技术的典型机电一体化产品。

1.2 数控机床的组成与分类

1.2.1 数控机床的组成

从宏观上看，数控机床主要由机床本体(如图 1-1 所示)和计算机数控系统(如图 1-2 所示)两部分组成。

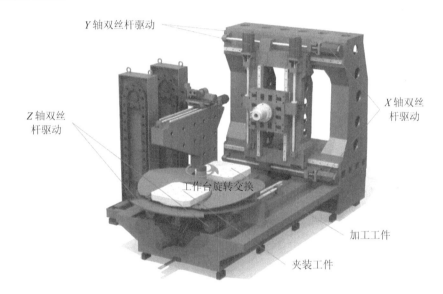

图 1-1 机床本体

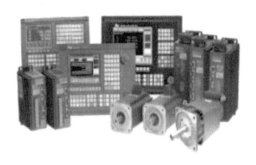

图 1-2 计算机数控系统

1. 机床本体

机床本体是数控机床的主体和数控系统的控制对象，同时也是实现零件加工的执行部件。它主要由主运动部件、进给运动部件(如工作台)、支承件(如立柱、床身等)、特殊装置(如刀具自动交换系统，Automatic Tools Changer，ATC)以及辅助装置(如冷却装置、润滑装置、排屑装置、转位装置、夹紧装置)等组成。数控机床机械部件的组成与普通机床相似，但在传动结构上普通机床通常采用变速齿轮组，而数控机床通常采用无级调速或直接变频调速，变速系统结构较为简单，对精度、刚度、抗振性等方面的要求较高。

2. 数控系统

数控系统是数控机床的指挥中心，它主要由操作面板、控制介质与输入装置、CNC 装置、伺服系统与测量反馈装置、PLC 与机床 I/O 电路和装置等部分组成。

1）操作面板

操作面板也称控制面板，是操作人员与数控机床进行交互的工具。一方面，操作人员可以通过操作面板对数控机床进行操作、编程、调试或对机床参数进行设定和修改。另一方面，操作人员也可以通过操作面板了解或查询数控机床的运行状态。常见的几种操作面板如图 1-3、图 1-4、图 1-5 所示。

图 1-3　华中世纪星 HNC-22 操作面板

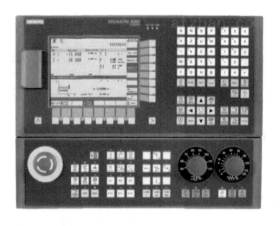

图 1-4　西门子 808D 操作面板

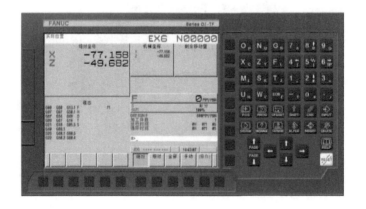

图 1-5　FANUC 0i 操作面板

2）控制介质与输入装置

数控设备工作时，不需要操作者直接进行手工加工，但设备必须按操作者的意图进行工作，这就必须在操作者与设备间建立某种联系，这种联系的中间媒介物称为控制介质。

控制介质也称为存储介质，它可以是 SD 卡、U 盘、硬盘等。

输入装置的作用是将控制介质上的加工程序代码变成相应的电脉冲，传送并存入数控装置中。根据控制介质的不同，输入装置可以是读卡器、USB 读/写控制电路、硬盘驱动器等。现在有很多数控设备不用任何控制介质，而是将数控加工程序单上的内容通过数控装置上的键盘直接输入给数控装置，这种方式称为 MDI 方式。除此之外，还可以采用通信方式将加工程序传送给数控装置。

3）CNC 装置

CNC 装置是数控系统的核心，它将接收到的输入装置送来的脉冲信号经过数控装置的控制软件和逻辑电路进行编译、运算和逻辑处理，然后将各种信息命令输出到相应的执行部件（如伺服系统、PLC 等），使系统各部分在 CNC 装置的协调配合下进行规范而有序的动作。

4）伺服系统与测量反馈装置

伺服系统包括主轴伺服驱动系统（含主轴伺服驱动电路和主轴伺服驱动元件）和进给伺服驱动系统（含进给伺服驱动电路和进给伺服驱动元件）。主轴伺服驱动系统的主要作用是实现零件加工的切削运动，进给伺服驱动系统的主要作用是实现零件的加工成型运动。

测量反馈装置是将运动部件的实际位移、速度及当前的环境（如温度、振动、摩擦和切削力等因素的变化）参数加以检测，转变为电信号后反馈给数控装置，通过比较得出实际运动与指令运动的误差，并发出误差指令，纠正所产生的误差。测量反馈装置的引入，有效地改善了系统的动态特性，大大提高了零件的加工精度。

5）PLC 与机床 I/O 电路和装置

PLC 用于实现与逻辑运算、顺序动作有关的 I/O 控制，它由硬件和软件组成。机床 I/O 电路和装置是用于实现 I/O 控制的执行部件（由继电器、电磁阀、行程开关、接触器等组成的逻辑电路）。它们共同完成以下任务：

（1）接收 CNC 装置输出的主运动变速、刀具交换选择、辅助装置动作等指令信号，经过必要的编译、逻辑判断和功率放大后，直接驱动相应的电器、液压、气压和机械部件等，完成指令所规定的各种动作。

（2）接收操作面板和机床侧的 I/O 信号，送给 CNC 装置，经其处理后，输出指令控制 CNC 系统的工作状态和机床的动作。

1.2.2 数控机床的分类

数控机床的种类很多，从不同角度进行考察，就有不同的分类办法，通常有如下几种分类方法。

1. 按运动方式分类

按运动方式分类，数控机床可分为点位控制数控机床、直线控制数控机床和轮廓控制数控机床。

1）点位控制数控机床

点位控制数控机床的特点是加工移动部件只能实现从一个位置到另一个位置的精确移

动，在移动和定位过程中不进行任何加工，而且移动部件的运动路线并不影响加工精度，如图 1-6 所示。数控系统只需精确控制行程终点的坐标值，而不控制点与点之间的运动轨迹。为了尽可能地减少移动部件的运动与定位时间，通常先快速移动到接近终点坐标，然后减速、精确移动到定位点，以保证良好的加工精度。采用点位控制系统的数控机床主要有数控钻床、数控冲床、数控镗床、数控点焊机及数控弯管机等。

　　2）直线控制数控机床

　　直线控制数控机床的特点是加工移动部件不仅能实现从一个位置到另一个位置的精确移动，而且能实现平行于坐标轴的直线切削加工运动及沿着与坐标轴成 45°的斜线进行切削加工，但不能沿任意斜率的直线进行切削加工，如图 1-7 所示。早期的简易两坐标轴数控车床、简易的三坐标轴数控铣床都属于这类机床。现在仅仅具有直线控制功能的数控机床已不多见。

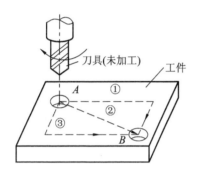

图 1-6　点位控制

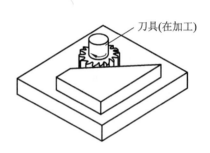

图 1-7　直线控制

　　3）轮廓控制数控机床

　　轮廓控制数控机床能同时对多个坐标轴进行控制，使之协调运动（坐标联动），并使刀具相对工件按程序规定的轨迹和速度运动，且在运动过程中进行连续切削加工。轮廓控制数控机床可进行各种斜线、圆弧、曲线的加工，如图 1-8 所示。这类机床在加工中需要不断进行插补运算，然后进行相应的速度与位移控制。数控铣床、数控加工中心和功能完善的数控车床都采用了轮廓控制。此外，数控火焰切割机、数控线切割机也都采用了轮廓控制。

图 1-8　轮廓控制

2. 按控制方式分类

　　按控制方式分类，数控机床可分为开环数控机床、半闭环数控机床和闭环数控机床。

　　1）开环数控机床

　　开环数控机床没有反馈装置。开环控制系统通常使用步进电动机作为执行机构。数控装置输入指令脉冲通过步进电动机驱动电路内的环形分配器和功率放大器不断改变供电状态，使步进电动机转过相应的步距角，再通过机械传动链带动丝杠旋转，把角位移转换为移动部件的直线位移。移动部件的移动速度与位移量是由输入脉冲的频率和脉冲数所决定的。开环伺服驱动系统如图 1-9 所示。

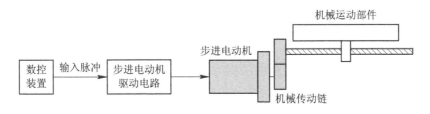

图 1-9 开环伺服驱动系统

由于没有反馈装置，开环控制系统的步距误差及机械部件的传动误差不能进行校正补偿，因此控制精度较低。但开环控制系统结构具有稳定性好、调试方便、维修简单等优点，在精度和速度要求不高、驱动力矩不大的场合得到了广泛应用。

2）半闭环数控机床

半闭环控制系统通常在伺服电机输出轴端或丝杠轴端装有角位移测量装置，通过测量角位移间接测量移动部件的直线位移，然后反馈到数控装置中，如图 1-10 所示。这种系统可在一定程度上控制误差，但丝杠螺母副、齿轮传动副等环节装置未包含在反馈系统中，因此其控制精度不算很高。如果使用精度较高的滚珠丝杠和消除间隙的齿轮副，再配以具有反向间隙补偿功能和螺距误差补偿功能的数控软件系统，就能达到较高的精度。另外，由于角位移测量装置比直线位移测量装置结构简单、安装方便、稳定性好、价格便宜，因此应用较为广泛。

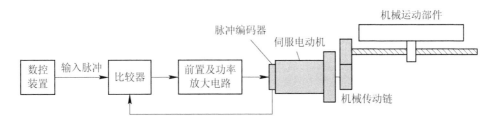

图 1-10 半闭环伺服驱动系统

3）闭环数控机床

闭环控制系统通常在机床刀架或工作台等移动部件上直接安装有直线位移检测装置，将测量的实际位移值反馈到数控装置中，如图 1-11 所示。

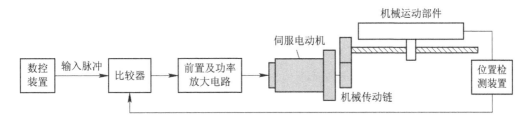

图 1-11 闭环伺服驱动系统

从理论上讲，闭环控制系统可以消除整个驱动和传动环节的误差，但由于系统内很多机械传动环节的摩擦特性、刚度和间隙都是非线性的，因此给调试工作带来很大的困难。

若各种参数匹配不合适，则容易造成系统工作不稳定。所以，闭环控制系统价格昂贵，主要用于精度要求很高的镗铣床、超精车床、超精磨床及较大型的数控机床等。

3. 按功能水平分类

按功能水平分类，可以把数控机床所使用的数控系统分为高档型、中档型、低档型三类。这种分类方式没有明确的界限，通常可以用下述指标作为评价的参考条件：主 CPU 等级、分辨率、进给速度、联动轴数、伺服系统、通信功能、人机界面等。

1) 高档型数控系统

高档型数控系统是发展最完善的系统，其特点如下：

(1) 采用 64 位 CPU 及具有精简指令集的中央处理单元。

(2) 分辨率可达 $0.1~\mu m$。

(3) 进给速度可达 $24 \sim 100~m/min$。

(4) 联动轴数在五轴以上。

(5) 伺服系统采用闭环控制方式。

(6) 具有 MAP(制造自动化协议)等高性能通信接口，并具有联网功能。

(7) 具有三维动态图形显示功能。

2) 中档型数控系统

中档型数控系统也称为普及型数控系统，其特点如下：

(1) 采用 16 位或 32 位 CPU。

(2) 分辨率为 $1~\mu m$。

(3) 进给速度为 $15 \sim 24~m/min$。

(4) 联动轴数在五轴以下。

(5) 伺服系统采用半闭环控制方式。

(6) 具有 RS-232 或 DNC 通信接口。

(7) 具有功能较齐全的显示器，有图形显示、人机对话与自诊断功能。

3) 低档型数控系统

低档型数控系统也称为经济型数控系统，其特点如下：

(1) 采用 8 位 CPU 或者单片机。

(2) 分辨率为 $10~\mu m$。

(3) 进给速度为 $4 \sim 15~m/min$。

(4) 联动轴数在三轴以下。

(5) 伺服系统采用开环控制方式。

(6) 具有简单的 RS-232 通信功能。

(7) 具有简单的数码管或简单的 CRT 显示功能。

4. 按工艺用途分类

按工艺用途分类，数控机床可分为金属切削数控机床、金属成型数控机床、特种加工数控机床。

　　1）金属切削数控机床

　　金属切削数控机床是指具有切削加工功能的数控机床，如数控车床、数控铣床、数控磨床、数控加工中心等。

　　2）金属成型数控机床

　　金属成型数控机床是指具有通过物理方法改变工件形状功能的数控机床，如数控折弯机、数控弯管机、数控压力机等。

　　3）特种加工数控机床

　　特种加工数控机床是指具有特种加工功能的数控机床，如数控线切割机、数控电火花加工机、数控激光加工机等。

1.3　数控加工的过程与应用范围

1.3.1　数控加工的过程

　　数控系统的主要任务是将由零件加工程序表达的加工信息转换成各进给轴的位移指令、主轴转速指令和辅助动作指令，以控制加工轨迹和逻辑动作，从而加工出符合要求的零件。其过程如下：

　　（1）数控编程。根据加工路线、工艺参数、刀位数据及数控系统规定的功能指令代码及程序段格式，编写数控加工程序。程序编完后，可存放在控制介质（如软盘、磁带）上。

　　（2）程序输入。数控加工程序通过输入装置输入数控系统。目前，采用的输入方法主要有 USB 接口、RS-232C 接口、MDI 手动输入、分布式数字控制（Direct Numerical Control，DNC）接口、网络接口等。数控系统一般有两种不同的输入工作方式：一种是边输入边加工，DNC 即属于此类工作方式；另一种是一次将零件数控加工程序输入计算机内部的存储器，加工时再由存储器一段一段地往外读出，USB 接口即属于此类工作方式。

　　（3）译码。译码是指将输入的数控程序以程序段为单位，按一定规则翻译成数控装置中计算机能识别的数据形式，并存放在指定的内存区域中。译码主要包括零件的轮廓信息、进给速度、主轴转速、G 代码、M 代码、刀具号、子程序处理等数据的存放顺序和格式。

　　（4）数据处理。数据处理一般包括刀具补偿、速度计算以及辅助功能的处理程序。经过译码后得到的数据，还不能直接用于插补控制。因为零件加工程序通常是按照零件轮廓编制的，而数控机床在加工过程中控制的是刀具中心轨迹，所以在加工前必须将编程轮廓转化成刀具中心的轨迹，这个过程就是刀具补偿。刀具补偿分为刀具半径补偿和刀具长度补偿，其详细内容将在后面介绍。

　　（5）插补。由于指令行程信息有限，如对一条直线仅给出起、终点坐标，要进行轨迹行程，CNC 必须在已知的起点和终点的曲线上自动进行"数据点密化"工作，这就是插补。插补是在规定的插补周期内定时运行，将由各种线型组成的零件轮廓按程序给定的进给速度，实时计算出各个进给轴在插补周期内的位移，并将该信息送给进给伺服系统，实现成型运动。插补计算的详细过程将在后面进一步介绍。

（6）伺服控制。数控系统对机床的控制分为两类：一类是对各坐标轴的速度和位置的"轨迹控制"，或称"位置控制"；另一类是对机床动作的"顺序控制"，或称"逻辑控制"。前者由 CNC 装置控制伺服系统完成，后者由 PLC 控制完成。

数控加工的工作流程如图 1-12 所示。

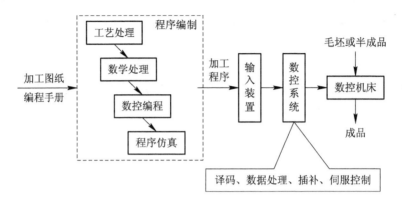

图 1-12 数控加工的工作流程

1.3.2 数控加工的应用范围

数控加工具有普通机床加工所不具备的许多优点，如能适应不同零件的自动加工、生产效率高、加工精度高、功能复合度高。但是，数控加工还不能完全取代普通机床加工，也就是说，数控加工不能以最经济的方式来解决加工制造中的所有问题。目前，以下零件比较适合数控加工：

（1）形状复杂，且加工精度要求高的零件。

（2）难测量、难控制进给、难控制尺寸的不开敞内腔的壳体或盒状零件。

（3）必须在一次装夹中完成铣、镗、铰、攻螺纹等多道工序的零件。

（4）在普通机床上容易受人为因素影响，价值又高，一旦质量失控便会造成重大经济损失的零件。

（5）在普通机床上加工时必须制造复杂专用工艺装备的零件。

（6）需要多次更改设计后才能定型的零件。

（7）在普通机床上加工需要长时间调整的零件。

（8）用普通机床加工时，生产率很低或者需要体力劳动强度很大的零件。

1.4 数控技术的发展趋势

随着机械设计与制造技术、微电子技术、计算机技术等相关技术的发展，数控机床性能日益完善，数控系统应用领域也日益扩大。各生产部门工艺要求的不断提高，又从另一方面促进了数控技术的发展。现代数控机床综合应用了机械设计与制造工艺、计算机自动控制技术、精密测量与检测、信息技术、人工智能等技术领域的最新成果，朝着高速度、高精度、高可靠性、复合化、智能化、柔性化等方向发展。

1. 高速度

速度是数控系统的两个重要技术指标之一,它直接关系到加工效率。对于数控系统而言,高速度不仅要提高主轴转速和进给速度,还要求计算机数控系统在读入加工指令数据后,能高速度处理并计算出伺服电动机的位移量,并要求伺服电动机高速度地作出反应。此外,还必须实现主轴进给、刀具交换、托板交换等各种关键部分的高速度。现代数控机床主轴转速在 12 000 r/min 以上的已较为普遍,高速加工中心的主轴转速高达 100 000 r/min。一般机床快速进给速度都在 50 m/min 以上,采用直线电机驱动技术,驱动速度可达 200 m/min。

2. 高精度

高精度是适应高新技术发展的需要,也是提高普通机电产品性能、质量和可靠性,减少其装配时的工作量,从而提高装配效率的需要。当代工业产品对精度的要求越来越高,其尺寸精度要求均在微米、亚微米级。由需求带动发展,近十年来,数控机床的加工精度已从原来的丝级(0.01 mm)提升到目前的微米级(0.001 mm),有些品种已达到 0.01 μm 左右。超精密数控机床的微细切削和磨削加工,精度可稳定达到 0.05 μm 左右,形状精度可达到 0.01 μm 左右。采用光、电、化学等能源的特种加工精度可达到纳米级(0.001 μm),主轴回转精度要求达到 0.01~0.05 μm,加工圆度为 0.1 μm,加工表面粗糙度 $Ra=$ 0.003 μm 等。

3. 高可靠性

数控机床的可靠性是评判数控机床产品质量的一项关键性指标。数控机床能否发挥其高性能、高精度、高效率,关键取决于可靠性。新型的数控系统大量采用大规模或超大规模的集成电路,使线路的集成度提高,元器件数量减少,功耗降低,从而提高了可靠性。现代数控机床都装备了计算机数控装置,只要改变软件控制程序,就可以满足各类机床的不同要求,实现数控系统的模块化和通用化。当前,国外数控装置的平均无故障运行时间(MTBF)可达 6000 小时以上,驱动装置可达 30 000 小时以上。

4. 复合化

为了提高效率,减少工序,缩短加工周期,要求数控机床实现复合加工。复合化是近几年数控机床发展的模式,它将多种动力头集中在一台数控机床上,在一次的装夹中实现(或尽可能完成)从毛坯至成品的全部加工。随着数控机床技术进步,复合加工技术日趋成熟,包括铣—车复合加工、车—镗—钻—齿轮复合加工、车磨复合加工、成型复合加工、特种复合加工等,其精度和效率大大提高。"一台机床就是一个加工厂""一次装夹,完全加工"等理念正在被更多人接受,复合加工机床发展正呈现多样化的态势。

5. 智能化

数控系统应用高技术的重要目标是智能化。信息技术的发展及其与传动机床的融合,使机床朝着数字化和智能化的方向发展。

数控加工智能化趋势有两个方面。一方面是采用自适应控制技术，以提高加工质量和效率。把精细的程序控制和连续的适应调节结合起来，使系统的运行达到最优。其主要的追求目标是：保护刀具和工件，适应材料的变化，改善尺寸控制，提高加工精度，保持稳定的质量，寻求最高的生产率和最低的成本消耗，简化零件程序的编制，降低对操作人员经验和熟练程度的要求等。另一方面是在现代数控机床上装备有多种监控和检测装置，对工件、刀具等进行监测，实时监测加工的全部过程，发现工件尺寸超差、刀具磨损或崩刃破损便立即报警，并给予补偿或调换刀具。在故障诊断中，除了采用专家系统外，还将模糊数学、神经网络应用其中，取得了良好的效果。

6. 柔性化

随着科学技术的发展，人类社会对产品的功能与质量的要求越来越高，产品更新换代的周期越来越短，产品的复杂程度也随之增高，传统的大批量生产方式受到了挑战。为了同时提高制造工业的柔性和生产效率，使之在保证产品质量的前提下缩短产品生产周期，降低产品成本，柔性自动化系统便应运而生。

自 1954 年美国麻省理工学院第一台数字控制铣床诞生后，20 世纪 70 年代初柔性自动化进入了生产实用阶段。几十年来，从单台数控机床的应用逐渐发展到加工中心、柔性制造单元、柔性生产线和计算机集成制造系统，使柔性自动化得到了迅速发展。提高数控机床柔性化正朝着两个方向努力：一是提高数控机床的单机柔性化，二是向单元柔性化和系统柔性化发展。机器人使柔性化组合效率更高，机器人与主机的柔性化组合使得柔性更加灵活、功能进一步扩展、加工效率更高。机器人与加工中心、车铣复合机床、磨床、齿轮加工机床、工具磨床、电加工机床、锯床、冲压机床、激光加工机床等组成多种形式的柔性生产线，并已开始应用。

习　　题

1. 按照机床运动的控制轨迹分类，加工中心属于(　　　)。

A. 轮廓控制　　　　B. 直线控制　　　　C. 点位控制　　　　D. 远程控制

2. 下列不属于点位控制数控机床的是(　　　)。

A. 数控钻床　　　　B. 数控镗床　　　　C. 数控冲床　　　　D. 数控车床

3. 数控机床的联动轴数是指机床数控装置控制的(　　　)同时达到空间某一点的坐标数目。

A. 主轴　　　　　　B. 坐标轴　　　　　C. 工件　　　　　　D. 电机

4. 采用经济型数控系统的机床不具有的特点是(　　　)。

A. 采用步进电动机伺服系统　　　　　　B. CPU 可采用单片机

C. 只配必要的数控功能　　　　　　　　D. 采用闭环控制系统

5. 半闭环数控机床是指(　　　)。

A. 没有检测装置　　　　　　　　　　　B. 对电机轴的转角进行检测

C. 对电机的电流进行检测　　　　　　　D. 对坐标轴的位移进行检测

第 2 章　计算机数控(CNC)系统

基本要求

（1）了解 CNC 系统的组成。

（2）了解 CNC 系统的硬件结构、软件结构及其各结构组成部分的功能和相互关系。

（3）掌握并行处理、模块化设计方法、刀具半径补偿、前后台结构、中断结构、主从结构、多主结构等名词概念。

（4）了解国内外常见的数控系统。

重点与难点

CNC 系统的组成，CNC 系统的硬件结构、软件结构及其各结构组成部分的功能和相互关系。

课程思政

立足国产数控系统发展缓慢且受制于人的现状，我国必须重视自主设计理论与技术研究，不断提升数控系统及相关配套功能部件的各项性能。

从自动控制角度来看，计算机数控(CNC)系统是一种集位置(轨迹)、速度、扭矩控制为一体的，以多执行部件(各运动轴)的位移量、速度或扭矩为控制对象并使其协调运动的自动控制系统。它也是一种配有专用操作系统的计算机控制系统。

CNC 装置是 CNC 系统的核心，如图 2-1 所示。CNC 装置的主要功能是正确识别和解释数控加工程序，对结果进行各种数据计算和逻辑判断处理，然后输出控制命令到伺服驱动装置和 PLC。

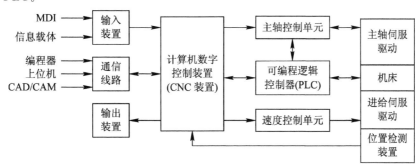

图 2-1　CNC 系统组成图

2.1 CNC 系统的组成与特点

2.1.1 CNC 系统的组成

计算机数控(CNC)相比于传统的硬件数控(NC)，其特点就是 CNC 的许多控制功能是由软件实现的，因此，它很容易通过改变软件来更改数控功能。CNC 系统由硬件和软件两大部分组成，通过两者的配合，可以合理地组织、管理整个系统的各项工作，实现各种数控功能，使数控机床按照操作者的要求有条不紊地进行加工。

1. CNC 系统的硬件组成

如图 2-2 所示是典型 CNC 系统的硬件组成，它包括 CNC 装置和驱动控制两部分。其中，CNC 装置既具有一般微型计算机的基本结构，又具有数控机床完成特有功能所需的功能模块和接口单元。CNC 装置主要由计算机主板、系统总线、存储器、PLC 模块、位置控制板、键盘/显示接口及其他接口电路组成。

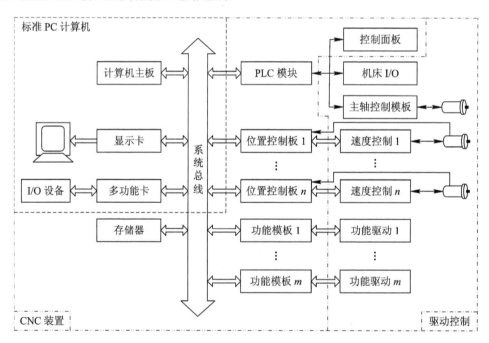

图 2-2 典型 CNC 系统的硬件组成

2. CNC 系统的软件组成

CNC 系统软件是具有实时性和多任务性的专用操作系统，该操作系统由管理软件和控制软件两部分组成，如图 2-3 所示。管理软件主要处理一些实时性不太强的工作，控制软件主要处理系统中一些实时性较高的关键控制功能。

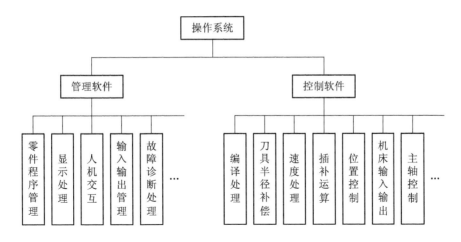

图 2-3　CNC 系统的软件组成

2.1.2　CNC 系统的特点

CNC 系统的特点如下：

(1) 具有灵活性和通用性。CNC 系统的功能大多由软件实现，且软硬件采用模块化的结构，从而使系统功能的修改、扩充变得较为灵活。不仅如此，CNC 系统的基本配置部分是通用的，不同的数控机床仅配置相应的、特定的功能模块，以实现特定的控制功能。

(2) 数控功能丰富。CNC 系统利用计算机的快速处理能力，可以实现许多复杂的数控功能。例如：插补功能能实现二次曲线、样条、空间曲面插补；补偿功能能实现运动精度补偿、随机误差补偿、非线性误差补偿；人机对话功能能实现加工的动、静态跟踪显示，高级人机对话窗口；编程功能能实现蓝图编程、部分自动编程功能。

(3) 可靠性高。CNC 系统的许多功能是由软件实现的，从而使硬件的数量减少，特别是采用大规模的集成电路，可靠性得到很大的提高。此外，丰富的故障诊断及保护功能可使系统故障发生的频率和发生故障后的修复时间降低。

(4) 使用维护方便。这表现为三个方面：第一，操作使用方便，现代的数控机床大多采用菜单结构，用户只需根据菜单的提示，便可进行正确操作；第二，编程方便，很多 CNC 装置具有对话编程、图形编程、自动在线编程等多种编程功能，使编程功能简便，编号后的程序通过模拟运行，很容易检验程序是否正确；第三，维护维修方便，数控机床具有多种诊断功能，可迅速实现故障准确定位。

(5) 易于实现机电一体化。由于计算机及集成电路的使用，数控系统控制柜的体积不断减小，使其与机床在物理上结合在一起成为可能，从而可减少占地面积，方便操作。

2.2　CNC 系统的功能

CNC 系统的功能通常包括基本功能和选择功能。基本功能是数控装置必备的功能，选择功能是供用户按数控机床特点和用途进行选择的功能。

2.2.1 基本功能

1. 控制功能

控制功能反映 CNC 系统可控制的轴数，以及能同时控制（即联动）的轴数。对于数控机床，运动轴包括移动轴（X、Y、Z）和回转轴（A、B、C）；基本轴和附加轴（U、V、W）。一般数控车床只有 2 根同时控制的轴。数控铣床、数控镗床和加工中心需要有 3 根或 3 根以上的轴联动控制。控制的轴数越多，尤其是同时控制的轴越多，CNC 系统就越复杂，多轴联动的零件程序编制也越困难。

2. 准备功能

准备功能也称为 G 代码功能，其作用是指定机床运动的方式。准备功能包括基本移动、平面选择、坐标设定、刀具补偿、循环、子程序调用、公英制转换等。

3. 插补功能

CNC 系统是通过软件插补来实现刀具运动的轨迹的。进行轮廓加工的零件形状大多是由直线和圆弧构成的，有的零件形状由更复杂的曲线构成，因此有直线、圆弧、抛物线、正弦、圆柱、样条等插补。实现插补运算的方法有逐点比较法、数字积分法、时间分割法等。

4. 进给功能

进给功能是指 CNC 系统对进给运动进行控制的功能，通常用于控制以下几项参数。

（1）切削进给速度：一般用 F 指令直接指定切削时的进给速度，其单位为 mm/min。

（2）同步进给速度：指由主轴每转进给的毫米数规定的进给速度，如 0.1 mm/min。只有主轴上装有位置编码器的数控机床才能指定同步进给速度，其作用是便于切削螺纹编程。

（3）快速进给速度：通过参数设定，用 G00 指令快速进给，并可通过操作面板上的快速倍率开关进行调整。

（4）进给倍率：指数控装置具有人工实时修调进给速度的功能，它通过设置在操作面板上的进给倍率开关来给定。进给倍率通常可在 0～200% 之间变化，每挡间隔 10%。利用进给倍率开关可不用修改程序中的 F 值，就改变机床的进给速度，对每分钟进给量和每转进给量都有效，但需注意，在切削螺纹时进给倍率开关不起作用。

5. 刀具补偿功能

利用刀具补偿功能，可以实现按零件轮廓编制的加工程序控制刀具中心轨迹，使用户不用考虑刀具的几何尺寸而进行编程。刀具补偿包括刀具半径补偿和刀具长度补偿。刀具补偿功能将在后面详细介绍。

6. 主轴功能

主轴功能是指 CNC 系统控制主轴速度、位置的功能，具体包括主轴转速控制、恒线速度控制、主轴定向控制、C 轴控制与同步控制、切削倍率控制等。

（1）主轴转速控制：用 S 代码实现刀具切削速度的控制，单位为 r/min。

（2）恒线速度控制：用 G 代码和 S 代码使刀具切削点保持线速度恒定，单位为 m/min。

（3）主轴定向控制：也叫主轴准停控制，即当主轴停止时能控制轴向停在固定位置。

（4）C 轴控制与同步控制：C 轴控制功能是实现主轴轴向任意位置控制的功能；同步控制功能是实现主轴转角与某进给轴（通常为 Z 轴）进给量保持某一关系的控制功能。显然，主轴定向控制是 C 轴控制的特例。

（5）切削倍率控制：类似于进给倍率，通过设置在操作面板上的切削倍率开关来给定，倍率可在 0～200％之间实时修调，每挡间隔 10％。

7. 字符和图形显示功能

CNC 系统可配备单色或者彩色显示器，通过软件和接口实现字符和图形显示，方便用户的操作和使用。字符和图形显示功能通常可显示程序、参数、各种补偿量、坐标位置、故障信息、人机对话编程菜单、零件图形等。

8. 自诊断功能

现代数控机床为了保证加工过程的正确进行，防止故障的发生或扩大和在故障出现后迅速查明故障的类型及部位，避免机床、工件和刀具损坏，在 CNC 系统中设置了各种诊断程序。不同的 CNC 系统的诊断程序不尽相同，诊断的水平也不同。诊断程序可以包含在系统程序之中，在系统运行过程中进行自检；也可以作为服务程序，在系统运行前或故障停机后进行诊断，找到故障的部位。有的数控机床可以借助网络及无线通信设备，进行远程通信诊断。

9. 刀具功能

刀具功能是指用来选择刀具的功能，包括选择刀具的种类、数量、换刀方式等。用 T＋其后的 2 位或 4 位数字表示。

10. 辅助功能

辅助功能用于指令机床辅助操作，如主轴的启停、转向，冷却液的开启，刀库的停止等各种开关量的控制，该功能由内装型 PLC 来实现。

2.2.2　选择功能

1. 位置补偿功能

机床机械精度不足、机械结构受环境影响、刀具磨损以及一些随机因素都会导致加工的变化，位置补偿功能用来对机床、刀具、工件的位置进行校正补偿。位置补偿可分为两种：一种是传动链误差补偿，包括螺距误差补偿和反向间隙误差补偿；另一种是非线性误差补偿，包括热变形补偿、动态弹性变形补偿、空间误差补偿以及由刀具磨损所引起的加工误差补偿等。

2. 固定循环功能

在数控加工过程中，有些加工工序如钻孔、攻丝、镗孔、深孔钻削和切螺纹等，所需完成的动作循环十分典型，数控系统可以事先将这些循环用 G 代码进行定义，在加工时再使用这类 G 代码，这样可大大简化编程工作量。

3. 通信功能

通信功能是指 CNC 系统与外界进行信息和数据交换的功能。CNC 系统通常有 RS-232C 接口，可与上级计算机通信，传送零件加工程序；有的还备有 DNC 接口，可实现车间数控设备的统一联网管理，支持数控设备的在线加工、NC 程序断点续传、在线远程请求等；更高档的数控系统还可以与 MAP（制造自动化协议）相连，以适应 FMS（柔性制造系统）、CIMS（计算机集成制造系统）、IMS（智能制造系统）等大型制造系统的要求。

4. 仿真功能

仿真功能是在不启动机床的情况下，在显示器上进行加工过程的图形模拟。编程人员可利用仿真功能，一是检查在加工运动中和换刀过程中是否会出现碰撞及刀具干涉，并检查工件轮廓和尺寸是否正确；二是识别不必要的加工过程并去掉或改为快速运动，从而优化数控加工程序。

5. 人机交互图形编程功能

人机交互图形编程功能是指 CNC 系统可以根据蓝图直接编制程序的功能。编程或操作人员只需送入图样上简单标识的几何尺寸，就能自动地计算出全部交点、切点和圆心坐标，生成加工程序。

2.3　CNC 系统的硬件结构

CNC 系统的硬件结构从不同角度进行考察，就有不同的分类方法，通常有如表 2 - 1 所示的几种不同分类方法。

表 2 - 1　CNC 系统的硬件结构分类

分 类 方 法	结 构 类 型	
电路板接插方式	大板式结构	模块化结构
使用 CPU 个数	单 CPU 结构	多 CPU 结构
装置的开放程度	专用型结构	开放型结构

2.3.1　大板式结构和模块化结构

从组成 CNC 系统的电路板的结构特点来看，CNC 系统有两种常见的结构，即大板式结构和模块化结构。

大板式结构的特点是,一个系统一般都有一块大板,称为主板。主板上装有主 CPU 和各轴的位置控制电路等。其他相关的子板(完成一定功能的电路板),如 ROM 板、零件程序存储器板和 PLC 板,都直接插在主板上面,组成 CNC 系统的核心部分。由此可见,大板式结构紧凑、体积小、可靠性高、价格低,有很高的性价比,便于机床的一体化设计。大板式结构虽有上述优点,但它的硬件功能不易变动,不利于组织生产。

另外一种柔性比较高的结构就是模块化结构,其特点是将 CPU、存储器、输入/输出控制分别做成插件板(称为硬件模块),甚至将 CPU、存储器、输入/输出控制组成独立微型计算机级的硬件模块,相应的软件也是模块结构,固化在硬件模块中。硬软件模块形成一个特定的功能单元,称为功能模块。功能模块间有明确定义的接口,接口是固定的,称为工厂标准或工业标准,彼此可以进行信息交换。于是可以积木式地组成 CNC 系统,这种结构使设计简单,有良好的适应性和扩展性,试制周期短,调整维护方便,效率高。

2.3.2　单 CPU 结构和多 CPU 结构

1. 单 CPU 结构

在单 CPU 结构中,只有一个 CPU(微处理器),以集中控制、分时处理数控装置的各个任务,其他部件如存储器、各种接口、控制器等都要通过总线与 CPU 相连,如图 2 - 4 所示。

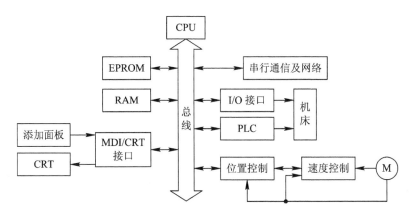

图 2 - 4　单 CPU 结构框图

有的 CNC 系统有两个以上的 CPU,但其中只有一个 CPU 能控制系统总线,占有总线资源,处于主导地位;而其他 CPU 则成为专用的智能部件,不能控制系统总线,不能访问存储器,处于从属地位。我们把这类结构称为主从结构,一般将它也归于单 CPU 结构。

2. 多 CPU 结构

多 CPU 结构是指在系统中有两个或两个以上的 CPU 能控制系统总线或主存储器进行工作的系统结构。每个 CPU 及其所属的功能模块配以相应的接口可形成多个子系统,独立执行程序,因而比单 CPU 结构处理速度快。另外,多 CPU 结构的 CNC 系统由于每个处理器分管各自的任务,如果其中某个模块出现了故障,其他模块仍照常工作,不像单 CPU 结构那样，一旦出现故障，将引起整个系统瘫痪。因而，多 CPU 结构的 CNC 系统的性能和价格要比单 CPU 结构的 CNC 系统的高得多，它更适合于多轴控制、高进给速度、高精度、高效率的数控要求。

1) 多 CPU 结构基本功能模块

现代 CNC 功能的模块化设计已经日趋成熟，可以根据具体情况进行合理划分，一般有以下六种基本功能模块。

(1) CNC 管理模块。它是管理和组织整个 CNC 系统有条不紊工作的模块，主要包括初始化、中断管理、总线裁决、系统出错识别和处理、系统硬件与软件诊断等功能。

(2) CNC 插补模块。它用于完成插补前的预处理，如零件程序的译码、刀具补偿、坐标位移量计算、进给速度处理等，然后进行插补计算，为各坐标轴提供位置给定值。

(3) 位置控制模块。它用于对坐标位置给定值与由位置检测器测到的实际位置值进行比较并获得差值，然后进行自动加减速、回基准点、对伺服系统滞后量的监视和漂移补偿，最后得到由速度控制的模拟电压，去驱动进给电动机。

(4) 存储器模块。它是指程序和数据的主存储器，或者是模块间数据传送用的共享存储器。

(5) PLC 模块。它包括对零件程序中的开关量和来自机床面板的信号进行逻辑处理，实现机床电气设备的启停、刀具交换、转台分度、加工零件和机床运转时间的计数，以及各功能和操作方式之间的联动等。

(6) 指令、数据的输入/输出和显示模块。它包括零件程序、参数和数据，各种操作命令的 I/O 及显示所需要的各种接口电路。

不同的 CNC 系统，功能模块的划分和数目不尽相同。机床如果扩充功能，可再增加相应的模块。

2) 多 CPU 的两种典型结构

当数控系统中多个 CPU 对系统内的资源享有近似平等的控制权和使用权时，CNC 系统通常采用共享总线结构和共享存储器结构这两种典型模式来解决子系统之间的通信问题。

(1) 共享总线结构。

共享总线结构是将所有主从模块都插在配有总线插座的机柜内，通过共享总线把各个模块有机地连接在一起，并按照要求交换各种数据和信息，组成一个完整的多任务实时系统，实现 CNC 系统预定的功能。

图 2-5 所示为共享总线的多 CPU CNC 系统结构框图。系统被划分为若干模块，其中带有 CPU 的称为主模块，不带 CPU 的称为从模块。只有主模块有权控制使用系统总线。由于某一时刻只能由一个主模块占有总线，因此设置了总线仲裁来解决多个主模块同时请求使用总线造成的竞争矛盾，每个主模块按其担负任务的实时性要求的高低，已预先安排好优先顺序。总线仲裁的作用，就是当发生总线竞争时，判别各主模块优先权的高低，从而将总线切换给优先权较高的主模块使用。

总线仲裁有两种方式：串行方式和并行方式。在串行总线仲裁方式中，优先权的排列是按链接位置确定的。某个主模块只有在前面优先权更高的主模块不占用总线时，才可使用总线，同时通知它后面的优先权较低的主模块不得使用总线。在并行总线仲裁方式中，要配备专用逻辑电路来解决主模块的优先权问题，通常采用优先权编码方案。

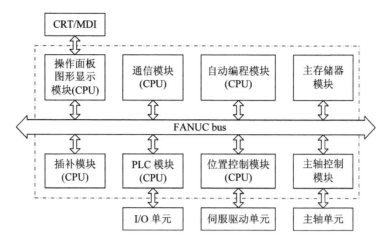

图 2-5　共享总线的多 CPU CNC 系统结构框图

共享总线结构的 CNC 系统各模块之间的通信，主要依靠存储器来实现，即公共存储器方式。公共存储器直接插在系统总线上，有总线使用权的主模块都能访问。公共存储的通信双方都要占用系统总线，可供任意两个主模块交换信息。支持这种系统结构的总线有STD hus(支持 8 位和 16 位字长)、Multi hus(I 型支持 16 位字长，D 型支持 32 位字长)、S-iOObus(可支持 16 位字长)，VERSA bus(可支持 32 位字长)等。

共享总线结构的优点是系统配置灵活，结构简单，容易实现，造价低。不足之处是会引起总线"竞争"，使信息传输率降低，而且总线一旦出现故障，会影响全局。

(2) 共享存储器结构。

共享存储器结构采用多端口存储器来实现各微处理器之间的互联和通信，如图 2-6 所示。每个端口都配有一套数据、地址、控制线，以供端口访问。由于同一时刻只能有一个微处理器对多端口存储器进行读或写，因此由专门的多端口控制逻辑电路来解决访问的冲突问题。多端口存储器设计复杂，而且微处理器数量增加时，会因争用存储器而造成信息传送的阻塞，从而降低系统效率。所以，一般采用双端口存储器，当两个端口同时访问时，由内部仲裁器确定其中一个端口优先访问。

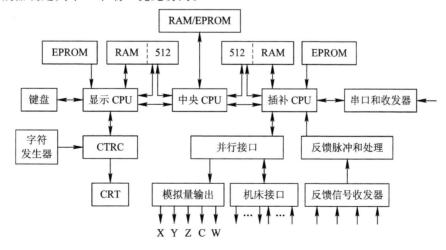

图 2-6　共享存储器的多 CPU CNC 系统结构框图

2.3.3 专用型结构和开放型结构

1. 专用型结构

当今，占据大部分制造业市场的 CNC 系统，无论是单 CPU 结构还是多 CPU 结构，都是以数控机床为控制对象的专用型 CNC 系统。专用型 CNC 系统采用封闭式的体系结构，其系统硬件是专用的；组成系统的功能板及其之间的连接方式都是专门设计的，与其他系统的同类型功能板相互不能通用；其系统软件的结构也是专用的，系统软件的细节对外不公开，不能提供给用户。

由于 CNC 系统具有封闭性，机床制造厂家几乎不可能自主地组成、配备所需要的 CNC 系统，更不能根据自身的需要开发适合自己应用领域的部件或引用第三厂商生产的部件。机床制造厂家若采用另一种 CNC 系统，将是一件十分耗费时间和精力的事情。最终，用户在使用、维护 CNC 系统时也同样会面临这个问题。另外，按照控制对象的类别设计专用的 CNC 系统，不仅在人力、物力、资金和时间上造成大的浪费，而且也很难适应来自不同方面、不同层次的要求。因此，专用型 CNC 系统越来越暴露出它固有的缺点。

2. 开放型结构

随着计算机控制技术和先进制造技术的发展，人们逐渐认识到专用 CNC 系统之间的自成一体所带来的互不兼容的弊病，迫切需要具有配置灵活、功能扩展简便、基于统一的规范和易于实现统一管理的开放式系统。

1）开放型 CNC 系统的定义与特点

IEEE(国际电气电子工程师协会)是这样定义开放式数控系统的：符合系统规范的应用系统可以运行在多个销售商的不同平台上，可以与其他系统的应用进行互操作，并且具有一致风格的用户交互界面。通俗地讲，开放式数控系统就是数控系统提供给用户(机床或机械制造商)一个平台，使他们能够在这个平台上根据设备所需要的特定功能，开发与之相应的软件和硬件，并与系统软件集成为一个新的应用系统，从而使该设备具有较高的性价比，并且大大缩短开发周期。

现在国际上公认的开放式体系结构应具有四个特点：相互操作性、可移植性、可缩放性和相互替代性。

(1) 相互操作性(Interoperability)。

相互操作性指不同应用程序模块通过标准化的应用程序接口运行于系统平台上，相互之间保持平等的相互操作能力，协调工作。这一特性要求提供标准化的接口、通信和交互模型。

随着制造技术的不断发展，CNC 系统也正朝着信息集成的方向发展。CNC 系统不但应与不同系统能够彼此互连，实施正确有效的信息互通，而且应在信息互通的基础上能够信息互用，完成应用处理的协同工作，因此要求不同的应用模块能相互操作，协调工作。

(2) 可移植性(Portability)。

可移植性指不同的应用程序模块可以运行于不同供应商提供的不同的系统平台之上。可移植性应用于 CNC 系统，其目的是为了解决软件公用问题。要使系统提供可移植特性，基本要求是设备无关性,即通过统一的应用程序接口完成对设备的控制。

具备可移植特性的系统,可使用户具有更大的软件选择余地。通过选购适应多种系统的软件,费用可以显著降低;同时在应用软件的开发过程中,重复投入费用也可降低。可移植性也包括对用户的适应性,要求 CNC 系统具有统一风格的交互界面,使用户适应一种控制器的操作,即可适应一类控制器的操作,而无须对该控制器的使用重新进行费时费力的培训。

(3) 可缩放性(Scalability)。

可缩放性指增添和减少系统的功能仅仅表现为特定模块单元的装载与卸载。不是所有的场合都需要 CNC 系统具备复杂且完善的数控功能。这种情况下,厂家没有必要购买不适于加工产品的复杂数控系统。因为可缩放性使得 CNC 系统的功能和规模变得极其灵活,既可以增加配件或软件以构成功能更加强大的系统,也可以裁减其功能来适应简单加工场合。同时,同一软件既可以在该系统的低档硬件配置上运行,也可以在该系统的高档硬件配置上应用。

(4) 相互替代性(Interchangeability)。

相互替代性指不同性能和不同功能的单元可以相互替代,而不影响系统的协调运行。有了相互替代性,构成开放体系结构的数控系统就不受唯一供应商所控制,也无须为此付出昂贵的版权使用费。相反,只需支付合理的或较少的费用,即可获得系统的各组成部件,并且可以有多个来源。

2) 开放型 CNC 系统的硬件配置形式

(1) PC 连接 NC。

PC 连接 NC 是将现有原型 CNC 系统与 PC 用通用串行线直接相连的一种组成形式。其优点是容易实现,且原型 CNC 系统几乎可以不加改动地使用,也可以使用通用软件。其缺点是这种数控系统由于其开放性只在 PC 部分,其专业的数控部分仍处于瓶颈结构,且系统的响应速度、通信速度慢。

(2) PC 嵌入 NC 中。

采用 PC 嵌入 NC 中的配置形式,即在传统的非开放式的 CNC 系统上插入一块专门开发的个人计算机模板,使传统的专用 CNC 系统带有个人计算机的特点。在此类配置形式中,传统的 CNC 系统没有改变,主要进行实时插补、伺服控制、电源控制以及 I/O 控制等一些实时控制;PC 部分执行前端管理等非实时控制,例如人机界面、存储和通信等。

PC 嵌入 NC 中是数控系统制造商将多年来积累的数控软件技术和当今计算机丰富的软件资源相结合开发的产品。它具有一定的开放性,但由于它的 NC 部分仍然是传统的数控系统,用户无法介入数控系统的核心,代表产品有 FANUC18i、16i 系列、SIEMENS SINUMERIK 系列、NUM1060 系统、AB 9/360、国内的华中 I 型数控系统等。

(3) NC 嵌入 PC 中。

采用 NC 嵌入 PC 中的配置形式(PC+NC 控制卡),即 CNC 系统将开放体系运动控制卡插入 PC 的标准扩展槽中完成各种标准数控功能。一般用 PC 机处理各种非实时任务,由硬件扩展卡处理实时任务。

NC 嵌入 PC 中的配置形式通常选用高速 DSP 或运动控制芯片作为 CPU,具有很强的运动控制和 PLC 控制能力。它本身就是一个数控系统,可以单独使用。这种配置形式中,

PC 部分能提供一定意义上的开放,控制卡能保证实时性。

以 PC 为基础的 CNC 控制器是目前研究的主流。例如:美国 DELTA 公司的 PMAC-NC 开放式数控系统将 PMAC 卡(可编程多轴运动控制器)插入 PC 的扩展槽中,总线接口为 CANBUS;德国 INDRAMAT 公司的 MTC200 系列开放式数控系统将 MTC-PCNC 和 MTC-PPLC 卡插入 PC 的扩展槽中。

(4) 全软件型 NC。

这是一种真正意义上开放体系结构的数控系统,只需将 CNC 接口板插到 PC 的标准插槽中,这里的 PC 是不需要改造的通用 PC,整个系统由 PC 扩展而成。除伺服驱动和外部 I/O 接口外,其余功能均由软件完成。

这种全软件型数控系统能实现 NC 内核的开放、用户操作界面的开放,同时 CNC 可以直接地或通过网络运行各种应用软件,因而能满足机床制造商和用户的最终要求,并能最大限度地利用 PC 的软硬件资源,以适应未来先进制造技术的要求。其典型产品有美国 MDSI 公司的 OPEN CNC、德国 POWER AUTOMATION 公司的 PA8000NT 等。

2.4 CNC 系统的软件结构

CNC 系统是由软件和硬件组成的,硬件为软件的运行提供支持环境。在信息处理方面,软件与硬件在逻辑上是等价的,即硬件能完成的功能从理论上讲也可以由软件来完成。但是,硬件和软件在实现这些功能时各有不同的特点:硬件处理速度快,但灵活性差,实现复杂控制的功能困难;软件设计灵活,适应性强,但处理速度相对较慢。

因此,哪些功能由硬件完成,哪些功能又应该由软件实现,即如何合理确定软硬件的功能分担是 CNC 系统结构设计的重要任务。这就是所谓软件和硬件的功能界线划分的概念。图 2-7 是 CNC 系统软硬件功能界面的几种划分方法。

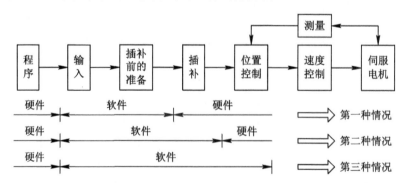

图 2-7 CNC 系统软硬件功能界面的几种划分方法

这几种功能界面是 CNC 系统不同时期不同产品的划分。可以看出,从第一种到第三种划分方案,软件所承担的任务越来越多,硬件所承担的任务越来越少。这是因为随着计算机技术的发展,计算机运算处理能力不断增强,软件的运行效率大大提高,为用软件实现数控功能提供了技术支持。同时,随着数控技术的发展,对数控功能的要求越来越高,若用硬件来实现这些功能,不仅结构复杂,而且柔性差,有时甚至不可能实现,而用软件实现则具有较大的灵活性。因而，用相对较少且标准化程度较高的硬件，配以功能丰富的软件模块构成 CNC 系统是当今数控技术的发展趋势。

2.4.1　CNC 系统软件的特点

CNC 系统的软件系统是一个多时多任务系统，通常作为一个独立的过程控制单元用于控制各种对象。多任务并行处理和多重实时中断是其最突出的特点。

1. 多任务并行处理

1) CNC 系统的多任务性

CNC 系统通常作为一个独立的过程控制单元用于工业自动化生产中，因此，它的系统软件必须完成管理和控制两大任务。系统的管理部分包括输入、I/O 处理、显示和诊断；系统的控制部分包括译码、刀具补偿、速度处理、插补和位置控制。

在许多情况下，管理和控制的某些工作必须同时进行。例如，为了使操作人员能及时地了解 CNC 系统的工作状态，管理软件中的显示模块必须与控制软件同时运行；当 CNC 系统以 NC 加工方式工作时，管理软件中的零件程序输入模块必须与控制软件同时运行。而当控制软件运行时，其本身的一些处理模块也必须同时运行。例如，为了保证加工过程的连续性，即刀具在各程序段之间不停刀，译码、刀具补偿和速度处理模块必须与插补模块同时运行，而插补又必须与位置控制同时进行。

2) 并行处理的概念

并行处理是指计算机在同一时刻或同一时间间隔内完成两种或两种以上性质相同或不相同的工作。并行处理最显著的优点是提高了运算速度。例如，n 位串行运算和 n 位并行运算相比较，在元件处理速度相同的情况下，后者运算速度几乎为前者的 n 倍。这是一种资源重复的并行处理方法，它是根据"以数量取胜"的原则来大幅度提高运算速度的。但是，并行处理还不止于设备的简单重复，它还有更多的含义，如时间重叠和资源共享。所谓时间重叠，是根据流水线处理技术使多个处理过程在时间上相互错开，轮流使用同一套设备的几个部分。而资源共享则是根据"分时共享"的原则，使多个用户按时间顺序使用同一套设备。

目前，在 CNC 系统的硬件设计中，已广泛使用资源重复的并行处理方法，如采用多 CPU 的系统体系结构来提高系统的速度。而在 CNC 系统的软件设计中则主要采用资源分时共享和资源重叠的流水线处理技术。

图 2-8 给出了 CNC 系统任务并行处理关系，图中双向箭头表示两个模块之间有并行处理关系。

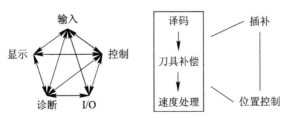

图 2-8　CNC 系统任务并行处理关系图

3）资源分时共享

在单 CPU 的 CNC 系统中，主要采用 CPU 分时共享的原则来解决多任务的同时运行。一般来讲，在使用分时共享并行处理的计算机系统中，首先要解决的问题是各任务占用 CPU 时间的分配原则，这里包括两方面的含义：一是各任务何时占用 CPU；二是允许各任务占用 CPU 的时间长短。

在 CNC 系统中，各任务占用 CPU 是用循环轮流和中断优先相结合的方法来解决的。图 2-9 是一个典型的 CNC 系统各任务分时共享 CPU 的时间分配图。

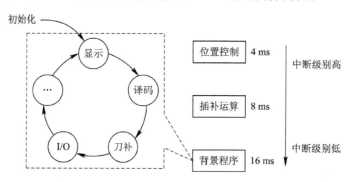

图 2-9　典型的 CNC 系统各任务分时共享 CPU 的时间分配图

系统在完成初始化以后自动进入时间分配环中，依次轮流处理各任务。对于系统中一些实时性很强的任务则按优先级排队，分别放在不同的中断优先级上，环外的任务可以随时中断环内各任务的执行。

为了简单起见，假定某 CNC 系统软件功能仅分为三个任务：位置控制、插补运算和背景程序。这三个任务的优先级从上到下逐步下降，即位置控制的最高，插补运算的其次，背景程序（主要包括实时性要求相对不高的一些子任务）的最低。系统规定位置控制任务每 4 ms 执行一次，插补运算每 8 ms 执行一次，两个任务都由定时中断激活，当位置控制和插补运算都不执行时，执行背景程序。系统的运行顺序是：在完成初始化后，自动进入背景程序，在背景程序中采用循环调度的方式，轮流反复地执行各个子任务，优先级高的任务（如位置控制任务或插补运算任务）可以随时使背景程序中断运行，位置控制程序也可使插补运算程序中断运行。

各任务在运行中占用 CPU 的时间如图 2-10 所示。在图中，竖实线表示任务对 CPU 的中断请求，两条竖实线之间的距离表示该任务的执行时间长度，阴影部分表示各个任务占用 CPU 的时间长度。

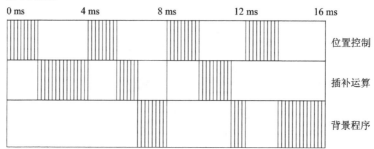

图 2-10　各任务占用 CPU 的时间示意图

从图 2-10 中可以看出：在任何一个时刻只有一个任务占用 CPU；而在一个时间片(如 8 ms 或 16 ms)内，CPU 并行地执行了两个或两个以上的任务。

因此，资源分时共享的并行处理只是具有宏观上的意义，即从微观上来看，各个任务还是逐一执行的。

4) 资源重叠流水处理

在多 CPU 结构的 CNC 系统中，根据各任务之间的关联程度可采用并发处理和流水处理两种并行处理技术。

若任务间的关联程度不高，则可让其分别在不同的 CPU 上同时执行，即所谓的并发处理；若任务间的关联程度较高，即一个任务的输出是另一个任务的输入，则可采取流水处理的方法来实现并行处理。

流水处理技术是利用重复的资源(CPU)，将一个大的任务分成若干个子任务(任务的分法与资源重复的多少有关)，这些子任务是彼此关联的，然后按一定的顺序安排每个资源执行一个任务，就像在一条生产线上分不同工序加工零件的流水作业一样。例如，当 CNC 系统以 NC 方式工作时，插补准备由译码、刀具补偿、速度处理三个子过程组成。如果每个子过程的处理时间分别为 Δt_1、Δt_2、Δt_3，并以顺序方式处理每个零件程序段，即第一个零件程序段处理完以后再处理第二个程序段，依此类推，那么一个零件程序段的数据转换时间将是 $\Delta t_1 + \Delta t_2 + \Delta t_3$，这种顺序处理的时间和空间关系如图 2-11(a)所示。从图中可以看出，如果等到第一个程序段处理完之后才开始对第二个程序段进行处理，那么在两个程序段的输出之间将有一个时间长度为 t 的间隔。这种时间间隔反映在电机上就是电机的时转时停，反映在刀具上就是刀具的时走时停。不管这种时间间隔多么小，时走时停在加工工艺上都是不允许的。消除这种间隔的方法就是用流水处理技术。采用流水处理后的时间和空间关系如图 2-11(b)所示。

流水处理的关键是时间重叠，即在一段时间间隔内不是处理一个子过程，而是处理两个或更多的子过程。从图 2-11(b)中可以看出，经过流水处理后从时间开始，每个程序段的输出之间不再有间隔，从而保证了电机转动和刀具移动的连续性。

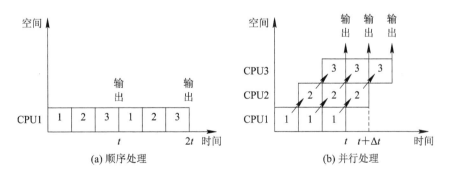

图 2-11 流水处理方式示意图

2. 多重实时中断

CNC 系统控制软件的另一个重要特征是实时中断处理。CNC 系统的多任务性和实时性决定了系统中断成为整个系统必不可少的重要组成部分。CNC 系统的中断管理主要靠硬件完成，而系统的中断结构决定了系统软件的结构。其中断类型有外部中断、内部定时中断、硬件故障中断以及程序性中断等。

（1）外部中断主要有纸带光电阅读机读孔中断、外部监控中断（如紧急停、量仪到位等）和键盘操作面板输入中断。前两种中断的实时性要求很高，通常把这两种中断放在较高的优先级上，而键盘和操作面板输入中断则放在较低的中断优先级上。在有些系统中，甚至用查询的方式来处理它。

（2）内部定时中断主要有插补周期定时中断和位置采样定时中断。在有些系统中，这两种定时中断合二为一。但在处理时，总是先处理位置控制，然后处理插补运算。

（3）硬件故障中断是各种硬件故障检测装置发出的中断，如存储器出错、定时器出错、插补运算超时等。

（4）程序性中断是程序中出现的各种异常情况的报警中断，如各种溢出、清零等。

2.4.2　常规型软件结构模式

所谓软件结构模式，是指系统软件的组织管理方式，即系统任务的划分方式、任务调度机制、任务间的信息交换机制及系统集成方法等。软件结构模式要解决的问题是如何组织和协调各个任务的执行，使之符合一定的时序配合要求和逻辑关系，以满足 CNC 系统的各种控制要求。在常规的 CNC 系统中，有前、后台型和中断型两种结构模式。

1. 前、后台型软件结构模式

前、后台型软件结构的工作原理是将整个系统按照实时性要求的高低分为前台程序和后台程序。前台程序为实时中断程序，承担了几乎全部实时功能，包括插补、位控、监控等。后台程序（又称背景程序）用来完成准备工作和管理工作，包括输入、译码、显示等实时性要求不高的任务。后台程序是一个循环程序，在其运行过程中前台程序不断插入，前、后台程序相互配合完成加工任务。

前、后台型软件结构比较适合单 CPU 结构的 CNC 系统，优点是结构简单，实现起来比较容易；缺点是程序模块之间依赖关系复杂，功能扩展困难，协调性差，以致程序运行时资源不能合理协调。早期的 CNC 系统大都采用这种结构，其程序运行关系如图 2-12 所示。

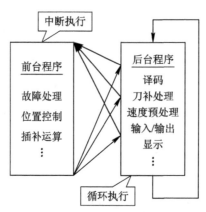

图 2-12　前、后台程序运行关系

2. 中断型软件结构模式

中断型软件结构模式就是指除了初始化程序外，将所有的任务按照实时性要求的高低分成不同级别的中断程序，整个程序是一个大的多重中断系统，系统一开机，初始化后就开始进入一个不断循环的中断处理系统中，其管理功能通过各级中断程序之间的通信来实现。该模式如图 2-13 所示。

中断型软件结构模式的任务调度采用优先级抢占调度，并且各级中断服务程序之间的信息交换通过缓冲区进行。由于中断级别较多(最多可达 8 级)，强实时性任务可安排在优先级较高的中断服务程序中，因此实时性好。但模块间关系复杂，耦合度大，不利于对系统的维护和扩充。20 世纪 80 年代至 90 年代初的 CNC 系统大多采用这种结构。

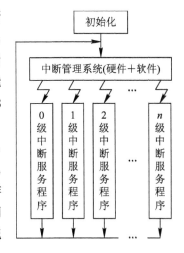

图 2-13　中断型软件结构模式

2.4.3　开放型软件结构模式

从开放式数控系统的定义及特点可以知道：一个开放式的数控系统，首先应具备系统功能模块化的结构，并具有定义了标准协议的通信系统，使得各个功能模块能通过 API 来相互交换信息并相互操作。同时，系统还应具有一个实时的配置系统，使得各个功能模块无论在系统运行之初还是之间都能够灵活地进行配置。其中，欧盟的 OSACA 计划(开放式体系结构)就是遵循这样的标准而制定的。

OSACA 计划是 1990 年由欧共体国家的 22 家控制器开发商、机床生产商、控制系统集成商和科研机构联合提出的。OSACA 计划提出了"分层的系统平台＋结构化的功能单元"的体系结构。该体系结构保证了各种应用系统与操作平台的无关性及相互间的互操作性，也保证了开放性。

如图 2-14 所示，OSACA 开放式体系结构可分为两个部分：应用软件和系统平台。应用软件即控制系统所包括的各个功能模块，以下称为 AO(Architecture Object)。AO 是指具有一定特性和行为规范的系统功能单元对象，它是组成系统功能结构的最基本的单位，对系统平台具有唯一的接口。AO 之间通过 OSACA 的通信系统可相互操作，通过 OSACA 提供的 API 接口可运行于不同平台之上。系统平台包括系统软件(操作系统、通信系统、配置系统等)和系统硬件(处理器、I/O 板等)。系统平台通过标准应用程序接口(API)向外提供服务，API 隐藏系统平台实现的内部机制，使得 AO 能运行于不同的平台之上。

OSACA 系统软件中有三个主要的组成部分：通信系统、操作系统和配置系统。通信系统解决了各个 AO 模块如何在独立于系统的情况下交换信息；操作系统描述了一个控制系统由哪些 AO 模块组成以及这些 AO 模块提供什么开放式接口；配置系统划分系统平台所需实例化的 AO，并对它进行实时配置。

(1) 通信系统：系统平台与系统各功能模块进行信息交互的唯一途径，它既支持同一系统平台各个 AO 之间的信息交互，又可以通过不同的传输机制支持不同系统平台上 AO

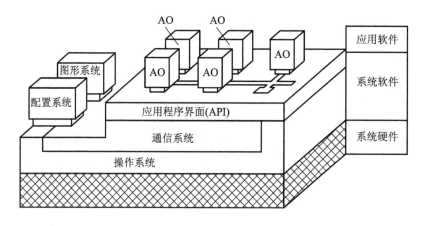

图 2 - 14　OSACA 开放式数控系统体系结构图

之间的信息交互。因此，通信系统应完成两方面的任务：通信机制的制定和标准协议的制定。

（2）操作系统：系统的控制功能是由系统各功能模块所组成的，而每一个功能模块都是由功能相对独立的功能元按照一定的逻辑关系所组成的。系统的操作系统就是用来精确描述功能元与系统平台之间以及各模块之间的关系，精确定义各模块和功能元的行为和属性，以及各模块和功能元与系统平台之间的接口，保证不同供应商提供的功能模块可以在不同平台上协调工作。

（3）配置系统：传统数控系统的配置系统属于静态的配置，它是通过设置参数来完成的。针对不同功能的控制系统，有成千上万的参数需要设置和调整，而不同系统的参数数量和用途也是不一样的。开放式体系结构的配置系统应是一种动态实时配置系统，既可以在系统运行之前配置好，又可以在系统运行期间对其进行重配置而不必对系统进行重新编译和连接。

2.5　可编程控制器(PLC)

2.5.1　可编程控制器的概念与特点

可编程控制器(Programmable Controller)是一种用于工业环境，可存储和执行逻辑运算、顺序控制、定时、计数和算术运算等特定功能的用户指令，并能通过数字式或模拟式的输入和输出控制各种类型的机械或生产过程的可编程数字控制系统。为区别于个人计算机(Personal Computer)，采用可编程逻辑控制器(Programmable Logic Controller，PLC)名称并沿用至今，简称可编程控制器。可编程控制器(PLC)具有如下特点：

（1）可靠性高。在硬件方面，PLC 的硬件采取了屏蔽措施；电源采用了多级滤波环节；CPU 和 I/O 回路之间采用了光电隔离，提高了硬件可靠性。在软件方面，PLC 采用了故障自诊断方法，一发现故障，就显示故障原因，并立即将信号状态存入存储器进行保护，当外界条件恢复正常时，可继续工作。

（2）功能完善，性能价格比高。由于 PLC 是介于继电器控制和计算机控制之间的自动控制装置，因此 PLC 不仅有逻辑运算的基本功能和控制功能，还有四则运算和数据处理（如比较、判别、传递和数据变换等）等功能。PLC 具有面向用户的指令和专用于存储用户程序的存储器，用户控制逻辑由软件实现，这样可使 PLC 适用于控制对象动作复杂、控制逻辑需要灵活变更的场合。有的 PLC 还具有旋转控制、数据表检索等功能，使数控机床复杂的刀库控制程序变得很简单。PLC 已系列化、模块化，可以根据需要经济地进行组合，因而使性能价格比得到提高。

（3）容易实现机电一体化。由于 PLC 结构紧凑，体积小，因此容易装入机床内部或电气柜内，实现机电一体化。

（4）编程简单。大多数 PLC 都采用梯形图方法编程，形象直观，原理易于理解和掌握，编程方便。PLC 可以与专用编程器、甚至个人计算机等设备连接，可以很方便地实现程序的显示、编辑、诊断和传送等操作。

（5）操作维护容易。PLC 信息通过总线或数据传送线与主机相连，调试和操作方便。PLC 采用模块化结构，如有损坏，即可更换。

2.5.2　PLC 的分类

PLC 的产品很多，型号规格也不统一，可以从结构、原理、规模等方面分类。从数控机床应用的角度划分，PLC 可分为两类：一类是 CNC 生产厂家专为数控机床顺序控制而将 CNC 装置和 PLC 综合起来而设计制造的内装型(Build-in Type)PLC；另一类是专业 PLC 生产厂家的产品，它们的输入/输出信号接口技术规范，输入/输出点数、程序存储容量以及运算和控制功能均能满足数控机床的控制要求，称为独立型(Stand-alone Type)PLC。

1. 内装型 PLC

内装型 PLC 从属于 CNC 系统，PLC 与 CNC 系统之间的信号传送在 CNC 系统内部即可实现。PLC 与数控机床之间则通过 CNC 系统的输入/输出接口电路实现信号传送，如图 2-15 所示。

内装型 PLC 有如下特点：

（1）内装型 PLC 实际上是带有 PLC 功能的 CNC 系统，PLC 一般是作为一种基本的或可选择的功能提供给用户。

（2）内装型 PLC 的性能指标（如输入/输出点数、程序最大步数、每步执行时间、程序扫描周期、功能指令数目等）是根据所从属的 CNC 系统的规格、性能、适用机床的类型等确定的。其硬件和软件部分是作为 CNC 系统的基本功能或附加功能与 CNC 系统其他功能一起统一设计、制造的。因此，系统硬件和软件整体结构十分紧凑，且 PLC 所具有的功能针对性强，技术指标亦较合理、实用，尤其适用于单机数控设备的应用场合。

（3）在系统的具体结构上，内装型 PLC 可与 CNC 系统共用 CPU，也可以单独使用一个 CPU；硬件控制电路可与 CNC 其他电路制作在同一块印刷板上，也可以单独制成一块附加板，当 CNC 系统需要附加 PLC 功能时，再将此附加板插装到 CNC 系统上；PLC 控制电路及部分输入/输出电路（一般为输入电路）所用电源由 CNC 系统提供，不需另备电源。

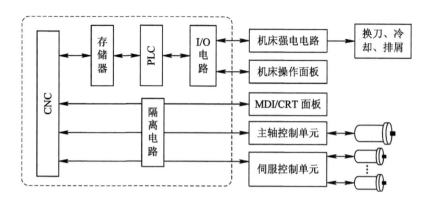

图 2-15 内装型 PLC 与 CNC 机床关系图

2. 独立型 PLC

独立型 PLC 又称外装型或通用型 PLC。对数控机床而言，独立型 PLC 独立于 CNC 系统，具有完备的硬件结构和软件功能，能够独立完成规定的控制任务。独立型 PLC 与 CNC 机床关系图如图 2-16 所示。

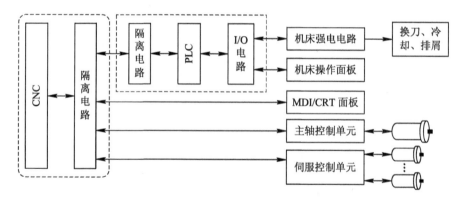

图 2-16 独立型 PLC 与 CNC 机床关系图

独立型 PLC 有如下特点：

（1）独立型 PLC 具有基本的功能结构，例如 CPU 及其控制电路、系统程序存储器、用户程序存储器、输入/输出接口电路、与编程机等外部设备通信的接口和电源等。

（2）独立型 PLC 一般采用积木式模块化结构或笼式插板式结构，各功能电路多做成独立的模块或印刷电路插板，具有安装方便、功能易于扩展和变更等优点。

（3）独立型 PLC 的输入、输出点数可以通过 I/O 模块或插板的增减灵活配置。有的独立型 PLC 还可通过多个远程终端连接器构成有大量输入、输出点的网络，以实现大范围的集中控制。

2.5.3 CNC 系统、PLC、机床之间的信息交换与信号处理

1. CNC 侧与机床(MT)侧的概念

在讨论数控机床的 PLC 时，常以 PLC 为界把数控机床分为 CNC 侧和 MT 侧两大部分。CNC 侧包括 CNC 系统的硬件、软件以及 CNC 系统的外部设备。MT 侧则包括机床的机械部分及液压、气压、冷却、润滑、排屑等辅助装置。

MT 侧控制的最终对象的数量随数控机床的类型、结构、辅助装置等的不同而有很大差别。机床结构越复杂、辅助装置越多，受控对象就越多。受控对象由少到多依次为数控车床、数控铣床、柔性制造单元(FMC)、柔性制造系统(FMS)。

2. PLC 与 MT 以及 CNC 系统之间的信息交换

PLC 与 MT 以及 CNC 系统之间的信息交换，对于 PLC 的功能发挥是非常重要的。PLC 与外部的信息交换通常有四个部分：

(1) MT 侧至 PLC 侧。MT 侧传递给 PLC 侧的信息主要是机床操作面板上各种开关、按钮等信号，包括机床启动与停止、工作方式选择、倍率选择、主轴的正反转和停止、切削液的开与关、卡盘的夹紧与松开、各坐标轴的点动控制、换刀指令、超行程限位、主轴伺服保护监控信号、进给系统运行准备信号等开关量信号。这些信号所占用 PLC 的输入单元地址均可由机床生产厂家的 PLC 程序设计者自行定义。

(2) PLC 侧至 MT 侧。PLC 侧至 MT 侧的信息是控制机床的执行元件，如电磁阀、继电器、接触器以及确保机床各运动部件状态的信号和故障指示等。这些信号所占用 PLC 的输出单元地址均可由机床生产厂家的 PLC 程序设计者自行定义。

(3) CNC 侧至 PLC 侧。CNC 侧送至 PLC 侧的信息主要是 S、T、M、F 等功能代码。S 功能是指用几位代码指定主轴转速，在 PLC 中通过转换输出主轴转速控制指令；T 功能是通过 PLC 管理刀库，进行自动刀具交换；M 功能是辅助功能，根据不同的 M 代码可控制主轴的正反转和停止，主轴齿轮箱的换挡变速，切削液的开、关，卡盘的夹紧、松开及换刀机械手的取刀、归刀等动作；F 功能是通过 PLC 控制伺服系统完成坐标轴进给率的输出。

(4) PLC 侧至 CNC 侧。PLC 侧送至 CNC 侧的信息主要是 S、T、M、F 功能应答信号及各坐标轴的基准点信号，机床运动部件的状态和故障等信息。所有 PLC 送至 CNC 的信息地址与含义由 CNC 厂家确定，PLC 编程者只可使用，不可改变和增删。

3. CNC 系统、PLC、MT 之间的信号处理过程

内装型 PLC 与独立型 PLC 的区别在于 CNC 系统、MT 之间的信号处理方式有所不同。内装型 PLC 与 CNC 装置之间的信息交换是通过公共 RAM 去完成的；独立型 PLC 与 CNC 系统之间的信息交换可以采用 I/O 对接方式，也可以采用通信方式。内装型 PLC 一般不单独配置输入/输出接口电路，而是使用 CNC 系统本身的输入/输出电路；独立型 PLC 的 I/O 接口齐全，可以与机床直接进行信息交换。

以 CNC 系统信号传递给机床为例，其过程如下：

(1) CNC 系统→CNC 装置的 RAM →PLC 的 RAM 中。

(2) PLC 软件对其 RAM 中的数据进行逻辑运算处理。

(3) 处理后的数据仍在 PLC 的 RAM 中，对内装型 PLC，PLC 将已处理好的数据通过 CNC 系统的输出接口送至机床；对独立型 PLC，RAM 中已处理好的数据通过 PLC 的输出接口送至机床。

2.5.4 PLC 在数控机床中的控制功能

1. 操作面板的控制

操作面板分为系统操作面板和机床操作面板。系统操作面板的控制信号先是进入 NC，然后由 NC 送到 PLC，控制数控机床的运行。机床操作面板的控制信号直接进入 PLC，控制机床的运行。

2. 机床外部开关输入信号

将机床侧的开关信号输入 PLC，进行逻辑运算。这些开关信号，包括很多检测元件信号，如行程开关、接近开关、模式选择开关等。

3. 输出信号控制

PLC 输出信号经外围控制电路中的继电器、接触器、电磁阀等输出给控制对象。

4. 主轴 S 功能

通常用二位或四位 S 代码指定主轴转速。CNC 系统送出 S 代码（如二位代码）进入 PLC，经过电平转换（独立型 PLC）、译码、数据转换、限位控制和 D/A 变换，最后输送给主轴电机伺服系统。

为了提高主轴转速的稳定性和增大转矩、调整转速范围，可增加 1～2 级机械变速挡，这可通过 PLC 的 M 代码功能实现。

5. 刀具 T 功能

PLC 控制对加工中心自动换刀的管理带来了很大的方便。自动换刀控制方式有固定存取换刀方式和随机存取换刀方式，它们分别采用刀套编码制和刀具编码制。对于刀套编码的 T 功能处理过程是：CNC 系统送出 T 代码指令给 PLC，PLC 经过译码，在数据表内检索，找到 T 代码指定的新刀号所在的数据表的表地址，并与现行刀号进行判别比较，如不符合，则将刀库回转指令发送给刀库控制系统，直到刀库定位到新刀号位置为止，此时刀库停止回转，并准备换刀。

6. 辅助 M 功能

PLC 完成的 M 功能是很广泛的。根据不同的 M 代码，可控制主轴的正反转及停止、主轴齿轮箱的变速、冷却液的开或关、卡盘的夹紧或松开，以及自动换刀装置机械手的取刀、归刀等运动。

2.6 典型数控系统简介

数控系统种类繁多，FANUC 系列数控系统和 SINUMERIK 系列数控系统是目前国内最流行的机床控制系统。HNC 系列数控系统作为国产数控系统中的代表,正逐步扩大自己在行业内的市场份额,以下对这三种数控系统进行简单介绍。

2.6.1　FANUC 系列数控系统

1. 系统特点

FANUC 系列数控系统是日本 FANUC 公司的产品,具有高质量、高性能、全功能、适用于各种机床和生产机械的特点,在市场的占有率远远超过其他数控系统,主要体现在以下几个方面:

(1) 系统在设计中大量采用模块化结构。这种结构易于拆装,各个控制板高度集成,使可靠性有很大提高,而且便于维修、更换。

(2) 具有很强的抵抗恶劣环境影响的能力,设计了比较健全的自我保护电路,可适应较为宽泛的工作条件。

(3) 所配置的系统软件具有比较齐全的基本功能和选项功能。对于一般的机床来说,基本功能完全能满足使用要求。

(4) 提供了大量丰富的可编程机床控制器(PMC)信号和 PMC 功能指令。这些丰富的信号和编程指令便于用户编制机床侧 PMC 控制程序,而且增加了编程的灵活性。

(5) 具有很强的 DNC 功能。系统提供了串行 RS-232C 传输接口,使通用计算机和机床之间的数据传输能方便、可靠地进行,从而实现高速的 DNC 操作。

(6) 提供了丰富的维修报警和诊断功能。FANUC 系列数控系统维修手册为用户提供了大量的报警信息,并且以不同的类别进行分类。

2. 常用系列

1) 高可靠性的 Power Mate 0 系列

高可靠性的 Power Mate 0 系列用于控制 2 轴的小型车床,取代步进电机的伺服系统,可配画面清晰、操作方便、中文显示的 CRT/MDI,也可配性能价格比高的 DPL/MDI。

2) 普及型的 CNC 0-D 系列

0-TD 用于车床,0-MD 用于铣床及小型加工中心,0-GCD 用于圆柱磨床,0-GSD 用于平面磨床,0-PD 用于冲床。

3) 全功能型的 0-C 系列

0-TC 用于通用车床、自动车床,0-MC 用于铣床、钻床、加工中心,0-GCC 用于内、外圆磨床,0-GSC 用于平面磨床,0-TTC 用于双刀架 4 轴车床。

4) 高性能价格比的 0i 系列

高性能价格比的 0i 系列具有整体软件功能包,可实现高速、高精度加工,并具有网络功能。0i-MB/MA 用于加工中心和铣床,4 轴 4 联动;0i-TB/TA 用于车床,4 轴 2 联动;0i-mate MA 用于铣床,3 轴 3 联动;0i-mateTA 用于车床,2 轴 2 联动。

5) 具有网络功能的超小型、超薄型 CNC 16i/18i/21i 系列

超小型、超薄型 CNC 16i/18i/21i 系列的控制单元与 LCD 集成于一体,具有网络功能,

可进行超高速串行数据通信。其中，FS16i-MB 的插补、位置检测和伺服控制以纳米为单位。16i 最大可控 8 轴，6 轴联动；18i 最大可控 6 轴，4 轴联动；21i 最大可控 4 轴，4 轴联动。

除此之外，还有实现机床个性化的 CNC 16/18/160/180 系列。

2.6.2 SINUMERIK 系列数控系统

1. 系统特点

SINUMERIK 系列数控系统是德国 SIEMENS(西门子)公司的产品。西门子公司凭借在数控系统及驱动产品方面的专业思考与深厚积累，不断制造出机床产品的典范之作，为自动化应用提供了日趋完善的技术支持。SINUMERIK 不仅意味着一系列数控产品，它还力图生产一种适于各种控制领域的、满足不同控制需求的数控系统，其构成只需很少的部件。该系列数控系统具有高度的模块化、开放性以及规范化的结构，适于操作、编程和监控。

2. 常用系列

1) SINUMERIK 802S/C 系统

SINUMERIK 802S/C 系统是专门为低端数控机床市场而开发的经济型 CNC 控制系统。802S/C 两个系统具有同样的显示器、操作面板、数控功能、PLC 编程方法等，所不同的只是 SINUMERIK 802S 带有步进驱动系统，可控制步进电机，可带 3 个步进驱动轴及一个 ±10 V 模拟伺服主轴；SINUMERIK 802C 带有伺服驱动系统，采用传统的模拟伺服 ±10 V 接口，最多可带 3 个伺服驱动轴及 1 个伺服主轴。

2) SINUMERIK 802D 系统

SINUMERIK 802D 系统属于中低档系统，其特点是全数字驱动、中文系统、结构简单（通过 PROFIBUS 连接系统面板、I/O 模块和伺服驱动系统）、调试方便，具有免维护性能的 SINUMERIK 802D 核心部件——控制面板单元(PCU)，具有 CNC、PLC、人机界面和通信功能等，并且集成的 PC 硬件可使用户非常容易地将控制系统安装在机床上。

3) SINUMERIK 840D/810D/840Di 系统

SINUMERIK 840D/810D 几乎是同时推出的，具有非常高的系统一致性，显示/操作面板、机床操作面板、S7-300 PLC、输入/输出模块、PLC 编程语言、数控系统操作、工件程序编程、参数设定、诊断、伺服驱动等许多部件均相同。

SINUMERIK 810D 是 840D 的 CNC 和驱动控制集成型，SINUMERIK 810D 系统没有驱动接口，SINUMERIK 810D NC 软件基本包含了 840D 的全部功能。

采用 PROFIBUS-DP 现场总线结构的西门子 SINUMERIK 840Di 系统，是数控系统中的标准。它除了具有高端数控性能，还具有直至现在都很难实现的高灵活性和开放性，适用于几乎所有机床方案。高性能的硬件架构、智能控制算法以及高级驱动和电机技术确保了高动态性能和加工精度。

4) SINUMERIK 840C 系统

SINUMERIK 840C 系统一直雄居世界数控系统水平之首，内装功能强大的 PLC

135WB2，可以控制 SIMODRIVE 611A/D 模拟式或数字式交流驱动系统，适合高复杂度的数控机床。

2.6.3　HNC 系列数控系统

1. 系统特点

HNC 系列数控系统由我国武汉华中数控系统有限公司生产。HNC 系列数控系统是我国为数不多的具有自主知识产权的高性能数控系统之一。它以通用的工业 PC 机(IPC)和 DOS、Windows 操作系统为基础，采用开放式的体系结构，使数控系统的可靠性和质量得到了保证。它适合多坐标(2～5)数控镗铣床和加工中心，在增加相应的软件模块后，也能适用于其他类型的数控机床(如数控磨床、数控车床等)以及特种加工机床(如激光加工机、线切割机等)。

2. 常用系列

1) 华中 I 型(HNC-I)高性能数控系统

华中 I 型高性能数控系统具有以下特点：

(1) 采用以通用工控机为核心的开放式体系结构。系统采用基于通用 32 位工业控制机和 DOS 平台的开放式体系结构，可充分利用 PC 的软硬件资源，二次开发容易，易于系统维护和更新换代，可靠性好。

(2) 采用独创的曲面直接插补算法和先进的数控软件技术。处于国际领先水平的曲面直接插补技术将目前 CNC 系统上的简单直线、圆弧差补功能提高到曲面轮廓的直接控制，可实现高速、高效和高精度的复杂曲面加工。采用汉字用户界面，提供完善的在线帮助功能，具有三维仿真校验和加工过程图形动态跟踪功能，使图形显示更形象和直观。

(3) 系统配套能力强。系统可选配该公司生产的 HSV-11D 交流永磁同步伺服驱动与伺服电机、HC5801/5802 系列步进电机驱动单元与电机、HG.BQ3-5B 三相正弦波混合式驱动器与步进电机和国内外各类模拟式、数字式伺服驱动单元。

华中 I 型数控系统的主要产品有 HNC-IM 铣床与加工中心数控系统，HNC-IC 车床数控系统、HNC-IY 齿轮加工数控系统、HNC-IP 数字化仿形加工数控系统、HNC-IL 激光加工数控系统、HNC-IG 五轴联动工具磨床数控系统等。

2) 华中-2000 型高性能数控系统

华中-2000 型高性能数控系统(HNC-2000)是在华中 I 型(HNC-I)高性能数控系统的基础上开发的高档数控系统。该系统采用通用工业 PC 机、TFT 真彩色液晶显示器，具有多轴多通道控制能力和内装式 PLC，可与多种伺服驱动单元配套使用；具有开放性好、结构紧凑、集成度高、可靠性好、性能价格比高、操作维护方便等优点，是适合中国国情的新一代高性能、高档数控系统。

HNC-2000 型数控系统已开发和派生的数控系统产品有 HNC-2000M 铣床与加工中心数控系统、HNC-2000C 车床数控系统、HNC-2000Y 齿轮加工数控系统、HNC-2000P 数字化仿形加工数控系统、HNC-2000L 激光加工数控系统、HNC-2000G 五轴联动工具磨床数控系统等。

　　3）华中世纪星 HNC-21/22 系列

　　HNC-21/22 系列产品是在华中 I 型（HNC-I）高性能数控装置的基础上，为满足市场要求而开发的高性能中高档数控装置。HNC-21/22 可控制 6 个进给轴和 1 个主轴，最大联动轴数为 6 轴，可与数控车、车削中心、数控铣、加工中心、数控专机、车铣复合机床等机床配套。其技术特点如下：

　　（1）采用基于工业微机（IPC）开放式体系结构的数控系统。

　　（2）能够系统配置 8.4/10.4 英寸高亮度 TFT 彩色液晶显示器。

　　（3）可选配电子盘、硬盘、软驱、网络等存储器，极大地方便用户的程序输入。

　　（4）具有独创的 SDI 曲面插补高级功能，经济地实现高效、高质量曲面加工。

　　（5）用户程序可断电且存储容量大，程序存储个数无限制。

　　（6）三维彩色图形能够实时显示刀具轨迹和零件形状。

　　（7）面板上功能按钮带指示灯，并且不占用系统 I/O 点数（输入 40、输出 32）。

　　（8）提供二次开发接口，可按用户要求定制控制系统的功能，适合专用机床控制系统的开发。

　　（9）支持在线帮助、蓝图编程、后台编辑。

习　　题

　　1. 数控机床的核心装置是（　　　）。

　　A. 机床本体　　　　　B. 数控装置　　　　C. 输入输出装置　　　　D. 伺服装置

　　2. 单 CPU 结构的 CNC 系统和多 CPU 结构的 CNC 系统有何区别？

　　3. CNC 系统的软件结构可分为哪两类？各有何特点？

　　4. 什么是内装型 PLC？有何特点？

　　5. 什么是独立型 PLC？有何特点？

第3章 典型数控功能及实现

基本要求

（1）掌握各种插补原理与实现方式。
（2）了解刀具补偿原理与实现、误差补偿原理与实现、进给速度原理与实现。
（3）了解故障自诊断功能。

重点与难点

插补原理与实现、刀具补偿原理与实现。

课程思政

掌握核心技术，才能真正掌握竞争和发展的主动权，才能把我国建设成为世界科技强国和社会主义现代化强国。

数控加工主要是依靠刀具与工件的相对运动，去除多余的毛坯或添加新的材料来实现零件成型的。这种相对运动的最小可控移动量称为一个脉冲当量。在机床上进行轮廓加工的各种工件，其运动轨迹是折线而不是光滑的曲线，机床不能严格地沿着要求加工的曲线运动，只能用折线轨迹逼近所要加工的曲线。为了保证逼近的精度，需要有相应的数控功能作为支撑，这些典型功能包括插补、刀补、误差补偿、速控及故障自诊断等。

3.1 插补的基本概念与分类

3.1.1 插补的基本概念

在数控机床中，刀具或工件的最小位移量是机床坐标轴运动的一个分辨单位，由检测装置辨识，称为分辨率或脉冲当量，又叫作最小设定单位。因此，刀具的运动轨迹在微观上是由小段构成的折线，不可能绝对地沿着刀具所要求的零件轮廓形状运动，只能用折线轨迹逼近所要求的廓形曲线。机床数控系统依据一定方法确定刀具运动的轨迹，进而产生基本廓形曲线，如直线、圆弧等。其他需要加工的复杂曲线由基本廓形曲线逼近，这种拟合方法称为插补。

插补实质是数控系统根据零件轮廓线形的有限信息（如直线的起点、终点，圆弧的起点、圆心等）计算出刀具的一系列加工点，完成所谓的数据"密化"工作。插补有两层意思：一是生产基本线型，二是用基本线型拟合其他轮廓曲线。插补运算具有实时性，要满足刀具运动实时控制的要求。其运算速度和精度会直接影响数控系统的性能指标。

由插补的定义可以看出，在轮廓控制系统中，插补功能是最重要的功能，是轮廓控制系统的本质特征。插补算法的稳定性和算法精度将直接影响到CNC系统的性能指标。所以，为使高级数控系统能发挥其功能，不论是在国外还是在国内，精度高、速度快的新的插补算法（软件）一直是科研人员努力突破的难点，也是各数控公司竭力保密的技术核心。如SIMENS、FANUC数控系统，其许多功能都是对用户开放的，但其插补软件却从不对用户开放。

3.1.2 插补的分类

数控系统中完成插补运算的装置或程序称为插补器。根据插补器的结构可分为硬件插补器、软件插补器和软硬件结合插补器三种类型。早期NC系统的插补运算由专门设计的数字逻辑电路装置来完成，称为硬件插补。其结构复杂，成本较高。在CNC系统中插补功能一般由计算机程序来完成，称为软件插补。由于硬件插补具有速度高的特点，为了满足插补速度和精度的要求，现代CNC系统也采用软件与硬件相结合的方法，即由软件完成粗插补，由硬件完成精插补。

从产生的数学模型来分，有一（直线）插补、二次（圆弧、抛物线、双曲线等）插补及高次曲线插补等。大多数数控机床的数控装置都具有直线插补和圆弧插补。根据插补所采用的原理和计算方法的不同，可有许多插补方法。目前，较为常见插补方法分为两类：基准脉冲插补和数据采样插补。

1. 基准脉冲插补

基准脉冲插补又称为脉冲增量插补或行程标量插补，其特点是每次插补结束仅向各运动坐标轴输出一个控制脉冲，因此各坐标仅产生一个脉冲当量或行程的增量。脉冲序列的频率代表坐标运动的速度，而脉冲的数量代表运动位移的大小。这类插补运算简单，容易用硬件电路来实现，早期的插补都是采用这类方法。目前，CNC系统中原来的硬件插补功能可以用软件来实现。

基准脉冲插补适用于一些中等速度和中等精度的系统，主要用于步进电机驱动的开环系统，也有的数控系统将其用作数据采样插补中的精插补。

脉冲增量插补在插补计算过程中不断向各轴发出相互协调的进给脉冲，驱动各坐标轴的电机运动。数控系统中，一个脉冲所产生的坐标轴位移量称为脉冲当量，常用 δ 表示。

基准脉冲插补的方法很多，如逐点比较法、数字积分法、矢量判别法、比较积分法、最小偏差法、单步追踪法等，其中应用较多的是逐点比较法和数字积分法。

1）逐点比较法

（1）插补原理及特点。

逐点比较法是我国早期数控机床中广泛采用的一种方法，又称为代数运算法。其基本原理是每次仅向一个坐标轴输出一个进给脉冲，而每走一步都要通过偏差函数计算，判断偏差点的瞬时坐标同规定加工轨迹之间的偏差，然后决定下一步的进给方向。

逐点比较法可进行直线插补、圆弧插补，也可用于其他曲线的插补。其特点是运算直观，插补误差不大于一个脉冲当量，脉冲输出均匀，调节方便。

（2）逐点比较法直线插补。

① 偏差函数构造。直线插补时，通常将坐标原点设在直线起点上。对于第一象限直线 OA（如图 3 - 1 所示），若其起点为坐标原点，则终点 A 的坐标为 (X_e, Y_e)，$P(X_i, Y_i)$ 为加工点。

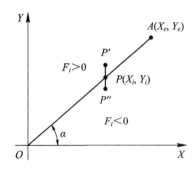

图 3 - 1　逐点比较法直线插补

② 偏差判别。

若 P 点正好处在直线上，则 $X_e Y_i - X_i Y_e = 0$；

若 P 点在直线上方，则 $X_e Y_i - X_i Y_e > 0$；

若 P 点在直线下方，则 $X_e Y_i - X_i Y_e < 0$。

由此可取偏差判别函数为

$$F_i = X_e Y_i - X_i Y_e \tag{3-1}$$

③ 坐标进给。

由 F_i 的数值（称为"偏差"）就可判断出 P 点与直线的相对位置。

当 P 点在直线的上方时，$F_i > 0$，下一步向 $+X$ 方向进行运动。

当 P 点在直线的下方时，$F_i < 0$，下一步向 $+Y$ 方向进行运动。

当 P 点在直线上时，为使它继续运动下去，一般把 $F_i = 0$ 归为 $F_i > 0$ 的情况，继续向 $+X$ 方向运动。这样从原点出发，走一步，判别一次 F_i，再趋向直线，轨迹总在直线附近，并不断趋向终点。

④ 偏差函数的递推计算。按上述法则进行 F_i 运算时，要做乘法和减法运算，为了简化计算，常采用递推式。

若 $F_i \geqslant 0$，则向 $+X$ 方向发出一个进给脉冲，从 $P(X_i, Y_i)$ 到达新加工点 $P(X_{i+1}, Y_i)$，则有

$$X_{i+1} = X_i + 1$$

$$F_{i+1} = X_e Y_i - Y_e(X_i + 1) = F_i - Y_e \qquad (3-2)$$

若 $F_i < 0$，则向 $+Y$ 方向发出一个进给脉冲，从 $P(X_i, Y_i)$ 到达新加工点 $P(X_{i+1}, Y_i)$，则有

$$Y_{i+1} = Y_i + 1$$

$$F_{i+1} = X_e(Y_i + 1) - Y_e X_i = F_i + X_e \qquad (3-3)$$

由式(3-2)和式(3-3)可以看出，新加工点的偏差完全可以用前一加工点的偏差 X_e、Y_e 递推出来。

⑤ 终点判别。直线插补的终点判别可采用以下三种方法：

a. 判断插补或进给的总步数：$N = X_e + Y_e$；

b. 分别判断各坐标轴的进给步数；

c. 仅判断进给步数较多的坐标轴的进给步数。

综上所述，每个插补循环主要由偏差函数构造、偏差判别、坐标进给、偏差函数计算和终点判别五个步骤组成。

例 3-1 现要加工第一象限直线 OE，起点为 $O(0, 0)$，终点为 $E(4, 3)$，试用逐点比较法对该段直线进行插补，并画出插补轨迹。

解 逐点比较法直线插补运算过程如表 3-1 所示，X_e、Y_e 是直线的终点坐标，N 为插补循环总次数。逐点比较法直线插补轨迹如图 3-2 所示。

表 3-1 逐点比较法直线插补运算过程

序号	偏差判别	坐标进给	偏差函数计算	终点判别
起点			$F_0 = 0$	$N = 7$
1	$F_0 = 0$	$+X$	$F_1 = F_0 - Y_e = -3$	$N = 6$
2	$F_1 < 0$	$+Y$	$F_2 = F_1 + X_e = 1$	$N = 5$
3	$F_2 > 0$	$+X$	$F_3 = F_2 - Y_e = -2$	$N = 4$
4	$F_3 < 0$	$+Y$	$F_4 = F_3 + X_e = 2$	$N = 3$
5	$F_4 > 0$	$+X$	$F_5 = F_4 - Y_e = -1$	$N = 2$
6	$F_5 < 0$	$+Y$	$F_6 = F_5 + X_e = 3$	$N = 1$
7	$F_6 > 0$	$+X$	$F_7 = F_6 - Y_e = 0$	$N = 0$

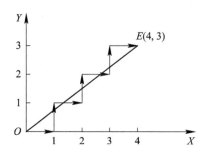

图 3-2 逐点比较法直线插补轨迹

（3）四个象限的直线插补。

前面所述的均为第一象限直线插补方法。现假设有第三象限直线 OE'（如图 3-3 所示），起点坐标在原点 O，终点坐标为 $E'(-X_e,-Y_e)$。在第一象限有一条和它对称于原点的直线，其终点坐标为 $E(X_e,Y_e)$。按第一象限直线进行插补时，从 O 点开始把沿 X 轴正向进给改为 X 轴负向进给，沿 Y 轴正向改为 Y 轴负向进给，这时，实际插补出的就是第三象限直线，其偏差计算公式与第一象限直线的偏差计算公式相同，仅仅是进给方向不同。当输出驱动时，应使 X 和 Y 轴电机反向旋转。

由此可见，其他象限的插补和第一象限插补基本相同，只需将第一象限的插补进行适当处理后，可推广到其余象限的直线插补。四个象限直线的偏差符号和插补进给方向如图 3-4 所示，用 $L1$、$L2$、$L3$、$L4$ 分别表示第一、二、三、四象限的直线。为适用于四个象限直线插补，插补运算时用 $|X|$、$|Y|$ 代替 X、Y。由图可见，靠近 Y 轴区域偏差大于零，靠近 X 轴区域偏差小于零。当 $F \geqslant 0$ 时，进给都是沿 X 轴，不管是 $+X$ 向还是 $-X$ 向，X 的绝对值增大；当 $F < 0$ 时，进给都是沿 Y 轴，不论 $+Y$ 向还是 $-Y$ 向，Y 的绝对值增大。

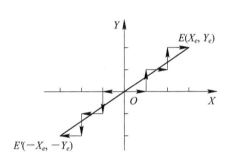

图 3-3　第三象限直线插补　　　　图 3-4　四个象限直线的偏差符号和插补进给方向

（4）逐点比较法圆弧插补。

逐点比较法中，一般以圆心为原点，根据圆弧起点和终点的坐标值来进行插补。

① 偏差函数构造。以第一象限逆圆弧为例，如图 3-5 所示。假设圆弧半径为 R，起点为 $A(X_A,Y_A)$，终点为 $B(X_B,Y_B)$，对于任一加工点 $P(X_i,Y_i)$，

若 P 点正好处在圆弧上，则 $X_i^2+Y_i^2-R^2=0$；

若 P 点在圆弧内，则 $X_i^2+Y_i^2-R^2<0$；

若 P 点在圆弧外，则 $X_i^2+Y_i^2-R^2>0$。

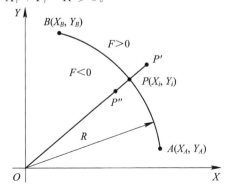

图 3-5　逐点比较法圆弧插补(1)

由此可取偏差判别函数为

$$F_i = X_i^2 + Y_i^2 - R^2 \tag{3-4}$$

当 P 点在圆弧外或圆弧上，则 $F_i \geqslant 0$，应向 $-X$ 方向运动，即向圆内运动；当 P 点在圆弧内，则 $F_i < 0$，向 $+Y$ 方向运动。

② 偏差函数的递推计算。为了简化式（3-4）的计算，需采用其递推式（或迭代式）。仍然以第一象限逆圆弧为例，若 $F_i \geqslant 0$，应向 $-X$ 方向运动，则有

$$X_{i+1} = X_i - 1$$
$$F_{i+1} = (X_i - 1)^2 + Y_i^2 - R^2 = F_i - 2X_i + 1 \tag{3-5}$$

若 $F_i < 0$，应向 $+Y$ 方向运动，则有

$$Y_{i+1} = Y_i + 1$$
$$F_{i+1} = X_i^2 + (Y_i + 1)^2 - R^2 = F_i + 2Y_i + 1 \tag{3-6}$$

由偏差递推公式（3-5）、公式（3-6）可知，除加减运算外，只有乘 2 运算，算法相对于平方运算较为简单。注意，在计算偏差的同时，还要对加工点的坐标进行加 1 或者减 1 运算，为下一点的偏差计算做好准备。

③ 终点判别。和直线插补一样，逐点比较法圆弧插补除偏差计算外，还要进行终点判别，可采用以下两种方法：

a. 判断插补或进给的总步数，$N = |X_a - X_b| + |Y_a - Y_b|$；

b. 分别判别各坐标轴的进给步数：$N_x = |X_a - X_b|$，$N_y = |Y_a - Y_b|$。

例 3-2　现要加工第一象限逆圆弧 AB，起点 A 的坐标为 $(6, 0)$，终点 B 的坐标为 $(0, 6)$，试用逐点比较法进行插补，并画出插补轨迹。

解　该圆弧的总步长为 $N = |0 - 6| + |6 - 0| = 12$，开始加工时，刀具从 A 点开始，即在圆弧上。逐点比较法圆弧插补运算过程见表 3-2，插补过程如图 3-6 所示。

表 3-2　逐点比较法圆弧插补运算过程

序号	偏差判别	坐标进给	偏差函数计算	终点判别
起点			$F_{6,0} = 0$	$N = 12$
1	$F_{6,0} = 0$	$-X$	$F_{5,0} = 0 - 12 + 1 = -11$	$N = 11$
2	$F_{5,0} < 0$	$+Y$	$F_{5,1} = -11 + 0 + 1 = -10$	$N = 10$
3	$F_{5,1} < 0$	$+Y$	$F_{5,2} = -10 + 2 \times 1 + 1 = -7$	$N = 9$
4	$F_{5,2} < 0$	$+Y$	$F_{5,3} = -7 + 2 \times 2 + 1 = -2$	$N = 8$
5	$F_{5,3} < 0$	$+Y$	$F_{5,4} = -2 + 2 \times 3 + 1 = 5$	$N = 7$
6	$F_{5,4} > 0$	$-X$	$F_{4,4} = 5 - 2 \times 5 + 1 = -4$	$N = 6$
7	$F_{4,4} < 0$	$+Y$	$F_{4,5} = -4 + 2 \times 4 + 1 = 5$	$N = 5$
8	$F_{4,5} > 0$	$-X$	$F_{3,5} = 5 - 2 \times 4 + 1 = -2$	$N = 4$
9	$F_{3,5} < 0$	$+Y$	$F_{3,6} = -2 + 2 \times 5 + 1 = 9$	$N = 3$
10	$F_{3,6} > 0$	$-X$	$F_{2,6} = 9 - 2 \times 3 + 1 = 4$	$N = 2$
11	$F_{2,6} > 0$	$-X$	$F_{1,6} = 4 - 2 \times 2 + 1 = 1$	$N = 1$
12	$F_{1,6} > 0$	$-X$	$F_{0,6} = 1 - 2 \times 1 + 1 = 0$	$N = 0$

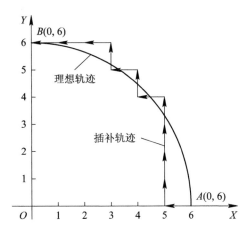

图 3 - 6　逐点比较法圆弧插补(2)

（5）四个象限的圆弧插补。

① 第一象限顺圆弧的插补计算。

如图 3 - 7 所示，第一象限顺圆弧 CD，圆弧的圆心在坐标原点，加工起点为 $C(x_0, y_0)$，终点为 $D(x_e, y_e)$，加工点现处于 $m(x_m, y_m)$ 点。

若 $F_m \geqslant 0$，则沿 $-Y$ 方向进给一步，新加工点坐标将是 (x_m, y_{m-1})，可求出新的偏差为

$$F_{m+1} = F_m - 2y_m + 1 \tag{3-7}$$

若 $F_m < 0$，则沿 $+X$ 方向进给一步，新加工点的坐标将是 (x_{m+1}, y_m)，同样可求出新的偏差为

$$F_{m+1} = F_m + 2x_m + 1 \tag{3-8}$$

② 四个象限的圆弧插补。

其他象限的圆弧插补可与第一象限的情况相比较而得出，因为其他象限的所有圆弧总是与第一象限中的逆圆弧或顺圆弧互为对称。对于四个象限的圆弧插补，我们只要把握走步方向总是趋近于圆弧的趋势，问题就变得容易了，如图 3 - 8 所示。

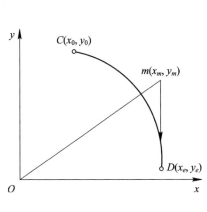

图 3 - 7　第一象限顺圆弧插补

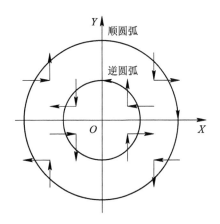

图 3 - 8　四个象限圆弧插补

如果插补计算都用坐标的绝对值，将进给方向另做处理，四个象限插补公式可以统一起来。例如：对第一象限顺圆弧插补，若将 X 轴正向进给改为 X 轴负向进给，则走出的是

第二象限逆圆弧；若将 X 轴沿负向、Y 轴沿正向进给，则走出的是第三象限顺圆弧；若将 Y 轴负向进给改为 Y 轴正向进给，则走出的是第四象限逆圆弧。这四种插补的进给方向均为 $|X|$ 增大或 $|Y|$ 减小。

当 $F_m \geqslant 0$ 时，则沿 $|Y|$ 减小方向进给一步，偏差计算公式为

$$F_{m+1} = F_m - 2|y_m| + 1 \tag{3-9}$$

当 $F_m < 0$ 时，则沿 $|X|$ 增大方向进给一步，偏差计算公式为

$$F_{m+1} = F_m + 2|x_m| + 1 \tag{3-10}$$

同理，第一象限逆圆弧插补与第二象限顺圆弧插补、第三象限逆圆弧插补、第四象限顺圆弧插补，进给方向均为 $|X|$ 减小或 $|Y|$ 增大。

当 $F_m \geqslant 0$ 时，则沿 $|X|$ 减小方向进给一步，偏差计算公式为

$$F_{m+1} = F_m - 2|x_m| + 1 \tag{3-11}$$

当 $F_m < 0$ 时，则沿 $|Y|$ 增大方向进给一步，偏差计算公式为

$$F_{m+1} = F_m + 2|y_m| + 1 \tag{3-12}$$

如果用带符号的坐标值进行插补计算，则在插补的同时，比较动点坐标和终点坐标的代数值。若两者相等，插补结束，其计算过程见表 3 - 3。

表 3 - 3 四个象限圆弧插补偏差公式和进给方向

坐标进给	坐标计算	偏差函数计算	终点判别
$+X$	$x_{i+1} = x_i + 1$	$F_{i+1} = F_i + 2x_i + 1$	$x_e - x_{i+1} = 0$
$-X$	$x_{i+1} = x_i - 1$	$F_{i+1} = F_i - 2x_i + 1$	$x_e - x_{i+1} = 0$
$+Y$	$y_{i+1} = y_i + 1$	$F_{i+1} = F_i + 2y_i + 1$	$y_e - y_{i+1} = 0$
$-Y$	$y_{i+1} = y_i - 1$	$F_{i+1} = F_i - 2y_i + 1$	$y_e - y_{i+1} = 0$

(6) 逐点比较法的速度分析。

插补器向各个坐标分配进给脉冲，这些脉冲造成坐标的移动，对于某一坐标而言，进给脉冲的频率就决定了进给速度，各个坐标进给速度的合成线速度称为合成进给速度或插补速度。合成进给速度直接决定了加工时的粗糙度和精度，它是插补方法的重要性能指标，也是选择插补方法的重要依据。

① 直线插补的速度分析。

直线加工时，有

$$\frac{L}{v} = \frac{N}{f}$$

式中，L 为直线长度；v 为刀具进给速度；N 为插补循环数；f 为插补脉冲频率。

$$N = X_e + Y_e = L\cos\alpha + L\sin\alpha$$

$$v = \frac{f}{\sin\alpha + \cos\alpha} \tag{3-13}$$

式中，α 为直线与 X 轴的夹角。

式(3-13)说明刀具进给速度 v 与插补脉冲频率 f 和与 X 轴夹角 α 有关。若保持 f 不

变，则加工 0°和 90°倾角的直线时刀具进给速度最大(为 f)，加工 45°倾角直线时速度最小(为 0.707f)，如图 3-9 所示。

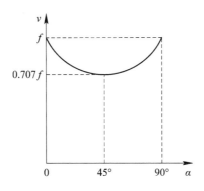

图 3-9　直线插补速度变化

② 圆弧插补的速度分析。

如图 3-10 所示，P 是圆弧 AB 上任意一点，cd 是圆弧在 P 点的切线，切线与 X 轴夹角为 α。显然，刀具在 P 点的速度可认为与插补切线 cd 的速度基本相等。因此，由式(3-13)可知加工圆弧时刀具的进给速度是变化的，除了与插补脉冲频率成正比，还与切削点处的半径同 Y 轴的夹角 α 有关。在 0°和 90°附近进给速度最快(为 f)，在 45°附近速度为最慢(为 0.707f)，进给速度在(1~0.707)f 间变化。

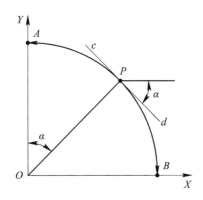

图 3-10　圆弧插补速度分析

由此可见，进给速度确定了脉冲源频率后，实际获得的合成进给速度 v 并不总等于脉冲源的速度，而与角 α 有关。插补直线时，角 α 为加工直线与 X 轴的夹角；插补圆弧时，角 α 为圆心与动点连线和 Y 轴夹角。最大合成进给速度与最小合成进给速度之比为 $v_{max}/v_{min}=1.414$，这样的速度变化范围，对一般的机床来说已满足要求了，故逐点比较法的进给速度是较平稳的。

2) 数字积分法

(1) 插补原理及特点。

数字积分法又称数字微分分析器(Digital Differential Analyzer，DDA)。采用该方法进行插补，具有运算速度快、逻辑功能强、脉冲分配均匀等特点，且只输入很少的数据，就能加工出直线、圆弧等较复杂的曲线轨迹，精度也能满足要求，而且易于实现多轴联动。因此，数字积分法在数控系统中得到广泛的应用。

如图 3-11 所示，从时刻 0 到时刻 t，函数 $y=f(t)$ 曲线所包围的面积可表示为

$$S = \int_0^t f(t)\mathrm{d}t$$

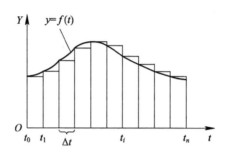

图 3-11　数字积分法原理示意图

若将 $0 \sim t$ 的时间划分成时间间隔为 Δt 的有限区间，则当 Δt 足够小时，可得公式：

$$S = \int_0^t f(t)\mathrm{d}t = \sum_{i=1}^n y_{i-1}\Delta t \qquad (3-14)$$

式(3-14)说明，积分运算可用一系列微小矩形面积累加求和来近似。在数学运算式中，若 Δt 取最小的基本单位"1"，则式(3-14)称为矩形公式，可化简为

$$S = \sum_{i=1}^n y_{i-1}$$

（2）数字积分法直线插补。

① 数字积分法直线插补原理。

对直线插补，如图 3-12 所示，直线 OA 的起点在坐标原点，终点坐标为 $A(X_e, Y_e)$，令 L 为直线长度，v 为动点移动速度，v_X、v_Y 分别为动点移动速度在 X 轴和 Y 轴方向上的分量。对于直线 OA 有

$$\frac{v}{L} = \frac{v_X}{X_e} = \frac{v_Y}{Y_e} = K$$

在 X 轴、Y 轴方向上的微小位移增量 ΔX、ΔY 分别为

$$\Delta X = v_X \Delta t = K X_e \Delta t \qquad (3-15)$$
$$\Delta Y = v_Y \Delta t = K Y_e \Delta t \qquad (3-16)$$

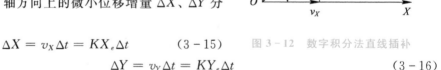

图 3-12　数字积分法直线插补

根据积分公式，在 $O \sim A$ 点区间内积分为

$$X = \int_0^t K X_e \mathrm{d}t = \sum_{i=1}^m K X_e \Delta t = m K X_e \Delta t \qquad (3-17)$$

$$Y = \int_0^t K Y_e \mathrm{d}t = \sum_{i=1}^m K Y_e \Delta t = m K Y_e \Delta t \qquad (3-18)$$

式(3-17)与式(3-18)表示，对于直线插补，动点从原点走向终点的过程，可看作是各坐标每经过一个时间间隔 Δt 分别以增量 $K X_e$、$K Y_e$ 同时累加的结果。若取 $\Delta t = 1$，经过 m

次累加后，X 和 Y 分别都到达终点 $A(X_e, Y_e)$，则

$$X_e = mKX_e$$
$$Y_e = mKY_e$$

由此可见，比例系数 K 和累加次数 m 之间有如下关系：

$$m = \frac{1}{K}$$

累加次数 m 必须是整数，所以比例常数 K 一定为小数。选取 K 时主要考虑 ΔX、ΔY 应不大于 1，这样坐标轴上每次分配的进给脉冲不超过一个单位步距，即

$$\Delta X = KX_e < 1$$
$$\Delta Y = KY_e < 1$$

其中，X_e、Y_e 的最大允许值受被积函数寄存器容量的限制。假定寄存器有 n 位，则 X_e、Y_e 的最大允许值为 $2^n - 1$，由上式可得 $K(2^n - 1) < 1$，一般取 $K = 2^{-n}$，所以，数字积分法直线插补需要叠加 $m = 2^n$ 次才插补到直线的终点。

对二进制数来说，KX_e 和 X_e 在寄存器中只是小数点的位置不同，只需把 X_e 数值往左移动 n 位即可得到 KX_e。因此，对 KX_e 和 KY_e 的累加就分别转变为 X_e、Y_e 的累加，这给数据的存储和运算带来了方便。

② 数字积分法直线插补过程。

数字积分法直线插补过程为：每隔 Δt 时间发一个脉冲，将函数寄存器中的函数值 X_e 送累加器里累加一次，因为 N 位累加器的最大存数为 $2^N - 1$，当累加数等于或大于 2^N 时，便发生溢出，而余数仍存放在累加器中，如图 3-13 所示。当两个积分累加器根据插补时钟进行同步累加时，溢出脉冲数符合式（3-15）和式（3-16），用这些溢出脉冲数分别控制相应坐标轴的运动，必然能加工出所要求的直线。

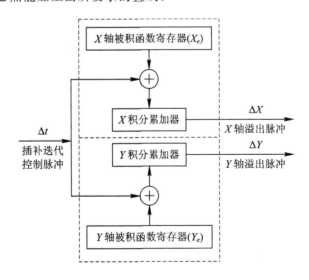

图 3-13　数字积分法直线插补流程图

③ 数字积分法直线插补举例。

例 3-3　试用数字积分法插补直线轨迹 OA，其起点坐标为 $O(0, 0)$，终点坐标为 $A(5, 3)$，并画出插补轨迹。

解 取被积函数寄存器 J_{VX}、J_{VY} 和累加器 J_{RX}、J_{RY}，以及终点计数器 J_E 均为三位二进制寄存器，则迭代次数 $m = 2^3 = 8$ 次时插补完成。其插补过程如表 3-4 所示，插补轨迹如图 3-14 所示。

表 3-4 数字积分法直线插补过程

累加次数 (Δt)	X 轴数字积分器			Y 轴数字积分器			终点计数器 J_E
	$J_{VX}(X_e)$	J_{RX}	溢出 ΔX	$J_{VY}(Y_e)$	J_{RY}	溢出 ΔY	
0	101	000	0	011	000	0	000
1	101	101	0	011	011	0	001
2	101	010	1	011	110	0	010
3	101	111	0	011	001	1	011
4	101	100	1	011	100	0	100
5	101	001	1	011	111	0	101
6	101	110	0	011	010	1	110
7	101	011	1	011	101	0	111
8	101	000	1	011	000	1	000

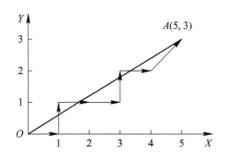

图 3-14 数字积分法直线插补轨迹

（3）数字积分法圆弧插补。

① 数字积分法圆弧插补原理。

如图 3-15 所示，设加工半径（圆弧半径）为 r 的第一象限逆时针圆弧 AB，坐标原点定在圆心上，$A(X_o, Y_o)$ 为圆弧起点，$B(X_e, Y_e)$ 为圆弧终点，$P_i(X_i, Y_i)$ 为加工动点，则圆参数方程可表示为

$$\begin{cases} x = r\cos t \\ y = r\sin t \end{cases}$$

对 t 微分，求得 X、Y 方向上的速度分量分别为

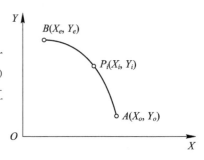

图 3-15 数字积分法圆弧插补原理

$$\begin{cases} F_X = \dfrac{\mathrm{d}x}{\mathrm{d}t} = -r\sin t = -y \\[2mm] F_Y = \dfrac{\mathrm{d}y}{\mathrm{d}t} = r\cos t = x \end{cases}$$

写成微分形式，有

$$\begin{cases} \mathrm{d}x = -y\mathrm{d}t \\ \mathrm{d}y = x\mathrm{d}t \end{cases}$$

用累加来近似积分，有

$$\begin{cases} x = \displaystyle\sum_{i=1}^{n} -y\Delta t \\ y = \displaystyle\sum_{i=1}^{n} x\Delta t \end{cases} \tag{3-19}$$

式(3-19)表明，圆弧插补时 X 轴的被积函数值等于动点坐标 y 的瞬时值，Y 轴的被积函数值等于动点坐标 x 的瞬时值。

② 数字积分法圆弧插补过程。

数字积分法圆弧插补由圆弧积分插补器完成。如图3-16所示，数字积分法圆弧插补过程如下：

a. 运算开始时，X 轴被积函数寄存器初始值存入 Y 轴起点坐标值 Y_0，Y 轴被积函数寄存器初始值存入 X 轴起点坐标值 X_0。

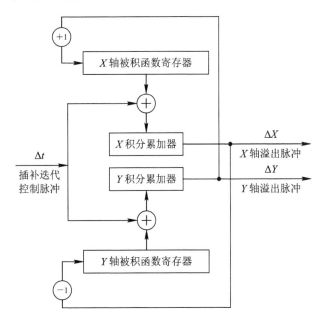

图 3-16　数字积分法圆弧插补流程图

b. X 轴动点坐标值的累加溢出脉冲作为 Y 轴的进给脉冲，而 Y 轴动点坐标值的累加溢出脉冲作为 X 轴的进给脉冲。

c. 每发出一个进给脉冲后，必须将被积函数寄存器内的坐标值加以修正，即当 X 方向发出进给脉冲时，将 Y 轴被积函数寄存器内容减 1；当 Y 方向发出进给脉冲时，将 X 轴被积函数寄存器内容加 1。

d. 由随时计算出的坐标轴进给步数值与圆弧的终点和起点坐标之差的绝对值作比较，当某个坐标轴进给的步数与终点和起点坐标之差的绝对值相等时，说明该轴到达终点，不再有脉冲输出。在两坐标都到达终点后，则运算结束，插补完成。

将数字积分法圆弧插补与直线插补比较可知：圆弧插补时坐标值 x 和 y 存入寄存器 J_{VX} 和 J_{VY} 的对应关系与直线插补不同，恰好位置互调，即 Y_i 存入 J_{VX}，而 X_i 存入 J_{VY}；直线插补时被积函数寄存器内存放的是不变的终点坐标值 X_e、Y_e，圆弧插补时寄存的是动点坐标，是个变量，在刀具移动过程中必须根据刀具位置的变化来更改积分函数寄存器中的内容。

③ 数字积分法圆弧插补举例。

例 3 - 4 试用数字积分法插补第一象限逆圆弧轨迹 AB，其起点坐标为 $A(5,0)$，终点坐标为 $B(0,5)$，并画出插补轨迹。

解 取被积函数寄存器 J_{VX}、J_{VY} 和累加器 J_{RX}、J_{RY} 以及终点计数器 J_{EX}、J_{EY} 均为三位二进制寄存器。两坐标的进给步数均为 5，在插补中，一旦某坐标进给步数达到了要求，则停止该坐标方向的插补运算。数字积分法圆弧插补过程如表 3 - 5 所示，插补轨迹如图 3 - 17 所示。

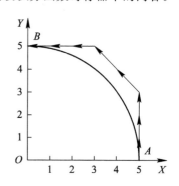

图 3 - 17　数字积分法圆弧插补轨迹

表 3 - 5　数字积分法圆弧插补过程

累加次数 (Δt)	X 轴数字积分器			终点计数器 J_{EX}	Y 轴数字积分器			终点计数器 J_{EY}
	J_{VX} (Y_i)	J_{RX}	溢出 ΔX		J_{VY} (X_i)	J_{RY}	溢出 ΔY	
0	000	000	0	101	101	000	0	101
1	000	000	0	101	101	101	0	101
2	000	000	0	101	101	010	1	100
3	001	001	0	101	101	111	0	100
4	001	010	0	101	101	100	1	011
5	010	100	0	101	101	001	0	010
6	011	111	0	101	101	110	0	010
7	011	010	1	100	101	011	1	001
8	100	110	0	100	100	111	0	001
9	100	010	1	011	100	011	1	000
10	101	111	0	011				
11	101	100	1	010				
12	101	001	0	001				
13	101	110	0	001				
14	101	011	1	000				

④ 四个象限的直线插补与圆弧插补。

当采用数字积分法插补不同象限直线和圆弧时，用绝对值进行累加，进给方向的正负直接由进给驱动程序来处理。数字积分法插补是沿着工件切线方向移动，四个象限直线进给方向如表 3 - 6 所示，圆弧插补时被积函数是动点坐标，在插补过程中要进行修正，坐标值的修改要根据动点运动是使该坐标绝对值增加还是减少，来确定加 1 还是减 1。数字积分法圆弧插补的坐标修改及进给方向如表 3 - 7 所示。

表 3 - 6　数字积分法直线插补进给方向

所在象限	第一象限	第二象限	第三象限	第四象限
X 轴进给方向	+	−	−	+
Y 轴进给方向	+	+	−	−

表 3 - 7　数字积分法圆弧插补的坐标修改及进给方向

圆弧走向	顺　圆				逆　圆			
所在象限	第一象限	第二象限	第三象限	第四象限	第一象限	第二象限	第三象限	第四象限
Y 轴坐标修改	−1	+1	−1	+1	+1	−1	+1	−1
X 轴坐标修改	+1	−1	+1	−1	+1	−1	+1	−1
Y 轴进给方向	−	+	+	+	+	+	−	+
X 轴进给方向	+	+	−	−	+	−	+	+

⑤ 数字积分法的合成进给速度。

数字积分法的特点是，脉冲源每产生一个脉冲，进行一次累加计算。如果脉冲源频率为 f_g(Hz)，插补直线的终点坐标为 $E(X_e, Y_e)$，直线长度为 L，则 X、Y 方向的平均进给频率为

$$\begin{cases} f_X = \dfrac{X_e}{m} f_g \\ f_Y = \dfrac{Y_e}{m} f_g \end{cases}$$

式中，m 为累加次数，$m = 2^n$。

设脉冲当量为 δ(mm/脉冲)，可求得 X 和 Y 方向进给速度(mm/min)为

$$\begin{cases} V_X = 60 f_X \delta = 60 \delta f_g \dfrac{X_e}{m} \\ V_Y = 60 f_Y \delta = 60 \delta f_g \dfrac{Y_e}{m} \end{cases}$$

合成进给速度为

$$V = \sqrt{V_X^2 + V_Y^2} = 60 \delta f_g \frac{\sqrt{X_e^2 + Y_e^2}}{m} = 60 \delta f_g \frac{L}{m} \tag{3-20}$$

若插补圆弧，L 应改为为圆弧半径 R。显然，合成进给速度受到被加工直线的长度和被加工圆弧半径的影响，特别是行程长且走刀快，行程短且走刀慢，引起各程序段进给速度

的不一致，从而影响加工质量和加工效率。

⑥ 提高数字积分法插补质量的措施。

a. 左移规格化。所谓左移规格化，是当被积函数过小时将被积函数寄存器中的数值同时左移，使两个方向的脉冲分配速度扩大同样的倍数而两者的比值不变，从而提高加工效率，同时使进给脉冲变得比较均匀。

直线插补时，当被积函数寄存器中所存放最大数的最高位为 1 时，称为规格化数，保证每经过两次累加运算必有一次溢出。直线插补左移规格化数的处理方法是，将 X 轴与 Y 轴被积函数寄存器里的数值同时左移(最低位移入零)，直到其中一个最高位为 1 为止。

圆弧插补时，左移的位数要使坐标值较大的被积函数寄存器的次高位为 1，以保证被积函数修改时不直接导致溢出。

直线和圆弧插补时规格化数处理方式不同，但均能提高溢出速度，并能使溢出脉冲变得比较均匀。

b. 设置进给速率数 FRN。为实现不同长度程序段的恒速加工，在编程时考虑被加工直线长度或圆弧半径，利用 G93，设置进给速率数 FRN(Feed Rate Number)来表示"F"功能，即

$$\begin{cases} \mathrm{FRN} = \dfrac{V}{L} \\ \mathrm{FRN} = \dfrac{V}{R} \end{cases} \tag{3-21}$$

式中，V 为要求的加工切削速度；L 为被加工直线长度；R 为被加工圆弧半径。

将式(3-21)带入式(3-20)，可得

$$f_{\mathrm{g}} = \frac{m}{60\delta}\frac{V}{L} = \frac{m}{60\delta}\mathrm{FRN} \tag{3-22}$$

由式(3-22)可见，设置 FRN 的实质是控制迭代频率 f_{g}，f_{g} 与 V/L(直线插补)或 V/R(圆弧插补)成正比。当插补尺寸 L 或 R 不同时，迭代频率作相应改变，以保证所选定的进给速度能正常进给运动。

c. 余数寄存器预置数。对于数字积分法圆弧插补，径向误差可能大于一个脉冲当量。因数字积分器溢出脉冲的频率与被积函数寄存器中的数值成正比，在坐标轴附近进行累加时，一个积分器的被积函数值接近零，而另一个积分器的被积函数接近于最大值，累加时后者连续溢出，前者几乎没有，两个积分器溢出脉冲的频率相差很大，以致插补轨迹严重偏离给定圆弧，使圆弧误差增大。

用余数寄存器预置数法，即在 DDA 插补之前，累加器(又称余数寄存器)J_{RX}、J_{RY} 的初值不置零，而是预置 $2^n/2$，若用二进制表示，其最高有效位置"1"，其他各位置零；若再累加 100…000，余数寄存器就可以产生第一个溢出脉冲，使积分器提前溢出。这种处理方式称为"半加载"，即在被积函数值较小，不能很快产生溢出脉冲的情况下，可使脉冲提前溢出，改变了溢出脉冲的时间分布，达到减少插补误差的目的。例如，将例 3-4 中 DDA 圆弧插补采用"半加载"，插补轨迹如图 3-18 所示。显然，相对预置前，"半加载"后的插补精度得到提高。

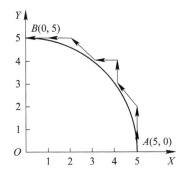

图 3-18 "半加载"后数字积分法圆弧插补轨迹

2. 数据采样插补

1) 概述

数据采样插补又称为数字增量插补、时间分割插补或时间标量插补。这类插补算法的特点是数控装置产生的不是单个脉冲，而是标准二进制字。插补运算分两步完成。第一步为粗插补，它是在给定起点和终点的曲线之间插入若干个点，即用若干条微小直线段来逼近给定曲线，每一微小直线段的长度 ΔL 都相等，且与给定进给速度有关。粗插补在每个插补运算周期中计算一次，因此，每一微小直线段的长度 ΔL 与进给速度 F 和插补周期 T 有关，即 $\Delta L = FT$。第二步为精插补，它是在粗插补算出的每一微小直线段的基础上再做"数据点的密化"工作。这一步相当于直线的脉冲增量插补。

数据采样插补方法很多，常用方法有直线函数法、扩展数字积分法、二阶递归扩展数字积分圆弧插补法、圆弧双数字积分插补法、角度逼近圆弧插补法等。

(1) 数据采样插补的基本原理。

对于闭环和半闭环控制的系统，其分辨率较小（$\leqslant 0.001$ mm），运行速度较高，加工速度高达 24 m/min 甚至更高。若采用基本脉冲插补，计算机要执行 20 多条指令，约需 40 μs 的时间，而所产生的仅是一个控制脉冲，坐标轴仅移动一个脉冲当量，这样计算机根本无法执行其他任务，因此必须采用数据采样插补。

数据采样插补由粗插补和精插补两个步骤组成。在粗插补阶段（一般数据采样插补都是指粗插补），是采用时间分割思想，根据编程规定的进给速度 F 和插补周期 T，将廓形曲线分割成一段段的轮廓步长 $\Delta L = FT$，然后计算出每个插补周期的坐标增量 ΔX 和 ΔY，进而计算出插补点（即动点）的位置坐标。在精插补阶段，要在每个采样周期内采样实际位置增量值及插补输出的指令位置增量值，然后求得跟随误差进行控制，该过程由伺服系统完成。

(2) 插补周期和采样周期。

插补周期 T 的合理选择是数据采样插补的一个重要问题。在一个插补周期 T 内，计算机除了完成插补运算，还要执行显示、监控和精插补等实时任务，所以插补周期 T 必须大于插补运算时间与完成其他实时任务时间之和，一般为 8～10 ms，现代数控系统已缩短到 2～4 ms，甚至达到零点几毫秒。此外，插补周期 T 还会对圆弧插补的误差产生影响。插补

周期 T 应是位置反馈采样周期的整数倍，该倍数应等于对轮廓步长实时精插补时的插补点数。

（3）插补精度分析。

直线插补时，由于坐标轴的脉冲当量很小，再加上位置检测反馈的补偿，可以认为轮廓步长 l 与被加工直线重合，不会造成轨迹误差。圆弧插补时，一般将轮廓步长 l 作为弦线或割线对圆弧进行逼近，因此存在最大半径误差 e_r。

由图 3-19 可知，采用弦线对圆弧进行逼近时：

$$r^2 - (r - e_r)^2 = \left(\frac{l}{2}\right)^2$$

舍去高阶无穷小 e_r^2，则有

$$e_r = \frac{l^2}{8r} = \frac{(FT)^2}{8r} \tag{3-23}$$

如图 3-20 所示，若采用理想割线（又称内外差分弦）对圆弧进行逼近，因为内外差分弦使内外半径的误差 e_r 相等，则有

$$(r + e_r)^2 - (r - e_r)^2 = \left(\frac{l}{2}\right)^2$$

舍去高阶无穷小 e_r^2，则有

$$e_r = \frac{l^2}{16r} = \frac{(FT)^2}{16r} \tag{3-24}$$

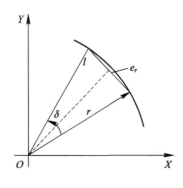
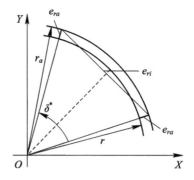

图 3-19　弦线逼近圆弧　　　　图 3-20　割线逼近圆弧

显然，当轮廓步长相等时，内外差分弦的半径误差是内接弦的一半。若令半径误差相等，则内外差分弦的轮廓步长 l 或角步距 δ 可以是内接弦的 $\sqrt{2}$ 倍。

由以上分析可知，圆弧插补时的半径误差 e_r 与圆弧半径 r 成反比，而与插补周期 T 和进给速度 F 的平方成正比。当 e_r 给定时，可根据圆弧半径 r 选择插补周期 T 和进给速度 F。

2）直线函数法

直线函数法是典型的数据采样插补方法之一，日本 FANUC 公司的 7M 系统就采用了直线函数法。

（1）直线函数法直线插补。

设要求刀具在 XY 平面中做如图 3-21 所示的直线运动。在这一程序段中，X 轴和 Y

轴的位移增量分别为 X_e 和 Y_e。插补时，取增量大的作为长轴，小的为短轴，要求 X 轴和 Y 轴的速度保持一定的比例，且同时到达终点。

根据进给速度 F 和插补周期 T，可计算出每个插补周期的进给长度 $l=FT$。根据程序段所提供的终点坐标 $A(X_e, Y_e)$，可以确定坐标增量为

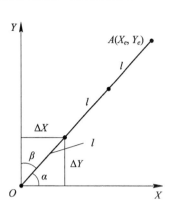

$$\begin{cases} \Delta X_i = \dfrac{l}{L} X_e \\ \Delta Y_i = \Delta X_i \dfrac{Y_e}{X_e} \end{cases} \quad (3-25)$$

由此实时计算出各插补周期中的插补点（动点）坐标值为

$$\begin{cases} X_i = X_{i+1} + \Delta X_i \\ Y_i = Y_{i-1} + \Delta Y_i \end{cases} \quad (3-26)$$

图 3 - 21　直线插补

（2）直线函数法圆弧插补。

在圆弧插补时，以内接弦进给代替弧线进给，从而提高了圆弧插补的精度。

在图 3 - 22 中，顺圆上 B 点是继 A 点之后的瞬时插补点，坐标值分别为 $A(X_i, Y_i)$、$B(X_{i+1}, Y_{i+1})$。为了求出 B 点的坐标值，过 A 点作圆弧的切线 AP，M 是弦线 AB 的中点，AF 平行于 X 轴，而 ME、BF 平行于 Y 轴。δ 是轮廓步长 AB 弦对应的角步距。因为 $OM \perp AB$，$ME \perp AF$，E 为 AF 的中点。又因为 $OM \perp AB$，$AF \perp OD$，所以

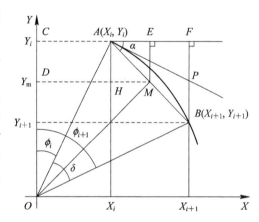

图 3 - 22　直线函数法圆弧插补

$$\alpha = \angle MOD = \phi_i + \frac{\delta}{2}$$

在 $\triangle MOD$ 中，有

$$\tan\left(\phi_i + \frac{\delta}{2}\right) = \frac{DH + HM}{OC - CD}$$

将 $DH = X_i$，$OD = Y_i$，$HM = \dfrac{1}{2}l\cos\alpha = \dfrac{1}{2}\Delta X$，$CD = \dfrac{1}{2}l\sin\alpha = \dfrac{1}{2}\Delta Y$ 代入上式，则

$$\tan\alpha = \frac{X_i + \dfrac{1}{2}l\cos\alpha}{Y_i - \dfrac{1}{2}} \quad (3-27)$$

在式（3 - 27）中，$\sin\alpha$ 和 $\cos\alpha$ 都是未知数，难以用简单方法求解，因此采用近似计算求解 $\tan\alpha$，7M 系统用 $\cos45°$ 和 $\sin45°$ 来取代，即

$$\tan\alpha = \frac{X_i + \dfrac{\sqrt{2}}{4}l}{Y_i - \dfrac{\sqrt{2}}{4}l}$$

从而造成 $\tan\alpha$ 的偏差，使角 α 变为 α'，并影响 ΔX 值使之成为 $\Delta X'$，即

$$\Delta X' = l\cos\alpha' = AF \tag{3-28}$$

α 角的偏差会造成进给速度的偏差，而 α 在 $0°$ 和 $90°$ 附近偏差较大。为使这种偏差不会使插补点离开圆弧轨迹，Y' 不能采用 $l\sin\alpha'$ 计算，而采用下式来计算，即

$$X_i^2 + Y_i^2 = (X_i + \Delta X')^2 + (Y_i + \Delta Y')^2$$

$$\Delta Y' = \frac{\left(X_i + \dfrac{1}{2}\Delta X\right)\Delta X}{Y_i - \dfrac{1}{2}\Delta Y'} \tag{3-29}$$

采用近似计算引起的偏差仅是 $\Delta X \to \Delta X'$，$\Delta Y \to \Delta Y'$，$\Delta l \to \Delta l'$。这种算法能够保证圆弧插补的每一插补点位于圆弧轨迹上，并且它仅造成每次插补的轮廓步长的微小变化，所造成的进给速度误差小于指令速度的 1%。这种变化在加工中是允许的。

3）扩展数字积分法

拓展数字积分法是在数字积分法原理上发展起来的，并将切线逼近圆弧的方法改进为用割线逼近，从而减小了逼近误差，提高了圆弧插补精度。美国 A-B 公司的 7360 CNC 系统采用该插补法。

（1）扩展数字积分法直线插补。

根据图 3-21 所示，扩展数字积分法直线插补先进行插补，即计算步长系数

$$K = \frac{l}{L} = \frac{FT}{L} = T \cdot FRN$$

可以确定出坐标增量，即

$$\begin{cases} \Delta X_i = KX_e \\ \Delta Y_i = KY_e \end{cases}$$

由此实时计算出各插补周期中的插补点（动点）坐标值，即

$$\begin{cases} \Delta X = X_{i-1} + \Delta X_i \\ \Delta Y_i = Y_{i-1} + \Delta Y_i \end{cases}$$

（2）扩展数字积分法圆弧插补。

如图 3-23 所示，若加工半径为 R 的第一象限顺时针圆弧 AD，圆心为 O 点，设刀具处在现加工点 $A_{i-1}(X_{i-1}, Y_{i-1})$ 位置，线段 $A_{i-1}A_i$ 是沿被加工圆弧的切线方向的轮廓进给步长，即 $A_{i-1}A_i = l$。显然，刀具进给一个步长后，点 A_i 偏离所要求的圆弧轨迹较远，径向误差较大。

若通过 $A_{i-1}A_i$ 线段的中点 B，做以 OB 为半径的圆弧的切线 BC，过 A_{i-1} 点做 $A_{i-1}H \parallel BC$，并在 A_iH 上截取直线段 $A_{i-1}A_i'$，使 $A_{i-1}A_i' = A_{i-1}A_i = l = FT$，易证明 A_i' 点必定在所要求圆弧 AD 之外。如果用直线段 $A_{i-1}A_i'$ 替代切线进给，会使径向误差大大减小。这种用割线进给代替切线进给的插补算法就是扩展数字积分法。

下面推导在一个插补周期 T 内，轮廓步长 l 的坐标分量 ΔX_i 和 ΔY_i，以及插补后新加工点 A_i' 的坐标位置 (X_i, Y_i)。

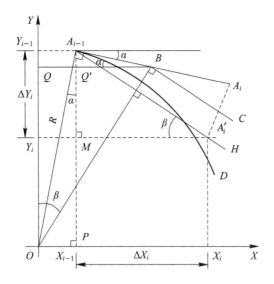

图 3 - 23　扩展数字积分法圆弧插补

由图 3 - 23 所示可知，在 RT△OPA_{i-1} 中，有

$$\sin\alpha = \frac{OP}{OA_{i-1}} = \frac{X_{i-1}}{R}$$

$$\cos\alpha = \frac{A_{i-1}P}{OA_{i-1}} = \frac{Y_{i-1}}{R}$$

过 B 点做 X 轴的平行线 BQ 交 Y 轴于 Q 点，并交 $A_{i-1}P$ 线段于 Q' 点。由图 3 - 23 所示可知，RT△OQB 与 RT△$A_{i-1}MA_i'$ 相似，则有

$$\frac{MA_i'}{A_{i-1}A_i'} = \frac{OQ}{OB} \tag{3 - 30}$$

在图 3 - 23 中，$MA_i' = \Delta X_i$，$A_{i-1}A_i' = l$，在 △$A_{i-1}Q'B$ 中，有

$$A_{i-1}Q' = A_{i-1}B \cdot \sin\alpha = \frac{l}{2} \cdot \sin\alpha$$

则

$$OQ = A_{i-1}P - A_{i-1}Q' = Y_{i-1} - \frac{l}{2} \cdot \sin\alpha$$

在 RT△$OA_{i-1}B$ 中，有

$$OB = \sqrt{(A_{i-1}B)^2 + (OA_{i-1})^2} = \sqrt{\left(\frac{l}{2}\right)^2 + R^2}$$

将 OQ 和 OB 代入式(3 - 30)中，得

$$\frac{\Delta X_i}{l} = \frac{Y_{i-1} - \frac{l}{2}\sin\alpha}{\sqrt{\left(\frac{l}{2}\right)^2 + R^2}}$$

因为 $l \ll R$，故可将 $\left(\frac{l}{2}\right)^2$ 略去，则上式变为

$$\Delta X_i \approx \frac{l}{R}\left(Y_{i-1} - \frac{l}{2} \cdot \frac{X_{i-1}}{R}\right) = \frac{FT}{R}\left(Y_{i-1} - \frac{1}{2} \cdot \frac{FT}{R}X_{i-1}\right) \tag{3 - 31}$$

$RT\triangle OQB$ 与 $RT\triangle A_{i-1}MA'_i$ 相似,有

$$\frac{A_iM}{A_{i-1}M'_i} = \frac{QB}{OB} = \frac{QQ'+Q'B}{OB} \tag{3-32}$$

在 $RT\triangle A_{i-1}Q'B$ 中,有

$$Q'B = A_{i-1}B \cdot \cos\alpha = \frac{l}{2} \cdot \frac{Y_{i-1}}{R}$$

将 $Q'B$ 和 $Q'Q = X_{i-1}$ 代入式(3-32)中,得

$$\Delta Y_i = A_{i-1}M = \frac{A_{i-1}A'_i(QQ'+Q'B)}{OB} = \frac{l\left(X_{i-1} + \dfrac{l}{2}\dfrac{Y_{i-1}}{R}\right)}{\sqrt{\left(\dfrac{l}{2}\right)^2 + R^2}}$$

同理,因为 $l \ll R$,故可将 $\left(\dfrac{l}{2}\right)^2$ 略去,则上式变为

$$\Delta Y_i \approx \frac{l}{R}\left(X_{i-1} + \frac{1}{2} \cdot \frac{l}{R}Y_{i-1}\right) = \frac{FT}{R}\left(X_{i-1} + \frac{1}{2} \cdot \frac{FT}{R}Y_{i-1}\right) \tag{3-33}$$

若令 $K = FT/R = T \cdot FRN$,则

$$\begin{cases} \Delta X_i = K\left(Y_{i-1} - \dfrac{1}{2}KX_{i-1}\right) \\ \Delta Y_i = K\left(X_{i-1} + \dfrac{1}{2}KY_{i-1}\right) \end{cases} \tag{3-34}$$

A'_i 点的坐标值为

$$\begin{cases} X_i = X_{i-1} + \Delta X_i \\ Y_i = Y_{i-1} - \Delta Y_i \end{cases} \tag{3-35}$$

式(3-34)和式(3-35)为第一象限顺时针圆弧插补计算公式,依此类推,可得出其他象限及其走向的扩展数字积分法圆弧插补计算公式。

由上述扩展数字积分法圆弧插补公式可知,采用该方法只需进行加法、减法及有限次的乘法运算,因而计算较方便、速度较快。此外,该法用割线逼近圆弧,其精度比弦线法的高。因此,扩展数字积分法是比较适合于 CNC 系统的一种插补算法。

3.2 刀具补偿的概念与分类

3.2.1 刀具补偿的概念

在数控加工过程中,数控系统的实际控制对象是刀具中心或刀架相关点,数控系统通过直接控制刀具中心或刀架相关点的运动轨迹,间接地实现实际零件轮廓的加工。

然而,实际刀具参与切削的部位是刀尖(车刀)或刀刃边缘(铣刀),它们与刀具中心或刀架相关点之间存在着尺寸偏差,因此,数控系统必须根据刀尖或刀刃边缘的实际坐标位置(即零件轮廓的实际坐标位置)来计算刀具中心或刀架参考点的相应坐标位置。这种计算过程就称为刀具补偿。

刀具补偿的计算工作可以由用户来完成。此时,数控加工程序段中的坐标数据就是刀

具中心或刀架相关点的坐标位置。而对于具有刀具补偿功能的数控系统，也可以由数控系统来自动完成刀具补偿的计算工作。

在启用数控系统的刀具补偿功能后，数控加工程序段中的坐标数据采用零件轮廓的实际坐标数据，即数控加工时刀尖或刀刃边缘的实际坐标位置。

采用刀具补偿功能，不仅可以大大简化数控加工程序的编写工作，还可以提高数控加工程序的利用率，主要表现在以下两方面：

（1）当刀具尺寸发生变化（刀具磨损、刀具更换等）时，只需修改相应的刀具参数即可。

（2）在同一台机床上对同一零件轮廓进行粗加工、半精加工和精加工等多道工序时，不必编写三种加工程序，只需将各道工序所预留的加工余量加入刀具参数即可。

3.2.2　刀具补偿的分类

刀具补偿分为刀具长度补偿和刀具半径补偿两种类型。对于不同机床上所使用的不同类型的刀具，其补偿形式也不一样，如图 3 - 24 所示。

（1）立铣刀：主要是刀具半径补偿，有时需要刀具长度补偿。

（2）钻头：主要是刀具长度补偿。

（3）外圆车刀：既需要刀具半径补偿，也需要纵横两个坐标方向的刀具长度补偿。

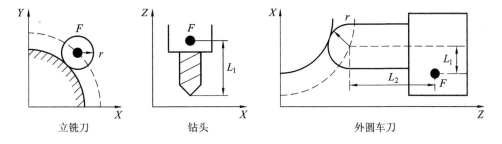

立铣刀　　　　　钻头　　　　　外圆车刀

图 3 - 24　几种常见刀具的补偿形式

刀具补偿时所使用的刀具参数主要有刀具半径、刀具长度、刀具中心偏移量等。这些刀具参数应该在程序运行前预先存入刀具参数表中。

在刀具参数表中，不同的刀具补偿号（刀沿）对应着不同的一组刀具参数。在编制数控加工程序时，可以通过调用不同的刀具补偿号来实现不同的刀具补偿计算。

1. 刀具长度补偿

当刀具的长度尺寸发生变化而影响工件轮廓的加工时，数控系统应对这种变化实施补偿，即刀具长度补偿。下面以车床的车刀刀具长度补偿为例。

数控车床的刀具结构如图 3 - 25 所示。其中，S 为刀尖圆弧圆心；R_S 为刀尖圆弧半径；$P(Z_P, X_P)$ 为理论刀尖点；$F(Z_F, X_F)$ 为刀架参考点；(Z_{PF}, X_{PF}) 为 P 点相对于 F 点的坐标。

车刀的刀具长度补偿就是实现刀尖圆弧圆心 S 与刀架相关点 F 之间的坐标变换。在实际操作中，刀尖圆弧圆心 S 点相对于 F 点的位置偏移量难以直接测量，而理论刀尖点 P 相对于 F 点的位置偏移量比较容易测量。因此，一般情况下，我们先测量理论刀尖点 P 与刀

架参考点 F 之间的位置偏移量，然后根据情况来考虑是否需要再精确计算刀尖圆弧圆心 S 与刀架参考点 F 之间的位置偏移量。通过测量计算得出的这个位置偏移量数值将被存放在数控系统的刀具参数表中。

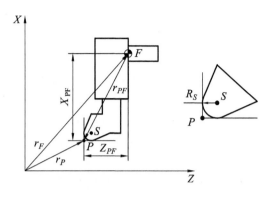

（1）假设刀尖圆弧半径 $R_S = 0$，此时，P 点与 S 点重合，根据图 3-25 所示的几何关系可知

$$\boldsymbol{r}_F = \boldsymbol{r}_P - \boldsymbol{r}_{PF}$$

又已知 $\boldsymbol{r}_F = (Z_F, X_F)$，$\boldsymbol{r}_P = (Z_P, X_P)$，$\boldsymbol{r}_{PF} = (Z_{PF}, X_{PF})$，代入上式后得刀具长度补偿计算公式为

图 3-25 数控车床的刀具结构

$$\begin{cases} X_F = X_P - X_{PF} \\ Z_F = Z_P - Z_{PF} \end{cases} \tag{3-36}$$

理论刀尖点 P 的坐标 (Z_P, X_P) 就是实际被加工零件的轮廓轨迹坐标，该坐标值可以从数控加工程序中直接获得；而理论刀尖点 P 相对于刀架参考点 F 的坐标值 (Z_{PF}, X_{PF}) 或刀架参考点 F 相对于理论刀尖点 P 的坐标值 (Z_{FP}, X_{FP})，可以从刀具参数表中的刀具参数来获取。

在有些数控系统中，刀具参数表中的刀具长度参数采用刀架参考点 F 相对于刀尖点 P 的坐标值 (Z_{FP}, X_{FP})，即

$$\begin{cases} L_X = X_{FP} = -X_{PF} \\ L_Z = Z_{FP} = -Z_{PF} \end{cases}$$

此时，刀具长度补偿计算公式可写成

$$\begin{cases} X_F = X_P + L_X \\ Z_F = Z_P + L_Z \end{cases} \tag{3-37}$$

而在有些数控系统中，刀具参数表中的刀具长度参数采用刀尖点 P 相对于刀架参考点 F 的坐标值 (Z_{PF}, X_{PF})，即

$$\begin{cases} L_X = X_{PF} \\ L_Z = Z_{PF} \end{cases}$$

此时，刀具长度补偿计算公式可写成

$$\begin{cases} X_F = X_P - L_X \\ Z_F = Z_P - L_Z \end{cases} \tag{3-38}$$

（2）假设刀尖圆弧半径 $R_S \neq 0$，此时，刀具的补偿算法比较复杂，一方面要考虑刀尖圆弧半径的补偿（刀具半径补偿类型），另一方面还要考虑刀具长度补偿。

但是，一般情况下 R_S 很小，在有些生产场合可以不考虑它对零件轮廓的影响。另一方面，在对刀过程中已经把 R_S 在平行于坐标轴方向所引起的误差进行了补偿，因此零件表面上平行于坐标轴的轮廓不会再产生附加误差（但斜线或圆弧还是会有误差），在此暂时不考虑刀尖圆弧的补偿计算。

2. 刀具半径补偿

1) 刀具半径补偿概念

在轮廓加工的过程中,由于刀具总有一定的半径,且刀具中心的运动轨迹并不等于所需加工零件的实际轮廓,而用户希望按工件的轮廓轨迹来编程,因此对于刀具存在一定半径的轮廓加工,刀具中心轨迹必须自动偏移轮廓轨迹一个刀具半径值,这就是系统的刀具半径补偿功能。这种偏移称作刀具半径补偿(或称刀具偏移计算,简称刀偏),下面以铣床铣刀刀具半径补偿为例。

2) 刀具半径补偿方向

对于同一条刀具中心轨迹,刀具的运动方向有两个,如图 3 - 26 所示。

(1) 沿编程轨迹(零件轮廓)的前进方向看去,如果刀具中心轨迹始终在编程轨迹的左边,则称为左刀补,用指令 G41 表示。

(2) 沿编程轨迹(零件轮廓)的前进方向看去,如果刀具中心轨迹始终在编程轨迹的右边,则称为右刀补,用指令 G42 表示。

当不需要再进行刀具补偿时,用指令 G40 来撤销由 G41 或 G42 所建立的刀具半径补偿。

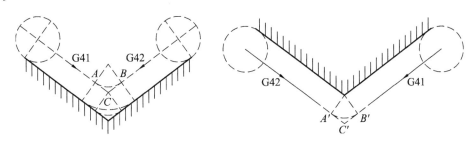

图 3 - 26　刀具半径补偿示意图

3) 零件轮廓拐角处的过渡处理

在两段零件轮廓的交点处,刀具半径补偿功能必须进行适当的过渡处理,主要有两种处理方法:B 刀具半径补偿(B 刀补)和 C 刀具半径补偿(C 刀补)。

B 刀补要求编程轮廓的过渡方式为圆角过渡,即轮廓线之间以圆弧连接,并且连接处轮廓线必须相切,这种方式算法简单,容易实现。但由于段间采用圆角过渡,就产生一些无法回避的缺点。在外轮廓尖角加工时,由于轮廓尖角处始终处于切削状态,尖角往往被加工成小圆角,因此加工工艺性差;在内轮廓尖角加工时,由于 C 点不易求得(受计算能力的限制),编程人员必须在零件轮廓中插入一个半径大于刀具半径的圆弧,这样才能避免产生过切,这就给编程工作带来了麻烦,一旦疏忽,就会因刀具干涉而产生过切现象(过渡圆弧的半径小于刀具半径),使所加工零件报废。这些缺点限制了该方法在一些复杂的、要求较高的数控装置的应用。

C 刀补要求编程轮廓的过渡方式为直线连接,这种方法是由数控系统根据和实际轮廓完全一样的编程轨迹,直接计算出刀具中心轨迹的转接交点 C 和 C'(如图 3 - 26 所示),然后再对原来的程序轨迹进行伸长或缩短的修正,从而自动处理两个程序段间刀具中心轨迹的转换。

　　B 刀补对编程限制的主要原因是在确定刀具中心轨迹时，采用了读一段算一段再走一段的控制方法，这样就无法预计到由于刀具半径所造成的下一段加工轨迹对本段加工轨迹的影响。为了解决下一段加工轨迹对本段加工轨迹的影响，在计算本程序段轨迹后，提前将下一段程序读入，然后根据它们之间转换的具体情况再对本段的轨迹作适当修正，得到本段正确加工轨迹，这就是 C 功能刀具补偿。C 刀补功能更为完善，这种方法能根据相邻轮廓段的信息自动处理两个程序段刀具中心轨迹的转换，并自动在转接点处插入过渡圆弧或直线以避免刀具过切和断点情况。现代 CNC 系统几乎都采用 C 刀补，编程人员可完全按零件轮廓编程。

　　4）刀具半径补偿的执行过程

　　刀具半径补偿的执行过程分为四个工作阶段：非半径补偿、刀具半径补偿建立、刀具半径补偿进行和刀具半径补偿撤销，如图 3-27 所示。

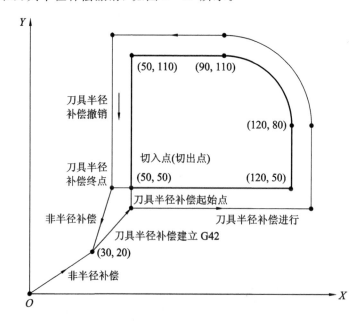

图 3-27　刀具半径补偿的执行过程

　　针对刀具半径补偿执行过程中的四个工作阶段，数控系统应该具有四种刀具半径补偿工作状态。这四种状态之间的转换关系如图 3-28 所示。

　　（1）假设数控系统的当前工作状态为非半径补偿状态。

　　① 如果当前程序段不包含 G41 或 G42 功能字，则数控系统保持非半径补偿状态。

　　② 如果当前程序段包含 G41 或 G42 功能字，则数控系统转入刀具半径补偿建立状态。在非半径补偿状态下，当前编程轮廓的终点就是当前编程轮廓的转接点。数控系统控制刀具中心将直接运动到该点位置。

　　（2）假设数控系统的当前工作状态为刀具半径补偿建立状态。

　　① 如果当前程序段包含 G40 功能字，则数控系统转入非半径补偿状态。

　　② 如果当前程序段不包含 G40 功能字，且下一个程序段也不包含 G40 功能字，则数控系统转入刀具半径补偿进行状态。

　　③ 如果当前程序段不包含 G40 功能字，但下一个程序段包含 G40 功能字，则数控系统

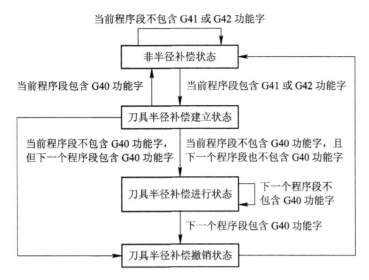

图 3 - 28　刀具半径补偿四种状态之间的转换关系

转入刀具半径补偿撤销状态。

在刀具半径补偿建立状态下，系统将根据刀具半径补偿建立阶段的转接点计算方法，计算出当前编程轮廓的转接点坐标，并控制刀具中心运动到该点位置（即切入点、刀具半径补偿起始点）。

（3）假设数控系统的当前工作状态为刀具半径补偿进行状态。

① 如果下一个程序段不包含 G40 功能字，则数控系统保持刀具半径补偿进行状态。

② 如果下一个程序段包含 G40 功能字，则数控系统转入刀具半径补偿撤销状态。

在刀具半径补偿进行状态下，系统将根据刀具半径补偿进行阶段的转接点计算方法，计算出当前编程轮廓的转接点坐标，并控制刀具中心运动到该点位置。在运动过程中，刀具中心在工件轮廓的法矢量方向上始终偏移一个刀具半径值。

（4）假设数控系统的当前工作状态为刀具半径补偿撤销状态，则数控系统无条件转入非半径补偿状态。

在刀具半径补偿撤销状态下，系统将根据刀具半径补偿撤销阶段的转接点计算方法，计算出当前编程轮廓的转接点坐标，并控制刀具中心运动到该点位置（即切出点、刀具半径补偿终点）。

5）C 刀补的转接形式和转接方式

（1）C 刀补的转接形式。

在刀具半径补偿的处理过程中，当前编程轮廓的线型和下一段编程轮廓的线型都会影响到当前编程轮廓的刀具中心轨迹的转接点计算方法。

大多数 CNC 系统所处理的基本轮廓线型为直线和圆弧，因此当前编程轮廓和下一段编程轮廓的线型转接有直线接直线、直线接圆弧、圆弧接直线和圆弧接圆弧四种。

（2）C 刀补的转接方式。

在讨论 C 刀补的转接方式之前，有必要先说明矢量夹角的含义。矢量夹角 α 是指相邻两轮廓于交点处的切线在工件实体一侧的夹角。矢量夹角的数值范围为 $0 \leqslant \alpha < 360°$，如图 3-29 所示。

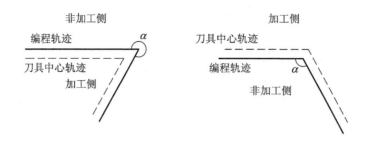

图 3 - 29 矢量夹角的定义

根据两段程序轨迹的矢量夹角和刀具补偿方向的不同，有缩短型、伸长型和插入型三种转接过渡方式。下面以刀补进行时直线与直线转接形式为例。

在图 3 - 30(a)中，编程轨迹为 FG 和 GH，刀具中心轨迹为 AB 和 BC，相对于编程轨迹缩短一个 BD 与 BE 的长度，这种转接为缩短型，此时 $180° \leqslant \alpha < 360°$。

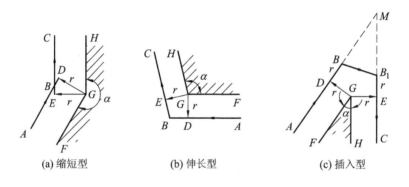

(a) 缩短型   (b) 伸长型   (c) 插入型

图 3 - 30 刀补进行直线与直线转接方式

在图 3 - 30(b)中，刀具中心轨迹 AB 和 BC 相对于编程轨迹 FG 和 GH 伸长一个 BD 与 BE 的长度，这种转接为伸长型，此时 $90° \leqslant \alpha < 180°$。

在图 3 - 30(c)中，若采用伸长型，刀具中心轨迹为 AM 和 MC，相对于编程轨迹 FG 和 GH 来说，刀具空行程时间较长，为减少刀具非切削的空行程时间，可在中间插入过渡直线 BB_1，并令 BD 等于 B_1E 且等于刀具半径 r，这种转接为插入型，此时 $0° \leqslant \alpha < 90°$。

3.3 误差补偿的基本概念与分类

3.3.1 误差补偿的基本概念

误差补偿的基本定义是人为制造出一种新的误差去抵消或减弱当前存在的原始误差，并通过分析、统计、归纳及掌握原始误差的特点和规律，建立误差数学模型，尽量让人为造出的误差和原始误差两者的数值相等、方向相反，从而减少加工误差，提高零件的加工精度。

最早的误差补偿是通过硬件实现的。例如：根据测出的传动链误差曲线，制造滚齿机的凸轮矫正机构；根据测出的螺距误差曲线，制造丝杠车床的校正尺装置等。硬件补偿属于机械式固定补偿，在机床误差发生变化时，要改变补偿量则必须重新制作凸轮、校正尺或重新调整补偿机构。硬件补偿又具有不能解决随机误差、缺乏柔性的特点。近年来发展的软件补偿其特点是在对机床本身不作任何改动的情况下，综合运用当代各学科的先进技术和计算机控制技术来提高机床加工精度。软件补偿克服了硬件补偿的许多困难和缺点，把补偿技术推向了一个新的阶段。

3.3.2　误差补偿的分类

从误差的性质来分，机床误差主要有几何误差、温度误差和力误差三大类。

（1）几何误差与刀具或工件所处的位置有关，主要是来自机床的制造缺陷，机床部件之间的配合误差，机床部件的动、静变位等，包括因丝杠螺距改变而产生的定位误差，因导轨变形而产生的直线度误差和角运动误差，因定位、安装不精确而产生的坐标轴之间的垂直度误差，因丝杠、齿轮等反向间隙及伺服驱动系统的失效而产生反向间隙误差，以及伺服不匹配误差。

（2）温度误差主要是由于机床工作时复杂的温度场造成机床各部件的变形（即机床的温度动态过程）而引起的。机床的温度动态过程主要是系统受到内外温度源的扰动，使机床各部分产生温变至温度平衡的不稳定阶段，从而造成加工精度下降的热变形过程。

（3）力误差分为半静态力误差和动态力误差两大类，主要是由机床传动链中传动部件的非刚性引起的。前者主要是由工件或机床运动部件的重力或夹紧力变形而引起的，后者主要是由切削力引起的。

1. 数控机床的几何误差补偿

机床结构系统的误差即为几何误差，包括机床各部件工作表面的几何形状和相互位置误差。在机床的设计、制造和装配过程中，结构的残余不规则性造成机床的系统误差。这种误差我们称之为"几何误差"，是由位置传感器的非线性、机器零件相对运动的非正交性和测量过程中每个机器零件运动的非直线性引起的。几何误差中，最典型的是反向间隙误差和螺距误差。

1）反向间隙误差补偿

反向间隙能够存在于任何运动轴上，当轴的运动方向改变时就表现出来。其值大小通常与沿各轴的运动位置无关。由于丝杠的磨损和装配不当，在全轴上反向间隙会不一致，这时必须把丝杠按等间隙值分为几段。引起反向间隙的主要原因在于驱动轴的丝杠副以及丝杠的支撑轴承与轴承座之间存在间隙。进一步的试验表明，反向间隙其值受温度变化的影响很小，因而可以假设反向间隙在轴的整个运动范围内都是常数，并且反向间隙在轴的中间变化不大，而在轴的两端附近有变化。

用二维的平面运动可以说明反向间隙对加工运动的影响特点。在图 3-31 中，当刀具被编程在 X_i、X_j 平面内从 P_0 运动到 P_5 时，为了易于说明，认为只在 X_i 方向发生运动方向的改变，而在 X_j 轴方向不改变运动方向。设 $X_{i,n}$ 为 X_i 方向点 N 的坐标，$e(X_{i,n})$ 为点 $X_{i,n}$ 的反向误差。刀具的编程运动轨迹为 $P_0 \rightarrow P_1 \rightarrow P_2 \rightarrow P_3 \rightarrow P_4 \rightarrow P_5$，由于 X_i 方向的反向间隙影响，实际的运动轨迹为 $P_0 \rightarrow P_1 \rightarrow P_2 \rightarrow P_2' \rightarrow P_3' \rightarrow P_4' \rightarrow P_{4n}' \rightarrow P_5'$。如果用反向间隙对刀

具驱动程序的指令进行补偿修正，使刀具沿补偿后的路径 $P_0 \to P_1 \to P_2 \to P_{2c} \to P_{3c} \to P_{4c} \to P_{4n} \to P_5$ 运动，则实际的运动路径为 $P_0 \to P_1 \to P_2 \to P_3 \to P_4 \to P_5$。在图 3-31 中，反向间隙的补偿可分为 4 种可能的情况。

情况 1：$X_{i,n+1} \geqslant X_{i,n}$ 和 $X_{i,n} \geqslant X_{i,n-1}$，例如 $P_0 \to P_1 \to P_2$。

情况 2：$X_{i,n+1} \leqslant X_{i,n}$ 和 $X_{i,n} \geqslant X_{i,n-1}$，例如 $P_1 \to P_2 \to P_3$。

情况 3：$X_{i,n+1} \leqslant X_{i,n}$ 和 $X_{i,n} \leqslant X_{i,n-1}$，例如 $P_2 \to P_3 \to P_4$。

情况 4：$X_{i,n+1} \geqslant X_{i,n}$ 和 $X_{i,n} \leqslant X_{i,n-1}$，例如 $P_3 \to P_4 \to P_5$。

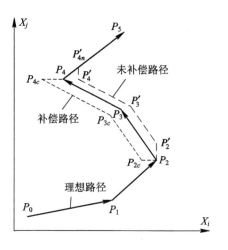

图 3-31 反向间隙误差补偿

当加工中心在 X_i 正方向运动时，反向误差为零，而负向运动时反向误差为 $e(X_{i,n})$。从 P_0 运动到 P_2 属于情况 1，在路径上不必进行反向误差补偿。从 P_2 运动到 P_3 时属于情况 2，反向间隙的误差需要修正，分为两步，首先刀具在 X_i 的负方向移动距离 $e(X_{i,n})$，然后在 X_i 的负方向用 $e(X_{i,n})$ 对 P_2 到 P_3 目标值进行变换。当刀具从 P_3 运动到 P_4 时属于情况 3，其轨迹上的目标点需要进行反向误差补偿。当从 P_4 运动到 P_5 时属于情况 4，反向误差的修正分为两步，首先刀具向 X_i 的正向移动距离 $e(X_{i,n})$，然后刀具运动到 P_5。从上面的分析可知，当运动直线在 X_i 方向的斜率为正时，其目标值不受反向误差的影响；当运动直线在 X_i 方向的斜率为负时，其目标点在 X_i 方向的分量要进行反向误差修正。

2）螺距误差补偿

数控机床大都采用滚珠丝杠作为机械传动部件，电机带动滚珠丝杠，将电机的旋转运动转换为直线运动。如果滚珠丝杠没有螺距误差，则滚珠丝杠转过的角度与对应的直线位移存在线性关系。实际上，制造误差和装配误差始终存在，难以达到理想的螺距精度。存在螺距误差，其反映在直线位移上也存在一定的误差，从而降低了机床的加工精度。

数控机床的螺距误差产生原因如下：

① 滚珠丝杠副处在进给系统传动链的末级。丝杠和螺母存在各种误差，如螺距累积误差、螺纹滚道型面误差、直径尺寸误差等，其中最主要的是丝杠的螺距累积误差造成的机床目标值偏差。

② 滚珠丝杠的装配过程中，由于采用了双支撑结，使丝杠轴向拉长，造成丝杠螺距误差增加，产生机床目标值偏差。

③ 机床装配过程中，由于丝杠轴线与机床导轨平行度的误差引起的机床目标值偏差。

利用数控系统提供的螺距误差补偿功能，可以对螺距误差进行补偿和修正，达到提高加工精度的目的。另外，数控机床经长时间使用后，由于磨损等原因造成精度下降，可以通过对机床进行周期检定和误差补偿，从而在保持精度的前提下延长机床的使用寿命。螺距误差补偿可分为等间距螺距误差补偿和存储型螺距误差补偿。

（1）等间距螺距误差补偿。

等间距螺距误差补偿首先选取机床参考点作为补偿的基准点，机床参考点由反馈系统提供的相应基准脉冲来选择。然后实测出机床某一坐标轴各补偿点的反馈增量值并修正，以伺服分辨率为单位存入 IFC 表。将较高精度的 CNC 装置一般激光干涉仪测量的实际位置值与发送的数据指令值相比较，得到相应补偿点的 IFC 值，即

$$补偿点 \text{IFC} 值 = \frac{数据指令值 - 实际位置值}{伺服分辨率}$$

一个完整的 IFC 表要一次装入，不宜在单个补偿点的基础上进行修改。当其完整性遭到破坏时，可定期刷新 IFC 表。

等间距螺距误差补偿的软件实现过程分以下六步：

① 计算工作台离开补偿基准点的距离，有

$$D_i = R_i - R_{EF}$$

式中，D_i 为采样周期工作台离开补偿基准点的距离；R_i 为采样周期工作台的绝对位置；R_{EF} 为补偿基准点的绝对位置。

② 根据 D_i 的符号决定采用正向补偿($D_i > 0$)还是负向补偿($D_i < 0$)。

③ 确定当前位置所对应的补偿点号 N_i，有

$$N_i = \left[\frac{D_i}{校正间隔}\right]$$

式中，[ ]为取整数部分；校正间隔在确定 IFC 值时确定，且恒为正数。

④ 判断当前位置是否需要补偿。若 $N_i = N_{i-1}$，无须补偿，否则需要补偿。

⑤ 查 IFC 表，确定补偿点 N_i 上的补偿值。当坐标轴运动方向与补偿方向一致时（对正向补偿 $N_i > N_{i-1}$，对负向补偿 $N_i < N_{i-1}$），补偿值 δ_i 取 $\text{IFC}(N_i)$，否则取 $-\text{IFC}(N_{i-1})$。

⑥ 修正位置反馈增量及当前位置坐标，有

$$\begin{cases} \Delta R_i + \delta_i \rightarrow \Delta R_i \\ R_i + \delta_i \rightarrow R_i \end{cases}$$

由于各坐标轴的补偿点数及补偿点的间距是一定的，通过给补偿点编号，能很方便地使用软件实现等间距螺距误差补偿，但这样的补偿由于补偿点位置固定而缺少灵活性。要想获得满足机床工作实际需要的补偿，最好使用存储型螺距误差补偿。

（2）存储型螺距误差补偿。

由于机床各坐标轴的长度不同，磨损区间也不一样，往往是中间区域精度丧失得快，而两端磨损较少。等间距螺距误差补偿方法的缺点在于坐标轴两端的补偿点过多，而中间区域却显得不够。因此，引进存储型螺距误差补偿很有必要。在总的补偿点数不变的情况下，各轴分配的补偿点数及每轴上补偿点的位置完全由用户自己定义，这可使补偿点的使用效率得到提高，也满足机床工作的实际需要。

存储型螺距补偿是以牺牲内存空间为代价来换取补偿灵活性的。在采用等间距螺距误差补偿时，一个补偿点一般只需要在内存中占用 1、2 个字节来存储补偿点的补偿值；而采用存储型螺距误差补偿时，一个补偿点一般至少占用 4～6 个字节来存储一个补偿点的信息，其中 3、4 个字节用于存储补偿点坐标，1、2 个字节用于存储补偿点的补偿值，存储补偿点坐标所需的字节数由机床坐标轴的范围确定。

当采用存储型螺距误差补偿时，在利用位控程序计算出坐标现时位置后，通过判断是否已越过一个补偿点来决定是否进行补偿。

2. 数控机床的温度误差补偿

温度误差也叫作热误差。大量研究表明，温度误差是数控机床等精密加工机械的最大误差源，占总误差的 $40\%\sim70\%$ 左右。由于数控机床在工作中不可避免地要发热，特别是由于其内部热源多导致在传热和散热时温度梯度发生变化，切削液受环境温度影响，由间隙、摩擦等引起热滞现象，以及接触面因复杂热应力引起变形等，这些因素导致热误差表现为时滞、时变、多方向耦合及综合非线性特征，增加了用数学模型描述热误差的复杂性及误差补偿的不确定性。

近年来，曾开发了反馈中断补偿法和原点平移补偿法两种不同的技术来实现误差补偿。反馈中断补偿法是通过将热误差模型的计算数值直接插入伺服系统的位置反馈环中而实现的。热误差补偿控制器获取进给驱动伺服电机的编码器反馈信号，同时还计算机床的热误差，且将等同于热误差的数字信号与编码器信号相加减，从而使伺服系统据此实时调节机床的进给位置。反馈中断补偿法的优点是无须改变 CNC 控制软件，可用于任何 CNC 机床，包括一些具有机床运动副位置反馈装置的老型号 CNC 机床。然而，该方法需要特殊的电子装置将热误差信号插入伺服环中，这种插入有时是很复杂的，一般需要局部改动 CNC 控制系统的硬件。

原点平移补偿法原理是热误差补偿控制器计算机床的热误差，这些误差量作为补偿信号被送至 CNC 控制器，而后通过 CNC 控制系统中 PLC 的 I/O 口平移参考原点，以此实现热误差量的补偿。这种补偿既不影响坐标值，也不影响 CNC 控制器上执行的代码程序，因此对操作者而言，该方法是不可见的。原点平移法不用改变任何 CNC 系统的硬件，但它需要改变 CNC 控制器中的可编程控制器单元的程序，以便在 CNC 控制器可以接收补偿值。原点平移补偿法是目前实现误差补偿的常用方法。

热误差补偿的最新技术是日本 OKUMA 机床公司独创的"热亲和概念"，"即使在温度变化环境下也能实现自动、高精度加工的人工智能化机床和技术"是称为热亲和概念的基础技术，利用这种新的精度补偿技术能够排除因加工中发热和设备环境温度变化对加工精度的影响，使加工过程中的尺寸精度变化非常小。热亲和是一种新的构思，它是在尽可能抑制热量发生的同时，对不可避免产生的热量采取接受的考虑方法。要预测所产生的所有复杂热变形是相当困难的，但如果仅产生可以预测的热变形，就可以采用补偿的方法来消除热量产生的影响。这样，即使不用大型空调装置来控制整个设备或车间内的温度，也能在通常的大气温度范围内保持高的加工精度。

3. 数控机床的力误差补偿

数控机床的力误差补偿以切削力误差补偿为主。切削力误差是指加工过程中因切削力导致机床、刀具和工件等发生变形，使刀具和被切削工件之间产生相对位置误差，从而引起加工误差即切削力误差。目前，国内外有关切削力误差补偿研究的报道比较少。因为在传统的精密加工中，一般切削力很小，所导致的变形可以忽略，故切削力变化对加工精度影响很小。然而，强力或高效切削以及一些难加工材料切削加工应用日益广泛，在这些加工中产生的切削力比较大，所以由切削力引起的加工误差变得重要起来。

数控机床主轴电机是切削加工动力源，当机床上切削力大小变化时，主轴电机电枢电流也随着变化，故可通过检测主轴电机电流变化来辨识切削力大小，再根据切削力大小来估计切削力误差进而进行补偿。

　　误差补偿控制系统结构示意图如图 3 - 32 所示。实时补偿时，根据实时采集的温度（用来计算和补偿热误差）、电流信号和转速值（用来计算和补偿切削力误差）计算出瞬时热误差和切削力误差值，然后把补偿值（误差值的相反数）送入机床数控系统，从而机床数控系统据此实施对机床进行补偿以完成热误差和切削力误差的实时补偿。如把数控系统中的坐标位置数据采集到补偿器，还可补偿几何误差。

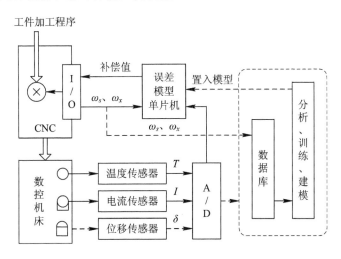

图 3 - 32　误差补偿控制系统结构示意图

3.4　进给速度控制及实现

　　对于任何一个数控机床来说，都要求能够对进给速度进行控制，它不仅直接影响到加工零件的表面粗糙度和精度，而且与刀具、机床的寿命和生产效率密切相关。

　　按照加工工艺的需要，进给速度的给定一般是将所需的进给速度用 F 代码编入程序。对于不同材料的零件，需根据切削速度、切削深度、表面粗糙度和精度的要求，选择合适的进给速度。在进给过程中，还可能发生各种不能确定或没有意料到的情况，需要随时改变进给速度，因此还应有操作者可以手动调节进给速度的功能。

　　另外，在机床加工过程中，由于进给状态的变化，如启动、升速、降速和停止，为了防止产生冲击、失步、超程或振荡等以保证运动平稳和准确定位，必须对进给电动机进行加减速控制。

3.4.1　基准脉冲法进给速度控制和加减速控制

1. 进给速度控制

　　进给速度控制方法和所采用的插补算法有关。基准脉冲插补多用于以步进电机作为执行元件的开环数控系统中，各坐标的进给速度是通过控制向步进电机发出脉冲的频率来实现的，所以进给速度处理是根据编程的进给速度值来确定脉冲源频率的过程。进给速度 F 与脉冲源频率 f 之间关系为

$$F = 60\delta f$$

式中，δ 为脉冲当量（mm/脉冲）；f 为脉冲源频率（Hz）；F 为进给速度（mm/min）。

基准脉冲插补法的速度控制通常采用下述两种方法。

1）程序计时法

程序计时法是利用调用延时子程序的方法来实现速度控制的。根据要求的进给速度 F，求出与之对应的脉冲频率 f，再计算出两个进给脉冲的时间间隔（插补周期）：

$$T = \frac{1}{f}$$

在控制软件中，只要控制两个脉冲的间隔时间，就可以方便地实现速度控制。若进给脉冲的间隔时间长，则进给速度慢；反之，若进给脉冲的间隔时间短，则进给速度快。这一间隔时间通常由插补运算时间 T_{ch} 和程序计时时间 T_j 两部分组成，即

$$T = T_{ch} + T_j$$

例 3 - 5 已知系统脉冲当量 $\delta = 0.01$ mm/脉冲，进给速度 $F = 300$ mm/min，插补运算时间 $T_{ch} = 0.1$ ms，延时子程序的延时时间为 $T_y = 0.1$ ms，求延时子程序循环次数。

解 脉冲源频率为

$$f = \frac{F}{60\delta} = \frac{300}{60 \times 0.01} = 500 \text{ Hz}$$

插补周期为

$$T = \frac{1}{f} = 2 \text{ ms}$$

程序计时时间为

$$T_j = T - T_{ch} = 1.9 \text{ ms}$$

循环次数为

$$n = \frac{T_j}{T_y} = 19$$

程序计时法比较简单，实际上是把 CPU 作为计数器，在延时时间中一直循环等待，所以 CPU 利用率高，适合于较简单的控制过程。

2）时钟中断法

时钟中断法只要求一种时钟频率，并用软件控制每个时钟周期内的插补次数，以达到控制进给速度的目的，其速度要求用每分钟毫米数直接给定。

设 F 是 mm/min 为单位的给定速度。为了换算出每个时钟周期应插补的次数（即发出的进给脉冲数），需要选定一个适当的时钟频率，选择的原则是满足最高插补进给的要求，并考虑到计算机换算的方便，可取一个特殊的 F 值（如 $F = 256$ mm/min）对应的频率。该频率对给定速度，每个时钟周期插补一次。当 δ 为 0.01 mm 脉冲当量时，有

$$f = \frac{f}{60\delta} = \frac{256}{60 \times 0.01} \text{ Hz} = 426.67 \text{ Hz}$$

故取时钟频率为 427 Hz，这样当进给速度 F 为 256 mm/min 时，恰好每次时钟中断做一次插补运算。采用该方法时，要对给定速度进行换算。因为 $256 = 2^8$，用二进制表示为 100 000 000，所以可用两个 8 位寄存器分别寄存其低 8 位和高 8 位。寄存高 8 位的称为 F 整寄存器，寄存低 8 位的称为 F 余寄存器，对速度 $F = 256$ mm/min，就有 $F_{整} = 1$，$F_{余} = 0$。对任意一个用 mm/min 为单位且给定的 F 值做 $F/256$ 运算后，即可得到相应的 $F_{整}$ 和 $F_{余}$。

这对二进制数来讲并不需要做除法运算,只要对给定的 F 值进行十进制数转换为二进制数的运算即可。结果,高 8 位为 $F_整$,低 8 位为 $F_余$。例如,$F=600$ mm/min 经十进制数转换为二进制数的运算后,在计算机中得到图 3-33 所示的结果。

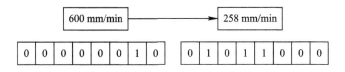

图 3-33　换算形式

根据给定速度换算的结果 $F_整$ 和 $F_余$,即可进行进给速度的控制。以图 3-32 为例,第一个时钟中断来到时,$F_整$ 即本次时钟周期中应插补的次数,插补 427 次(即用 427 Hz 频率插补),得到 512 mm/min 的进给速度。同时,$F_余$ 不能对调,否则将使实际速度减小(512 mm/min < 600 mm/min)。$F_余$ 在本次时钟周期保留,并在下次时钟中断到来时做累加运算,若有溢出,应多做一次插补运算,并保留累加运算的余数。经过 427 次插补(即用 427 Hz 频率插补)得到 88 mm/min 速度,进给速度为 $F_整$ 和 $F_余$ 两个速度相结合,即(512+88) mm/min = 600 mm/min。

2. 加减速控制

因为步进电机的启动频率比它的最高运行频率低得多,为了减少定位时间,通过加速使电机以接近最高的速度运行。随着目标位置的接近,不但电机要平稳地停止,频率也要降下来。因此,步进电机开环控制系统过程中,运行速度都需要有一个加速—恒速—减速—低速—停止的过程,如图 3-34 所示。

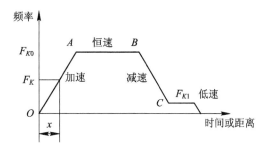

图 3-34　加减速控制曲线

3.4.2　数据采样法进给速度控制和加减速控制

1. 进给速度控制

数据采样插补方式多用于以直流电机或交流电机作为执行元件的闭环和半闭环数控系统中,速度计算的任务是确定一个插补周期的轮廓步长,即一个插补周期 T 内的位移量

$$\Delta L = \frac{1}{60} FT$$

式中,F 为编程给出的合成进给速度(mm/min);T 为插补周期(ms);ΔL 为每个插补周期小直线段的长度(μm)。

以上给出的是稳定状态下的进给速度处理关系。当机床启动、停止或加工过程中改变进给速度时,系统应自动进行加减速处理。

2. 加减速控制

在 CNC 系统中，加减速控制多采用软件实现。软件实现的加减速控制可以放在插补前，也可放到插补后。在插补前进行的加减速控制成为前加减速控制，在插补后进行的加减速控制成为后加减速控制，如图 3-35 所示。

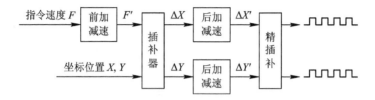

图 3-35 前、后加减速控制

前加减速控制仅对合成速度 F 进行控制，不影响实际插补输出的精度。前加减速控制的缺点是要根据实际刀具位置与程序段终点之间的距离预测减速点，这种预测工作的计算量较大。

后加减速控制是对各坐标轴分别进行加减速控制，不需要专门预测减速点，而在插补输出为零时开始减速，并通过一定的时间延迟逐渐靠近程序段的终点。后加减速控制的缺点是由于对坐标轴分别控制，因此在加减速控制中各坐标轴的实际合成位置可能不准确，但这种影响仅在加速与减速过程才会有，当系统进入匀速状态时，影响就不存在了。

1）前加减速控制

（1）计算稳定速度和瞬时速度。进行加减速控制，首先要计算出稳定速度和瞬时速度。所谓稳定速度，是指数控系统处于稳定进给状态时，每插补一次（一个插补周期）的进给量。在数据采样系统中，零件程序段中速度命令（或快速进给）的 F 值（mm/min）需要转换成每个插补周期的进给量。另外，为了调速方便，设置了快速和切削进给两种倍率开关，在计算稳定速度时还需要将这些因素考虑在内。稳定速度的计算公式为

$$v_c = \frac{TKF}{60 \times 1000}$$

式中，v_c 为稳定速度，表示单位插补周期内的进给的长度（mm/min）；T 为插补周期（ms）；F 为命令速度（mm/min）；K 为速度系数，包括快速倍率、切削进给倍率等。

稳定速度计算完成后，进行速度限制检查。如果稳定速度超过由参数设定的最大速度，则取限制的最大速度为稳定速度。

所谓瞬时速度，是指数控系统在每个插补周期的进给量。当系统处于稳定进给状态时，瞬时速度 $v_i = v_c$；当系统处于加速（或减速）状态时，$v_i < v_c$（或 $v_i > v_c$）。

（2）线性加减速处理。当机床启动、停止或在切削加工中改变进给速度时，系统自动进行加减速处理。加减速率分为快速进给和切削进给两种，它们必须由机床参数预先设定好。设进给速度为 F（mm/min），加速到 F 所需要的时间为 t（ms），则加减速度 a（μm/ms^2）可表示为

$$a = 1.67 \times 10^{-2} \frac{F}{t}$$

加速时，系统每插补一次都要进行稳定速度、瞬时速度和加减速处理。当计算出的稳

定速度 v_c' 大于原来的稳定速度 v_c 时，则要加速。每加速一次，瞬时速度为

$$v_{i+1} = v_i + aT$$

新的瞬时速度 v_{i+1} 参加插补计算，对坐标轴进行分配。图 3 - 36 所示为加速处理流程图。

减速时，系统每进行一次插补计算，都要进行终点判别，计算出离开终点的瞬时距离 s_i，并根据本程序的减速标志，检查是否已到达减速区域 s。若已达到，则开始减速。在稳定速度 v_c 和设定的加减速度 a 确定后，减速区域 s 可由下式求得

$$s = \frac{v_c^2}{2a}$$

若本程序段要减速，其 $s_i \leqslant s$，则设置减速状态标志，开始减速处理。每减速一次，瞬时速度为

$$v_{i+1} = v_i - aT$$

新的瞬时速度 v_{i+1} 参加插补计算，对坐标轴进行分配。一直减速到新的稳定速度或到 0。若要提前一段距离开始减速，将提前量 Δs 作为参数预先设置好，由下式计算：

$$s = \frac{v_c^2}{2a} + \Delta s$$

图 3 - 37 所示为减速处理流程图。在每次插补运算结束后，系统都要根据求出的各轴的插补进给量来计算刀具中心离开程序段终点的距离 s_i，然后进行终点判别。在即将要到达终点时，设置响应的标志。若本程序段要减速，则还需要检查是否已经到达减速区域并开始减速。

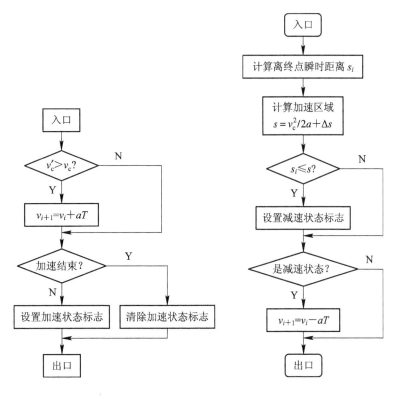

图 3 - 36　加速处理流程图　　　　图 3 - 37　减速处理流程图

（3）终点判别处理。终点判别处理可分为直线和圆弧两个方面。

在图 3-38 中，设刀具沿 OP 做直线运动，P 为程序段终点，A 为某一瞬时点。在插补计算中，已求得 X 和 Y 轴的插补进给量 Δx 和 Δy。因此，A 的瞬时坐标值为

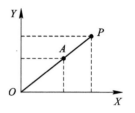

$$x_i = x_{i-1} + \Delta x$$
$$y_i = y_{i-1} + \Delta y$$

图 3-38 直线插补终点判别

设 X 为长轴，其增量值为已知，则刀具在 X 方向上离终点的距离为 $|x-x_i|$。因为长轴与刀具移动方向的夹角是定值，且 $\cos a$ 的值已计算好，所以，瞬时点 A 离终点 P 的距离为

$$s_i = |x - x_i| \frac{1}{\cos\alpha}$$

圆弧插补时，s_i 的计算分圆弧所对应圆心角小于 π 和大于 π 两种情况。圆心角小于 π 时，瞬时点离圆弧终点的直线距离越来越小，如图 3-39 所示。$A(x_i, y_i)$ 为顺圆插补时圆弧上某一瞬时点，$P(x, y)$ 为圆弧的终点；AM 为 A 点在 X 方向上离终点的距离，$|AM| = |x-x_i|$；MP 为 A 点在 Y 方向上离终点的距离，$|MP| = |y-y_i|$，$AP = s_i$。以 MP 为基准，则 A 点离终点的距离为

$$s_i = |MP| \frac{1}{\cos\alpha} = |y - y_i| \frac{1}{\cos\alpha}$$

圆心角大于 π 时，设 A 点为圆弧 AD 的起点，B 点为离终点的弧长所对应的圆心角等于重时的分界点，C 点为插补到离终点的弧长所对应的圆心角小于 π 的某一瞬时点，如图 3-39 所示。显然，此时瞬时点离圆弧终点的距离发生的变化规律是：从圆弧起点 A 开始，插补到 B 点时，s_i 越来越大，直到 s_i 等于直径为止；当插补越过分界点 B 后，s_i 越来越小，如图 3-40 所示。为此，计算 s_i 时先要判别 s_i 的变化趋势。若 s_i 变大，则不进行终点判别处理，直到越过分界点为止；若 s_i 变小，则要进行终点判别处理。

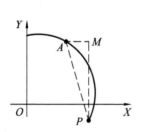

图 3-39 小于 π 圆弧插补终点判别　　　图 3-40 大于 π 圆弧插补终点判别

2）后加减速控制

后加减速控制常用的算法有指数加减速控制和直线加减速控制。

（1）指数加减速控制。指数加减速控制的目的是将启动或停止时的速度突变成随时间按指数规律上升或下降，如图 3-41 所示。指数加减速的速度与时间的关系为

加速时：

$$v(t) = v_c \left(1 - e^{-\frac{t}{T}}\right)$$

匀速时：
$$v(t) = v_c$$

减速时：
$$v(t) = v_c \mathrm{e}^{-\frac{t}{T}}$$

式中，T 为时间常数；v_c 为输入速度。

（2）直线加减速控制。直线加减速控制使机床在启动或停止时，速度沿一定斜率的直线上升或下降。如图 3-42 所示，速度变化曲线是 $OABC$。

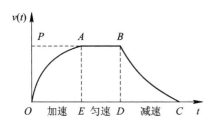

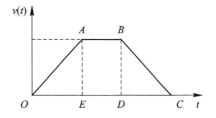

图 3-41　指数加减速　　　　　　　　　　图 3-42　直线加减速

① 加速过程。如果输入速度 v_c 与输出速度 v_{i-1} 之差大于一个常数 KL，即 $v_c - v_{i-1} > KL$，则输出速度值增加 KL。即

$$v_i = v_{i-1} + KL$$

式中，KL 为加减速的速度阶跃因子，输出速度沿斜率 $k' = \dfrac{KL}{\Delta t}$ 呈直线上升，Δt 为采用周期。

② 加速过渡过程。如果输入速度 v_c 与输出速度 v_{i-1} 之差小于 KL 而大于 0，即 $KL > v_c - v_{i-1} > 0$，则改变输出速度值使其与输入速度相等。即

$$v_i = v_c$$

经此过程后，机床进入稳定速度状态。

③ 匀速过程。此过程保持输出速度不变，即

$$v_i = v_{i-1}$$

但此时的输出速度 v_i 不一定等于 v_c。

④ 减速过渡过程。如果输出速度 v_{i-1} 与输入速度 v_c 之差小于 KL 而大于 0，即 $KL > v_{i-1} - v_c > 0$，则改变输出速度值使其与输入速度相等。即

$$v_i = v_c$$

⑤ 减速过程。如果输出速度 v_{i-1} 与输入速度 v_c 之差大于一个常数 KL，即 $v_{i-1} - v_c > KL$，则输出速度值减去 KL。即

$$v_i = v_{i-1} - KL$$

显然，输出速度沿斜率 $k' = -\dfrac{KL}{\Delta t}$ 呈直线下降。

在指数加减速和直线加减速控制算法中，保证系统不失步和不超程非常重要，也就是说，输入加减速控制器的总位移量等于该控制器输出的总位移量。对于图 3-41 而言，必须使区域 OEA 的面积等于区域 DBC 的面积。为了满足这个需求，以上所介绍的两种加减速算法都采用位置误差累加器来解决。在加速过程中，用位置误差累加器记住由于加速延迟失去的位置增量之和；在减速过程中，又将位置误差累加器中的位置按一定规律逐渐放出，保证达到规定位置。

3.5 故障自诊断功能

任何一个数控系统，即使采用了最好的设计方法和最新的电子器件，应用了最新的科研成果，也可能发生系统初期失效故障、长期运行过程偶发故障以及各个部件老化以致损坏等一系列故障。

故障诊断的目的一方面预防故障发生，另一方面一旦发生故障也能及早找出故障原因，迅速采取修复措施。

故障诊断的方法有人工故障自诊断和系统故障自诊断。本节将从数控功能的角度来讨论故障自诊断功能。

3.5.1 概述

1. 故障自诊断的概念

系统故障是指系统的组成单元处于非正常状态或劣化状态，并可导致系统相应功能丧失或系统性能和品质下降，从而使系统的行为(输出)超出允许范围或不能在规定的时间内和条件下完成预定功能的事件。

在 CNC 系统中编程错误也是故障。当用户编制的零件加工程序发生错误(语法错误、非法代码、精度超差、过切削预报等)时，CNC 系统在运行前或运行中也会发出报警，从广义上来讲，也可称其为故障。

故障的诊断包括两方面的内容：诊和断。诊是对客观状态作检测或测试；断是确定故障的性质、程度、类别、部位，并指明故障产生的原因，提供相应的处理对策等。

故障自诊断技术是指在硬件模块、功能部件上各状态测试点(在系统设计制造时设置的)和相应诊断软件的支持下，利用数控系统中计算机的运算处理能力实时监测系统的运行状态，并在预知系统故障或系统性能、系统运行品质劣化动向时，及时自动发出报警信息的技术。

2. 故障自诊断功能与系统的可靠性

CNC 系统的故障率是用可靠性指标来衡量的。衡量 CNC 系统可靠性的两个基本参数是故障频次和相关运行时间。通常用平均无故障工作时间(Mean Time Between Failures，MTBF)和平均修复时间(Mean Time To Repair，MTTR)来作为衡量系统可靠性的指标。

1) 平均无故障工作时间(MTBF)

平均无故障工作时间是指 CNC 系统在可修复的相邻两次故障间能正常工作的时间的平均值，也可视为在 CNC 系统寿命范围内总工作时间和总故障次数之比，即

$$\mathrm{MTBF} = \frac{1}{N}\sum_{i=1}^{n} t_i$$

式中，N 为在评定周期内数控机床累计故障次数；n 为加工中心抽样台数；t_i 为在评定周期内第 i 台数控机床的实际工作时间(h)。

显然，MTBF 越长越好。我国"机床数字控制系统通用技术条件"规定：CNC 系统产品可靠性验证用"平均无故障工作时间"作为可靠性衡量的指标，具体数值应在产品标准中给出，但 CNC 系统的最低可接受的 MTBF 不低于 3000 小时。世界上有些 CNC 系统的 MTBF 已达到 30 000 小时。

2）平均修复时间（MTTR）

平均修复时间是指 CNC 系统从出现故障后到能正常工作所使用的平均时间，即

$$\text{MTTR} = \frac{1}{N} \sum_{i=1}^{n} t_i$$

式中，t_i 为在评定周期内第 i 台数控机床的实际修复时间（h）。

显然，MTTR 越短越好。要保证数控设备具有较高的可靠性，一方面需要重视数控系统及其设备的可靠性设计和制造，以确保其具有较高的 MTBF；另一方面需要缩短故障修复时间（即缩短 MTTR）。为此，数控设备应具有良好的可维修性能，即应在出现故障后能迅速确定故障部位、查明原因，以便及时排除故障，恢复工作。由此可知，故障自诊断功能是提高设备可维修性的功能，其强弱决定着数控设备可维修性能的高低，所以，提高故障自诊断能力是提高 CNC 系统可靠性的重要途径之一。

3. 故障诊断的基本要求

（1）故障诊断方法对故障的覆盖率应尽可能高，即系统的故障应尽可能多地被其诊断系统检测出来。

（2）诊断出的故障定位应尽可能准确，范围应尽可能小。通常要求定位到容易快速更换的模块或印刷线路板这一级，以缩短修理时间。

（3）故障诊断所需时间应尽可能短。尤其对那些破坏性严重的故障，更应快速诊断、快速响应，以尽量减少故障对系统的破坏程度。

（4）故障诊断所需的附加设备应尽可能减少。尽量利用软件实现诊断功能，以降低数控系统的诊断成本。

3.5.2　故障分类及故障报警方式

1. 故障分类

数控系统的故障分为三类：硬故障、软故障和编程、操作故障。

1）硬故障

硬故障主要是指 CNC 装置、PLC 控制器、伺服驱动单元，位置和速度检测装置等电子器件，以及继电器、接触器、开关、熔断器、电动机、电磁铁、行程开关等电气元件失效引起的故障。硬故障的发生往往与上述元器件的质量、性能、组件排列以及工作环境等因素有关。这类故障一旦发生，必须对失效的元器件进行维修或更换，系统才能恢复工作。

2）软故障

软故障是指由于软件内容变化或丢失、系统配置参数的误设置或因干扰出错、丢失等原因而产生的故障。软故障的发生主要与操作不当、存放系统配置参数的 RAM（通常是带

后备电池的 RAM)掉电(电池失效)、系统电源干扰脉冲串入总线引起时序错误而导致数控计算机进入死锁状态等因素有关。这类故障发生后,只要退出故障状态或修正错误的参数或软件,然后按复位键或重新启动,系统就能恢复工作。

3)编程、操作故障

编程、操作故障不是 CNC 系统的故障,而是由于加工程序的编制错误或操作错误导致的故障。这类故障无须进行维修,只要将报警信息所指出的错误进行修改后,系统即可进行正常的工作。

2. 故障报警方式

针对系统故障,有两种对应的报警方式:硬件报警方式和软件报警方式。

1)硬件报警方式

硬件报警方式通常是指由各单元装置上的警示灯(一般由红色的 LED 发光管或警灯组成)来提示故障的报警方式。

2)软件报警方式

软件报警方式是指在 CRT 显示器上显示报警号和报警信息来提示故障的报警方式。数控系统在运行过程中,一旦检测到故障,即按故障的级别进行处理,同时在 CRT 显示器上以报警号的形式显示该故障信息。

3.5.3 故障自诊断方法

目前,在各种 CNC 系统中已应用的故障自诊断方法归纳起来有四种,即开机自诊断、运行自诊断、离线诊断和高级诊断。

1. 开机自诊断

开机自诊断又称开机自检,是指 CNC 系统从开始通电到进入正常运行准备状态,由其内部诊断程序自动执行的系统诊断。其目的是检查整个系统是否具备正常工作的条件。

开机自诊断时,检查硬件包括存储器、I/O 单元、CRT 显示器、软/驱动器等外设状态是否正常,以及模块间的连接是否正常,某些重要的集成电路是否插装到位,规格型号是否正确进行诊断,系统软件和系统参数是否正确等。只有在全部项目都确认无误后,CNC系统才能进入正常的初始化或运行准备状态,并在 CRT 显示器上显示出机床此时工作位置坐标值的画面。否则,CNC 系统将通过 CRT 显示器、模块或印刷电路板上的发光二极管(LED)等报告故障信息。此时,CNC 系统无法进入下步工作阶段。

2. 运行自诊断

运行自诊断是指 CNC 系统在运行过程中,对 CNC 系统的各硬件模块、伺服驱动单元、运行状态、运行环境等进行的实时自动监测和诊断,一旦发现故障,即刻发出报警信号并实施相应的保护措施。运行自诊断是数控系统故障自诊断功能的最主要部分。

对硬故障和软故障的诊断方法是定时检测数控系统各硬件模块、外部设备及伺服驱动单元的状态标志和阈值数据,一旦发现标志或数据偏离正常值,即刻作相应处理,并发出报警信号。根据被测故障对数控系统的危害程度，这些定时检测程序被安排在不同优先级的任务模块中。一般对于破坏性的故障（如进给轴超程、进给电机或主轴电机过载等）都具有较高的优先权，数控系统对这类故障作出的反应是立即中止加工，切断动力电源，使数控系统进入急停状态，同时发出报警信号，直至故障排除为止。

对编程和操作错误引起的故障，一般是在编译任务和 PLC 任务中进行诊断，数控系统对这类故障作出的反应是发出报警信号并屏蔽相应的操作，在错误更正后，按数控系统复位键或清除键，数控系统即可恢复工作。

3. 离线诊断

离线诊断是由经过专门训练的人员进行诊断，目的在于查明数控系统的故障原因，精准确定故障位置。

离线诊断可在设备现场、数控系统维修中心或数控系统的制造厂中进行。诊断工具和设备有数控系统及模拟操作面板，测试用计算机、逻辑分析仪，以及专用的工程师面板和便携式测试仪器等。

离线诊断所用的软件是由数控系统设计、制造及维修部门开发的。这些软件的存储及使用方法都不相同。维修人员可随时调用这些程序并使之运行，在显示器上观察诊断结果。

4. 高级诊断

1）自修复

在数控系统内设置备用模块，正常情况下该模块不参与运行。自修复程序在数控系统每次开机时执行，当发现某模块有故障时，在显示器上显示故障信息，并自动查找备用模块。如果有备用模块，用其取代故障模块；若无其他故障，数控系统立即进入正常的工作状态。自修复需要有多余插槽备用模块，故仅适用于总线结构。

2）专家诊断

CNC 的专家诊断系统一般有知识库、推理机（推理软件）、人-机控制器组成。知识库存储专家分析、判断故障的原因及如何排除故障的经验知识。人-机控制器可用适当的方式来表达专家的知识，并可通过它对知识库的知识进行更新、编辑等操作。推理机利用知识库内的产生式规则（If…then…）和 CNC 系统的状态信息，自动模仿专家（利用知识和经验解决复杂问题的思维活动）进行故障诊断，以获得与专家诊断相同或相近的结论。

日本 FANUC 公司已将专家系统用于 CNC 系统的故障诊断，并具体应用于 F-15 系统。其知识库存放着专家们已掌握的有关数控系统的各种故障原因及其处理方法，推理机则能根据知识库中的知识或经验进行分析，查找出故障的原因，而不是简单地搜索现成的答案。F-15 系统的推理机是一种采用"后向推理"策略的高级诊断系统。所谓后向推理，是指先假设结论，然后再检查支持这个结论的条件是否成立，若具备则结论成立。在使用时，用户只要通过 CRT/MDI 进行一些简单会话式回答的操作，即可诊断出 CNC 系统或机床的故障原因和位置。

3）远程诊断

远程诊断又称通信诊断，是指利用电话线路（或 Internet 网）将 CNC 系统与该系统生产厂家设立的中央维修站连接起来，通过向用户设备发送诊断程序所进行的一种远程诊断。

当用户 CNC 系统出现故障时，CNC 系统经电话线路（或 Internet 网）与中央维修站通信诊断计算机相连，由中央维修站向 CNC 系统发送诊断程序，并使 CNC 系统或机床执行某种指令，同时收集运行测试数据，分析比较，确定故障所在，然后将诊断结论和处理方法通知用户。通信诊断除用于故障发生后的诊断处理外，还可为用户作定期预防性诊断。目前，国外一些名牌数控系统大都将此功能作为选择功能（Option）供用户选用。随着通信技术尤其网络技术的发展，通信诊断技术的应用将日益广泛，这对提高数控系统的可靠性、降低维护费用都具有极其重要的意义。

3.5.4 加工过程的过切判断

加工过程的过切判断实质是一种运行自诊断。前面曾提到 C 刀补能避免过切现象，是指当编程人员因某种原因编制出要产生过切的加工程序时，数控系统在运行过程中能提前发出报警信号，避免过切事故的发生。

1. 直线加工的过切判断

如图 3-43 所示，当被加工的轮廓是直线段时，若刀具半径选用过大，则将产生过切削现象。图 3-43 中，编程轨迹为 $ABCD$，B' 为对应于 AB、BC 的刀具中心轨迹的交点。当读入编程轨迹 CD 时，就要对上段刀具中心轨迹 $B'C'$ 进行修正，以确定刀具中心应从 B' 点移到 C' 点。显然，这时必将产生图 3-43 中阴影部分所示的过切削。

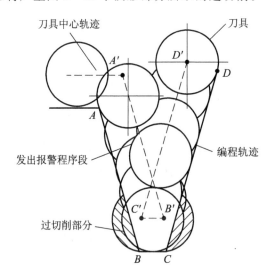

图 3-43 直线加工的过切

在直线加工时，可以通过编程矢量与其相对应的修正矢量的标量积的正负进行判别。图中，$\vec{BC}$ 为编程矢量，$\vec{B'C'}$ 为 $\vec{BC}$ 对应的修正矢量，α 为它们之间的夹角，则标量积

$$\vec{BC} \cdot \vec{B'C'} = |BC| \cdot |B'C'| \cos\alpha$$

显然，当 $\vec{BC} \cdot \vec{B'C'} < 0$ 时，刀具就要背向编程轨迹移动，造成过切削。图 3-43 中，$\alpha = 180°$，所以必定产生过切削。

2. 圆弧加工的过切判断

在内轮廓进行圆弧加工时,若选用的刀具半径过大,超过了所需加工的圆弧半径,那么就会产生如图 3-44 所示的过切。

针对图 3-44 所示的情况,当圆弧加工的命令为"G41 G03"或"G42 G02"时,才会产生过切现象。其具体过切判断流程如图 3-45 所示。

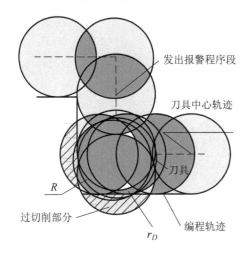

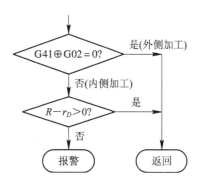

图 3-44 圆弧加工的过切   图 3-45 过切判断流程

习 题

1. 脉冲当量是数控机床运动的最小位移单位,脉冲当量取值越大,( )。
   A. 运动越平稳   B. 零件加工精度越低
   C. 零件加工精度越高   D. 控制方法越简单
2. 用逐点比较法完成第三象限(0,0)到(−4,−5)的直线插补计算。
3. 用逐点比较法完成第一象限(0,10)到(8,6)的圆弧插补计算,并画出插补轨迹。
4. 用数字积分法完成第二象限(0,0)到(−7,4)的直线插补计算。
5. 用数字积分法通过半加载完成(4,0)到(0,4)的圆弧插补计算。
6. 简述数控系统如何判断过切。

第 4 章　位置检测装置

基本要求

（1）了解位置检测装置的分类、使用要求。

（2）了解常用位置检测装置的结构和工作原理。

重点与难点

旋转变压器、感应同步器、光栅的分类、结构与工作原理。

课程思政

培养学生精益求精的科学精神，认识到在工作和学习中追求真理的道路永无止境。

位置检测装置是数控系统的重要组成部分。在闭环、半闭环系统中，位置检测装置的主要作用是检测位移量，输出位置测量反馈信号并与 CNC 系统发出的指令信号相比较，从而根据差值控制伺服驱动装置运转，使工作台按规定的轨迹和坐标移动。

数控机床对位置检测装置的要求主要有以下几点：

（1）满足精度和速度的要求。随着数控机床的发展，其对精度和速度的要求越来越高，位置检测装置必须满足数控机床的高精度和高速度的要求。一般数控机床精度要求在 $\pm 0.002 \sim 0.01$ mm/m 之间，分辨率在 $0.001 \sim 0.01$ mm 之间，进给速度已从 $10 \sim 30$ m/min 提高到 $60 \sim 120$ m/min，主轴转速也达到 10 000 r/min，甚至有些高达 100 000 r/min。

（2）便于安装和维护。位置检测装置有一定的安装精度要求，安装精度要合理。考虑到检测装置的使用环境，整个检测装置要求有较好的防尘、防油雾、防切屑等措施。

（3）有较高的可靠性和抗干扰能力。位置检测装置应能抗各种电磁干扰，抗干扰能力要足够强。

（4）成本低。一般情况下，选择位置检测装置的分辨率或脉冲当量要求比加工精度高一个数量级，因此选择合适的位置检测装置，可以达到控制成本的目的。

4.1　位置检测装置的分类

数控机床的位置检测装置类型很多，如表 4-1 所示。按检测信号的类型分类，位置检测装置可分为数字式和模拟式两种；按测量的基准分类，位置检测装置可分为增量式和绝对式两种；按测量值的性质分类，位置检测装置可分为直接式（直线型）和间接式（旋转型）两种。

表 4-1　位置检测装置的分类

按检测信号的类型分类			
数　字　式		模　拟　式	
按测量的基准分类			
增量式	绝对式	增量式	绝对式

按测量值的性质分类					
	间接式	增量式脉冲编码器 圆光栅	绝对式脉冲编码器	旋转变压器 圆盘感应同步器	多极旋转变压器 三速圆感应同步器
	直接式	计量光栅 激光干涉仪	编码尺 多通道透射光栅	直线感应同步器 磁尺	三速直线感应同步器 绝对式磁栅尺

1. 增量式位置检测装置和绝对式位置检测装置

增量式位置检测装置只测相对位移量，即工作台每移动一个基本长度单位，检测装置便发出一个测量信号，此信号通常是脉冲形式。如测量单位为 0.001 mm，则每移动 0.001 mm 就发出一个脉冲信号，检测装置便发出一个脉冲，送往微机数控装置或计数器计数，当计数值为 1000 时，表示工作台移动了 1 mm。增量式位置检测装置的优点是测量装置较简单，任何一个对中点都可以作为测量的起点，而移距是由测量信号计数累加所得。但一旦计数有误，以后测量所得结果就完全错误。在发生某种故障时，尽管故障已经排除，但由于该测量没有一个特定的标志，因此不能找到原来的正确位置。

绝对式位置检测装置对于被测量的任意一点位置均由固定的零点算起，每一个被测点都有一个相应的测量值。检测装置的结构较增量式检测装置复杂，如编码盘中对应于码盘的每一个角度位置便有一组二进制位数。显然，分辨精度要求愈高，量程愈大，则所要求的二进制位数也愈多，结构就愈复杂。

2. 数字式位置检测装置和模拟式位置检测装置

数字式位置检测装置是以量化后的数字形式表示被测量。得到的测量信号通常是电脉冲形式，它将脉冲个数计数后以数字形式表示位移。

模拟式位置检测装置是以模拟量表示被测量，得到的测量信号是电压或电流。电压或电流的大小反映位移量的大小。由于模拟量需经转换后才能被计算机数控系统接收，因此目前模拟式位置检测装置在计算机数控系统中应用很少。而数字式位置检测装置简单，信号抗干扰能力强，且便于显示和处理，所以目前应用非常普遍。

3. 直接式位置检测装置和间接式位置检测装置

直接式位置检测装置是将直线型检测装置安装在移动部件上，直接测量工作台的直线位移，作为全闭环伺服系统的位置反馈信号，从而构成位置闭环控制。其优点是准确性高、可靠性好；缺点是测量装置要和工作台行程等长，所以在大型数控机床上受到一定限制。

间接式位置检测装置是将旋转型检测装置安装在驱动电机轴或滚珠丝杠上，通过检测转动件的角位移来间接测量机床工作台的直线位移，作为半闭环伺服系统的位置反馈信号。其优点是测量方便，无长度限制；缺点是测量信号中增加了由回转运动转变为直线运动的传动链误差，从而影响了测量精度。

4.2 脉 冲 编 码 器

脉冲编码器是一种旋转式脉冲发生器，能把机械转角变成电脉冲，是数控机床上使用很广泛的位置检测装置。脉冲编码器可分为增量式与绝对式两类。

4.2.1 增量式脉冲编码器

增量式脉冲编码器分光电式、接触式和电磁感应式三种。就精度和可靠性来讲，光电式脉冲编码器优于其他两种，它的型号是用脉冲数/转(p/r)来区分，数控机床常用 2000 p/r、2500 p/r、3000 p/r 等，现在已有每转发 10 万个脉冲的脉冲编码器。脉冲编码器除用于角度检测外，还可以用于速度检测。

光电式脉冲编码器通常与电机连在一起，或者安装在电机非轴伸端，电动机可直接与滚珠丝杠相连，或通过减速比为 i 的减速齿轮与滚珠丝杠相连，那么每个脉冲对应机床工作台移动的距离可用下式计算：

$$\delta = \frac{S}{iM}$$

式中，δ 为脉冲当量(mm/脉冲)；S 为滚珠丝杠的导程(mm)；i 为减速齿轮的减速比；M 为脉冲编码器每转的脉冲数(p/r)。

光电式脉冲编码器由光源、聚光镜、光电盘、圆盘、光电元件和信号处理电路等组成，如图 4-1 所示。光电盘是用玻璃材料研磨抛光制成，玻璃表面在真空中镀上一层不透光的铬，然后用照相腐蚀法在上面制成向心透光窄缝，透光窄缝在圆周上等分，其数量从几百条到几千条不等。圆盘也用玻璃材料研磨抛光制成，其透光窄缝为两条，每一条后面安装一只光电元件。光电盘与工作轴连在一起，光电盘转动时，每转过一个缝隙就发生一次光线的明暗变化，光电元件把通过光电盘和圆盘射来的忽明忽暗的光信号转换为近似正弦波的电信号，经过整形、放大和微分处理后，输出脉冲信号。通过记录脉冲的数目，就可以测出转角。测出脉冲的变化率，即单位时间脉冲的数目，就可以求出速度。

为了判断旋转方向，圆盘的两个窄缝距离彼此错开 1/4 节距，使两个光电元件输出信号相位差 90°。如图 4-2 所示，A、B 信号为具有 90°相位差的正弦波，经放大和整形后变为

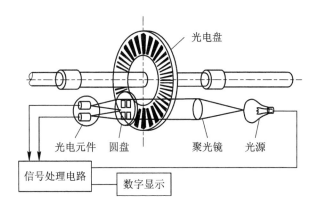

图 4-1　光电式脉冲编码器(增量式)

方波。设 A 相比 B 相超前时为正方向旋转，则 B 相超前 A 相就是负方向旋转，利用 A 相与 B 的相位关系可以判别旋转方向。此外，在光电盘的里圈不透光圆环上还刻有一条透光条纹，用以轴每旋转一周在固定位置上产生一个零位脉冲信号。在进给电动机所用的光电编码器上，零位脉冲用于精准确定机床的参考点，而在主轴电动机上，则可用于主轴准停以及螺纹加工等。

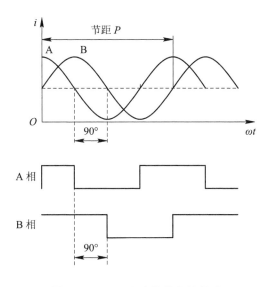

图 4-2　A、B 点电信号相位关系

4.2.2　绝对式脉冲编码器

绝对式脉冲编码器可直接把被测转角用数字代码表示出来，且每一个角度位置均有其对应的测量代码。它能表示绝对位置，没有累积误差，电源切除后，位置信息不丢失，仍能读出转动角度。绝对式脉冲编码器有光电式、接触式和电磁式三种。下面以接触式四位绝对编码器为例来说明其工作原理。

图 4-3 所示为四位二进制编码盘。它在一个不导电基体上做成许多金属区使其导电，其中有剖面线部分为导电区，用"1"表示；其他部分为绝缘区，用"0"表示。每一径向，由若干同心圆组成的图案代表了某一绝对计数值。我们把组成编码的各圈称为码道，码盘最里

圈是公用的，它和各码道所有导电部分连在一起，经电刷和电阻接电源负极。在接触式码盘的每个码道上都装有电刷，电刷经电阻接到电源正极。当检测对象带动码盘一起转动时，电刷和码盘的相对位置发生变化，与电刷串联的电阻将会出现有电流通过或没有电流通过两种情况。若回路中的电阻上有电流通过，则为"1"；反之，电刷接触的是绝缘区，电阻上无电流通过，则为"0"。如果码盘顺时针转动，就可依次得到按规定编码的数字信号输出，根据电刷位置得到由"1"和"0"组成的二进制码，输出为 0000、0001、0010、……、1111。

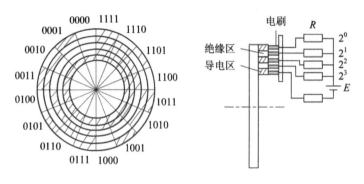

图 4-3　四位二进制编码盘

由图 4-3 可以看出，码道的圈数就是二进制的位数，且高位在内，低位在外，其分辨角 $\theta=360°/2^4=22.5°$。若是 n 位二进制编码盘，就有 n 圈码道，分辨角 $\theta=360°/2^n$，码盘位数越大，所能分辨的角度越小，测量精度越高。若要提高分辨力，就必须增加码道，即二进制位数增多。用二进制代码做的编码盘，如果电刷安装不准，会使得个别电刷错位，从而出现很大的数值误差。例如，当电刷由位置 0111 向 1000 过渡时，可能会出现从 8(1000) 到 15(1111) 之间的读数误差，一般称这种误差为非单值性误差。为消除这种误差，可采用格雷码盘。

图 4-4 所示为四位二进制格雷码盘。这种编码的特点是任意相邻的两个代码间只有一位代码有变化，即"0"变为"1"或"1"变为"0"。因此，在两数变换过程中所产生的读数误差最多不超过"1"，且只可能读成相邻两个数中的一个数。二进制码转换成格雷码的法则是：将二进制码右移一位并舍去末位的数码，再与二进制数码做不进位加法，结果即为格雷码。例如，二进制码 1101 对应的格雷码为 1011，其演算过程如下：

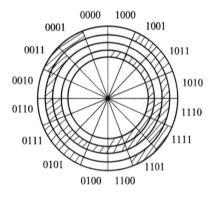

$$
\begin{array}{r}
1101(二进制码)\\
+\quad 110(舍去末位，不进位相加)\\
\hline
1011(格雷码)
\end{array}
$$

图 4-4　四位二进制格雷码盘

4.3　旋转变压器

旋转变压器是一种常用的旋转角度检测元件，由于它结构简单，工作可靠，且精度能满足一般的检测要求，因此被广泛应用在数控机床上。

4.3.1　旋转变压器的类型与结构

　　旋转变压器的结构与两相绕线式异步电机的结构相似，可分为定子和转子两大部分。定子和转子的铁芯由铁镍软磁合金或硅钢薄板冲成的槽状芯片叠成。它们的绕组分别嵌入各自的槽状铁芯内。定子绕组通过固定在壳体上的接线柱直接引出。转子绕组有两种不同的引出方式。根据转子绕组引出方式的不同，旋转变压器分为有刷式和无刷式两种结构形式。有刷式旋转变压器的转子绕组通过滑环和电刷直接引出，其特点是结构简单、体积小，但因电刷与滑环之间是机械滑动接触的，所以旋转变压器的可靠性差，寿命也较短。无刷式旋转变压器无电刷和滑环，其具有输出信号大、可靠性高、寿命长及不用维修等特点，因此得到了广泛应用。

　　无刷式旋转变压器的结构示意图如图 4－5 所示。它由分解器和变压器组成，其中左边为分解器，右边为变压器。分解器有定子 3 与转子 8，定子与转子上分别绕有两相交流分布绕组 9 与 10，两绕组的轴线相互垂直。另一部分是变压器，它的一次线圈 5 绕在与分解器转子轴同轴线的变压器转子 6 上，与转子轴 1 一起旋转。一次线圈与分解器转子的一个绕组并联相接，分解器转子的另一个绕组与高阻抗相接。变压器的二次线圈 4 绕在与转子同心的定子的 7 线轴上。二次线圈的线端引出输出信号。变压器的作用是将分解器转子绕组上的感应电动势传输出来，这样就省掉了电刷和滑环。采用这种结构可避免电刷与滑环之间的不良接触所造成的影响，从而提高旋转变压器的可靠性及使用寿命，但变压器的体积、质量、成本均会有所增加。

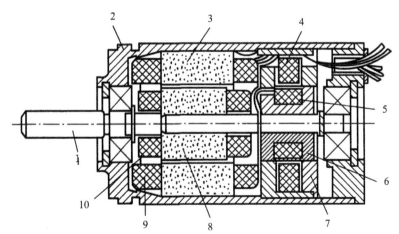

1—转子轴；2—壳体；3—分解器定子；4—变压器定子绕组；5—变压器转子绕组；6—变压器转子；
7—变压器定子；8—分解器转子；9—分解器定子绕组；10—分解器转子绕组。

图 4－5　无刷式旋转变压器的结构示意图

　　旋转变压器按磁极数的多少可分为两极式和多极式；按输出电压与转子转角间的函数关系，旋转变压器可分为正余弦旋转变压器、线性旋转变压器、比例式旋转变压器和特殊函数旋转变压器等。根据应用场合的不同，旋转变压器又可以分为两大类：一类是解算用旋转变压器，如利用正余弦旋转变压器进行坐标变换、角度检测等，这已在数控机床及高精度交流伺服电动机控制中得以应用；另一类是随动系统中角度传输用旋转变压器，这与控制式自整角机的作用相同，也可以分为旋变发送机、旋变差动发送机和旋变变压器等，只是利用旋转变压器组成的位置随动系统，其角度传送精度更高，因此多用于高精度随动系统中。

4.3.2 旋转变压器的工作原理

旋转变压器是根据电流互感原理工作的。在变压器的结构设计与制造时，保证了定子（二次绕组）与转子（一次绕组）之间的磁通分布服从正弦规律。当定子绕组通入交流励磁电压时，转子绕组中产生感应电动势，其输出电压的大小取决于定子与转子两个绕组轴线在空间的相对位置。两者平行时互感最大，转子绕组的感应电动势也最大；两者垂直时互感为零，转子绕组的感应电动势也为零。当两者呈一定角度时，转子绕组中产生的互感电动势按正弦规律变化，如图 4-6 所示。若变压器的变压比为 N，定子绕组的输入电压为

$$U_1 = U_m \sin\omega t$$

则转子绕组的感应电动势为

$$U_2 = NU_m \sin\omega t \sin\theta \qquad (4-1)$$

当转子绕组磁轴转到与定子绕组磁轴平行时，最大的互感电动势为

$$U_2 = NU_m \sin\omega t$$

式中，U_m 为一次绕组励磁电压的幅值；U_1 为定子绕组的励磁电压；U_2 为转子绕组的励磁电压；θ 为变压器转子偏转角；ωt 为励磁电压的相位。

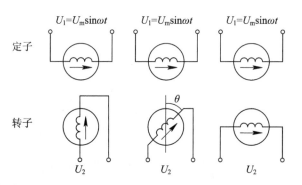

图 4-6　旋转变压器工作原理图

4.3.3 旋转变压器的工作方式

前面介绍的是两极绕组式旋转变压器的基本工作原理，在实际应用中，考虑到使用的方便性和检测精度等因素，常采用四极绕组式旋转变压器，如正余弦旋转变压器，其定子和转子绕组中各有相互垂直的两个绕组，如图 4-7 所示。一个转子绕组接高阻抗作为补偿，另一个转子绕组作为输出，应用叠加原理，转子输出电压为

$$U_2 = KU_s \sin\theta + KU_c \cos\theta \qquad (4-2)$$

式中，K 为电磁耦合系数，$K<1$。

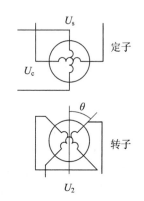

图 4-7　正余弦旋转变压器

旋转变压器作为位置检测装置，有两种典型工作方式，即鉴相式和鉴幅式。鉴相式是根据感应输出电压的相位来检测位移量；鉴幅式是根据感应输出电压的幅值来检测位移量。

1. 鉴相工作方式

给定子两绕组分别通以幅值相同、频率相同、相位差 90°的交流励磁电压，即

$$U_s = U_m \sin\omega t$$
$$U_c = U_m \cos\omega t$$

当转子正转时，这两个励磁电压在转子绕组中都产生感应电压。根据线性叠加原理，转子中的感应电压应为这两个电压的代数和，即

$$U_2 = KU_m \sin\omega t \sin\theta + KU_m \cos\omega t \cos\theta = KU_m \cos(\omega t - \theta) \tag{4-3}$$

同理，如果转子逆向转动，可得

$$U_2 = KU_m \cos(\omega t + \theta) \tag{4-4}$$

由式(4-3)和式(4-4)可见，转子输出电压的相位角和转子的偏转角之间有严格的对应关系。这样，只要检测出转子输出电压的相位角，就可知道转子的偏转角。由于旋转变压器的转子和被测轴连接在一起，因此，被测轴的角位移也就知道了。

2. 鉴幅工作方式

给定子的两个绕组分别通以频率相同、相位相同、幅值分别按正弦和余弦变化的交流励磁电压，即

$$U_s = U_m \sin\alpha \sin\omega t$$
$$U_c = U_m \cos\alpha \sin\omega t$$

式中，a 为励磁电压的相位角。

当转子正转时，则转子上的叠加电压为

$$U_2 = KU_m \sin\omega t (\sin\alpha \sin\theta + \cos\alpha \cos\theta) = KU_m \cos(\alpha - \theta) \sin\omega t \tag{4-5}$$

同理，如果转子逆向转动，可得

$$U_2 = KU_m \cos(\alpha + \theta) \sin\omega t \tag{4-6}$$

由式(4-5)和式(4-6)可见，转子感应电压的幅值随转子的偏转角而变化，测量出幅值即可求得偏转角。如果将旋转变压器装在数控机床的滚珠丝杠上，当角从 0°到 360°时，丝杠上的螺母带动工作台移动了一个导程，间接测量了执行部件的直线位移。测量所走过的行程时，可加一个计数器，累计所转的转数可折算成位移总长度。

4.4　感 应 同 步 器

4.4.1　感应同步器的类型与结构

感应同步器是一种电磁感应式多极位置传感元件，是由旋转变压器演变而来的。它的

极对数一般为 600、720 对极，最多可达 2000 对极。由于为多极结构，在电与磁两方面均能对误差起补偿作用，因此感应同步器具有很高的精度。感应同步器的励磁频率一般取 2～10 kHz。

感应同步器按其运动方式分为旋转式(圆感应同步器)和直线式两种。两者都包括固定和运动两部分，对旋转式分别称为定子和转子，对直线式分别称为定尺和滑尺。前者测量角位移，后者测量直线位移。本节仅介绍直线式感应同步器。

直线式感应同步器相当于一个展开的多极旋转变压器，其结构如图 4-8 所示，定尺和滑尺的基板采用与机床热膨胀系数相近的钢板制成，钢板上用绝缘黏结剂贴有铜箔，并利用腐蚀的办法做成图示的印刷绕组。长尺叫定尺，安装在机床床身上；短尺为滑尺，安装于移动部件上。两者平行放置，保持 0.25～0.05 mm 的间隙。

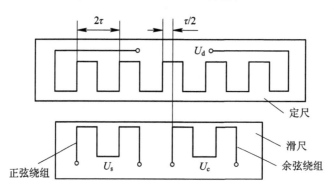

图 4-8　直线式感应同步器的结构

感应同步器两个单元绕组之间的距离为节距，滑尺和定尺的节距相同，用 2τ 表示，这是衡量感应同步器精度的主要参数。标准感应同步器的定尺长 250 mm，滑尺长 100 mm，节距为 2 mm。定尺上是单向、均匀、连续的感应绕组；滑尺有两组绕组，一组为正弦绕组，另一组为余弦绕组。当正弦绕组与定尺绕组对齐时，余弦绕组与定尺绕组相差 1/4 节距(即 $\tau/2$)。

4.4.2　感应同步器的工作原理

当滑尺任意一绕组加交流励磁电压时，由于电磁感应作用，在定尺绕组中必然产生感应电压，该感应电压取决于滑尺和定尺的相对位置。当只给滑尺上正弦绕组加励磁电压时，定尺感应电压与定、滑尺的相对位置关系如图 4-9(a)所示。

如果滑尺处于 A 位置，即滑尺绕组与定尺绕组完全对应重合，定尺绕组线圈中穿入的磁通最多，则定尺上的感应电压最大。随着滑尺相对定尺做平行移动，穿入定尺的磁通逐渐减少，感应电压逐渐减小。当滑尺移到图中 B 点位置，与定尺绕组刚好错开 1/4 节距时，感应电压为零。再移动至 1/2 节距处，即图中 C 点位置，定尺绕组线圈中穿出的磁通最多，感应电压最大，但极性相反。再移至 3/4 节距处，即图中 D 点位置，感应电压又变为零。当移动一个节距位置如图中 E 点处，又恢复到初始状态，与 A 点相同。显然，在定尺移动一个节距的过程中，感应电压近似于余弦函数变化了一个周期，如图 4-9(b)中的 A、B、C、D、E。

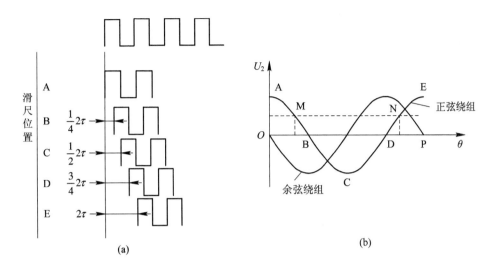

图 4 - 9　直线式感应同步器的工作原理

设表示滑尺上一相绕组的励磁电压为

$$U_s = U_m \sin\omega t$$

则定尺绕组感应电压为

$$U_2 = KU_s \cos\theta = KU_m \cos\theta \sin\omega t \tag{4-7}$$

式中，K 为电磁耦合系数，与绕组间最大互感系数有关；U_m 为励磁电压的幅值；ω 为励磁电压的角频率；θ 为与位移对应的角度。

感应电压的幅值变化规律就是一个周期性的余弦曲线。在一个周期内，感应电压的某一幅值对应两个位移点，如图 4 - 9(b) 中的 M、N 两点。为确定唯一位移，在滑尺上与正弦绕组错开 1/4 节距处配置了余弦绕组。同样，若在滑尺的余弦绕组中通以交流励磁电压，也能得出定尺绕组感应电压与两尺相对位移的关系曲线，它们之间为正弦函数关系（图 4 - 9(b) 中所示）。若滑尺上的正、余弦绕组同时励磁，就可以分辨出感应电压值所对应的唯一确定的位移。

4.4.3　感应同步器的工作方式

根据滑尺正、余旋绕组上励磁电压 U_s、U_c 供电方式的不同，感应同步器的工作方式分为鉴相式和鉴幅式。

1. 鉴相工作方式

给滑尺的正、余弦绕组分别通以频率和幅值相同、相位相差 90° 的交流励磁电压，即

$$U_s = U_m \sin\omega t$$

$$U_c = U_m \cos\omega t$$

当滑尺移动 x 距离时，则定尺上的感应电压为

$$U_1 = KU_s \cos\theta = KU_m \sin\omega t \cos\theta$$

$$U_2 = KU_c \cos\left(\theta + \frac{\pi}{2}\right) = -KU_m \cos\omega t \sin\theta$$

根据叠加原理，定尺上的总感应电压为

$$U = KU_{\mathrm{m}}\sin\omega t\cos\theta - KU_{\mathrm{m}}\cos\omega t\sin\theta = KU_{\mathrm{m}}\sin(\omega t - \theta) \qquad (4-8)$$

若设定尺绕组节距为 2τ，它对应的感应电压以余弦函数变化 2π，当滑尺移动距离为 x 时，则对应感应电压以余弦函数变化相位角。由比例关系

$$\frac{\theta}{2\pi} = \frac{x}{2\tau}$$

可得

$$\theta = \frac{2\pi x}{2\tau} = \frac{\pi x}{\tau} \qquad (4-9)$$

可见，在一个节距内 θ 与 x 是一一对应的。通过鉴别定尺感应输出电压的相位，即可测量定尺和滑尺之间的相对位移。

2. 鉴幅工作方式

给滑尺的正、余弦绕组分别通以频率和相位相同、幅值不同的交流励磁电压，即

$$U_{\mathrm{s}} = U_{\mathrm{m}}\sin\alpha\sin\omega t$$

$$U_{\mathrm{c}} = U_{\mathrm{m}}\cos\alpha\sin\omega t$$

式中，a 为给定的电气角。

分别励磁时，在定尺绕组上产生的输出感应电势分别为

$$U_1 KU_{\mathrm{m}}\sin\alpha\cos\omega t\cos\theta$$

$$U_2 KU_{\mathrm{m}}\cos\alpha\cos\left(\theta + \frac{\pi}{2}\right)\cos\omega t - KU_{\mathrm{m}}\cos\alpha\cos\omega t\sin\theta$$

根据叠加原理，定尺绕组上总输出感应电压为

$$U = KU_{\mathrm{m}}\sin\alpha\cos\omega t\cos\theta - KU_{\mathrm{m}}\cos\alpha\cos\omega t\sin\theta = KU_{\mathrm{m}}\sin(\alpha - \theta)\sin\omega t \qquad (4-10)$$

式中，θ 为与位移对应的角度。

令 $\Delta\theta = \alpha - \theta$，当 $\Delta\theta$ 很小，则

$$\sin(\alpha - \theta) = \sin\Delta\theta \approx \Delta\theta$$

那么，式(4-10)可近似表示为

$$U = KU_{\mathrm{m}}\Delta\theta\sin\omega t \qquad (4-11)$$

将式(4-9)代入式(4-11)，得

$$U \approx U_{\mathrm{m}}\Delta x\,\frac{\pi}{\tau}\sin\omega t \qquad (4-12)$$

由式(4-12)可知，当位移量 Δx 很小时，感应电压 U 的幅值与 Δx 成正比，因此可以通过测量 U 的幅值来测定位移量 Δx 的大小。

4.5 光 栅

光栅作为一种光学器件很早就有，但早期人们是利用光栅的衍射效应进行光谱分析和光波波长测量，直到近代才开始利用光栅的莫尔条纹现象进行精密测量。光栅用于测量的突出特点是精度非常高，分辨力特别强（长度可达 $0.05\ \mu\mathrm{m}$，角度可达 $0.1''$），所以广泛应用

于精密加工、光学加工、大规模集成电路的设计或检测等方面。

4.5.1　光栅的类型与结构

　　光栅种类较多。根据光线在光栅中是透射还是反射，光栅可分为透射光栅和反射光栅。透射光栅的分辨率较反射光栅高，其检测精度可达 1 μm 以上。从形状上看，光栅又可分为圆光栅和直线光栅。圆光栅用于测量转角位移，直线光栅用于检测直线位移。两者的工作原理基本相似，本节着重介绍一种应用比较广泛的透射式直线光栅。

　　直线光栅通常包括一长和一短两块配套使用，如图 4 - 10 所示。其中，长的称为标尺光栅或长光栅，一般固定在机床床身上，要求与行程等长；短的称为指示光栅或短光栅，一般装在机床工作台上。两光栅尺是刻有均匀密集线纹的透明玻璃片，线纹密度为 25、50、100、250 条/mm 等。线纹之间距离相等，该间距称为栅距，测量时它们相互平行放置，并保持 0.05～0.1 mm 的间隙。

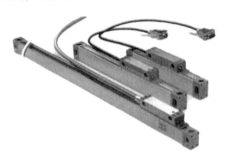

图 4 - 10　直线光栅

4.5.2　光栅的工作原理

　　当指示光栅上的线纹与标尺光栅上的线纹成一小角度放置时，两光栅尺上的线纹互相交叉。在光源的照射下，交叉点附近的小区域内黑线重叠，形成黑色条纹，其他部分为明亮条纹，这种明暗相间的条纹称为莫尔条纹，如图 4 - 11 所示。

　　莫尔条纹与光栅线纹几乎成垂直方向排列，严格地说，是与两片光栅线纹夹角的平分线相垂直。莫尔条纹具有如下特点：

　　(1) 放大作用。

　　如图 4 - 12 所示，当两光栅尺线纹之间的夹角 θ 很小时，莫尔条纹的节距 W 和栅距 d 之间的关系为

图 4 - 11　莫尔条纹

$$W = \frac{d}{2\sin\dfrac{\theta}{2}} \approx \frac{d}{\theta} \tag{4-13}$$

　　可见，莫尔条纹的节距 W 与夹角 θ 成反比，θ 越小，放大倍数越大。例如 $W = 0.01$ mm，$\theta = 0.01$ rad，则由式(4-13)可得 $d = 1$ mm，即把光栅距转换成放大 100 倍的莫尔条纹宽度。

　　(2) 误差均化作用。

　　莫尔条纹是由光栅的大量刻线共同组成的。例如，对于 200 条/mm 的光栅，10 mm 宽的光栅就由 2000 条线纹组成，这样栅距之间的固有相邻误差就被平均化了，消除了栅距之间不均匀造成的误差。

　　(3) 光强分布规律。

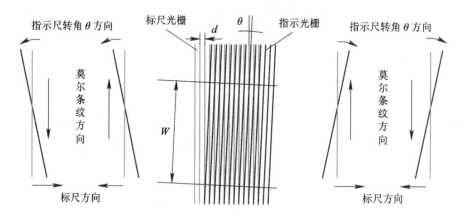

图 4 - 12　莫尔条纹的几何关系与运动方向示意图

由于光的衍射与干涉作用，莫尔条纹的变化规律近似为正（余）弦函数，变化周期数与光栅相对位移的栅距数同步。这样便于将电信号作进一步细分，即采用"倍频技术"，可以提高测量精度或可以采用较粗的光栅。

（4）信息变换作用。

莫尔条纹的移动与栅距之间的移动成比例。当光栅向左或向右移动一个栅距 d 时，莫尔条纹也相应地向上或向下准确地移动一个节距 W，如图 4 - 12 所示。根据光栅栅距的位移和莫尔条纹位移的对应关系，只要测量出莫尔条纹移过的距离，就可以得出光栅移动的微小距离。

4.5.3　光栅测量装置

光栅测量装置由光源、聚光镜、光栅尺（指示光栅和标尺光栅）、光电元件和驱动线路组成，如图 4 - 13 所示。读数头光源采用普通灯泡，其发出的辐射光线经过聚光镜后变为平行光束，照射光栅尺。光电元件（常使用硅光电池，P_1、P_2、P_3 和 P_4 是硅光电池组的编号）接收透过光栅尺的光强信号，并将其转换成相应的电压信号。由于此信号比较微弱，在长距离传递时，很容易被各种干扰信号淹没，造成传递失真，而驱动线路的作用就是将电压信号进行电压和功率放大。

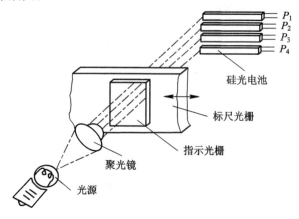

图 4 - 13　光栅测量装置

除标尺光栅与工作台一起移动外，光源、聚光镜、指示光栅、光电元件和驱动线路均装在一个壳体内，做成一个单独部件固定在机床上，这个部件称为光栅读数头，又叫光电转换器，其作用把光栅莫尔条纹的光信号变成电信号。

提高光栅测量装置精度的方式有两种：一种是增加线纹密度，这种方式制造较困难，成本高；另一种是采用四倍频方案。在实际应用中，通常采用倍频或细分的方法来提高光栅的分辨精度。如果在莫尔条纹的宽度内放置四个光电元件，每隔 1/4 光栅栅距产生一个脉冲，那么一个脉冲就代表移动了 1/4 栅距的位移，从而分辨精度可提高 4 倍，这就是四倍频方案。四倍频细分的电路图和波形图如图 4－14 所示。

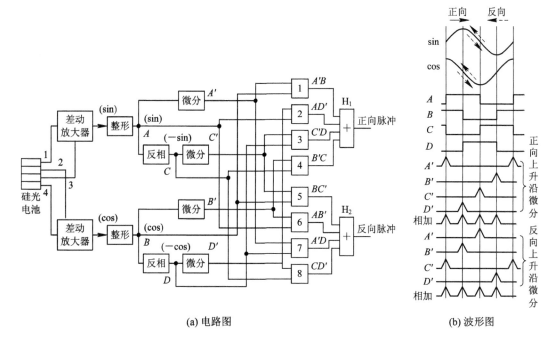

(a) 电路图　　　　　　　(b) 波形图

图 4－14　四倍频细分

图 4－14(a)中，四块硅光电池产生的信号相位彼此相差 90°。1、3 信号是相位差 180° 的两个信号，接差动放大器放大，得正弦信号。同理，2、4 信号送另一个差动放大器，得到余弦信号。正弦信号和余弦信号经整形变成方波 A 和 B，为使每隔 1/4 节距都有脉冲，把 A、B 各自反向一次得 C、D 信号，A、B、C、D 信号再经微分变成窄脉冲 A'、B'、C'、D'，即在正走或反走时每个方波的上升沿产生窄脉冲，由与门电路把 0°、90°、180°、270° 四个位置上产生的窄脉冲组合起来，根据不同的移动方向形成正向或反向脉冲。正向运动时，用与门 1～4 及或门 H_1，得到 $A'B + AD' + C'D + B'C$ 的四个输出脉冲；反向运动时，用与门 5～8 及或门 H_2，得到 $BC' + CD' + A'D + AB'$ 的四个输出脉冲，其波形如图 4－14(b)所示。这样，如果光栅的栅距为 0.02 mm，四倍频后每一个脉冲都相当于 0.005 mm，使分辨精度提高四倍。当然，倍频数还可以增加到八倍频等，但一般到 20 倍频以上就比较困难了。

习　题

1. 下面可以直接将被测转角或位移量转化成相应代码的检测装置是(　　)。

A. 光电盘　　　　　　　　　　　　B. 编码盘

C. 感应同步器　　　　　　　　　　D. 旋转变压器

2. 闭环控制系统的检测装置装在(　　)。

A. 电机轴或丝杆轴端　　　　　　　B. 机床工作台上

C. 刀具主轴上　　　　　　　　　　D. 工件主轴上

3. 简述格雷码的作用，并计算出 101101 对应的格雷码。

4. 感应同步器为什么要使用两相绕组？在以鉴相或鉴幅方式工作时，滑尺上所加载的励磁电压有何特点？

5. 如何提高光栅测量装置的精度？

第5章 数控机床的机械结构

基本要求

（1）了解数控机床的常用布局形式。

（2）掌握数控机床的主传动系统、进给传动系统、导轨和机床布局等方面相对于普通机床的优点。

（3）了解数控机床的刀具交换装置的作用、刀具交换形式、刀库、刀具系统和刀具的选择以及刀具交换装置的基本知识。

（4）了解数控机床回转工作台的工作原理。

重点与难点

数控机床主运动系统、进给传动系统以及换刀装置。

课程思政

学习数控机床的特殊机械结构和提高机床性能的措施，追求"工匠精神"，建立职业理想，并主动学习，化理想为现实。

从本质上说，数控机床和普通机床一样，也是一种经过切削将金属材料加工成各种不同形状零件的设备。早期的数控机床，包括目前部分改造、改装的数控机床，大都是在普通机床的基础上通过对进给系统进行革新、改造而成的。因此，在许多场合，普通机床的构成模式、零部件的设计计算方法仍然适用于数控机床。但是，随着数控技术（包括伺服驱动、主轴驱动）的迅速发展，为了适应现代制造业对生产效率、加工精度、安全环保等方面越来越高的要求，现代数控机床的机械结构已经从初期对普通机床的局部改造，逐步发展形成了自己独特的结构。特别是随着电主轴、直线电动机等新技术、新产品在数控机床上的推广应用，部分机械结构日趋简化，新的结构、功能部件不断涌现，数控机床的机械机构正在发生重大的变化，加之虚拟轴机床的出现和实用化，使传统的机床结构又面临着更严峻的挑战。

5.1 数控机床机械结构概述

5.1.1 数控机床机械结构的主要组成

机床本体是数控机床的主体部分，是完成各种切削加工的机械结构。来自数控装置的各种运动和动作指令，都必须由机床本体转换成真实的、准确的机械运动和动作，才能实现数控机床的功能，并保证数控机床的性能要求。数控机床机械结构一般由以下几部分组成：

（1）主传动系统，包括动力源、传动件及主运动执行件——主轴等。主传动系统的作用是将驱动装置的运动及动力传给执行件，以实现主切削运动。

（2）进给传动系统，包括动力源、传动件及进给运动执行件——工作台、刀架等。进给传动系统的作用是将伺服驱动装置的运动及动力传给执行件，以实现进给运动。

（3）基础支承件，包括床身、立柱、导轨等。基础支承件的作用是支承机床的各主要部件，并使它们在静止或运动中保持相对正确的位置。

（4）辅助装置，包括自动换刀装置、自动换屑装置、液压气动系统、润滑冷却装置等。

（5）实现工件回转、分度定位的装置和附件，如回转工作台。

（6）自动托盘交换装置（APC）。

（7）殊功能装置，如刀具破损检测、精度检测和监控装置等。

5.1.2 数控机床机械结构的主要特点

数控机床是高精度、高效率的自动化机床，几乎在所有方面均要求比普通机床设计得更为完善，制造得更为精密。数控机床的结构设计已形成自己的独立体系，其主要机构特点如下：

（1）结构简单、操作方便、自动化程度高。

数控机床需要根据数控系统的指令，自动完成对进给速度、主轴转速、刀具运动轨迹以及其他机床辅助技能（如自动换刀，自动冷却）的控制。它必须利用伺服进给系统代替普通机床的进给系统，并通过主轴调速系统实现主轴自动变速。因此，在机械结构上，数控机床的主轴箱、进给变速箱的结构一般非常简单；齿轮、轴类零件、轴承的数量大为减少；电动机可以直接连接主轴和滚珠丝杠，不用齿轮；在使用直线电动机、电主轴的场合，甚至可以不用丝杠、主轴箱。在操作上，数控机床不像普通机床那样，需要操作者通过手柄进行调整和变速，操作机构比普通机床要简单得多，许多机床甚至没有手动机械操作系统。此外，由于数控机床的大部分辅助动作都可以通过数控系统的辅助技能（M技能）进行控制，因此，常用的操作按钮也较普通机床少。

（2）广泛采用高效、无间隙传动装置和新技术、新产品。

数控机床进行的是高速、高精度加工，在简化机械结构的同时，对于机械传动装置和元件也提出了更高的要求。高效、无间隙传动装置和元件在数控机床上得到了广泛的应用。

例如，滚珠丝杠副、塑料滑动导轨、静压导轨、直线滚动导轨等高效执行部件，不仅可以减少进给系统的摩擦阻力，提高传动效率，而且还可以使运动平稳和获得较高的定位精度。

特别是随着新材料，新工艺的普及、应用，高速加工已经成为目前数控机床的发展方向之一，快进速度达到了每分钟数十米甚至上百米，主轴转速达到了每分钟上万转甚至十几万转，采用电主轴、支线电动机、直线滚动导轨等新产品、新技术已势在必行。

（3）具有适应无人化、柔性化加工的特殊部件。

"工艺复合化"和"功能集成化"是无人化、柔性加工的基本要求，也是数控机床最显著的特点和当前的发展方向。因此，自动换刀装置（ATC）、动力刀架、自动换屑装置、自动润滑装置等特殊机械部件是必不可少的，有的机床还带有自动托盘交换装置（APC）。

在现代数控机床上，自动换刀装置、自动托盘交换装置等已经成为基本装置。随着数控机床向无人化、柔性化加工发展，功能集成化更多体现在工件的自动装卸、自动定位，刀具的自动对刀、破损检测、寿命管理，工件的自动测量和自动补偿功能上。因此，国外还新近开发了集中突破传统机床界限，集钻、铣、镗、车、磨等加工于一体的所谓"万能加工机床"，大大提高了附加值，并随之不断出现新的机械部件。

（4）对机械结构、零部件的要求高。

高速、高效、高精度的加工要求，无人化管理以及工艺复合化、功能集成化，一方面可以大大提高生产率，另一方面也必然会使机床的开机时间、工作负载随之增加，从而导致机床必须在高负荷下长时间连续工作。因此，对组成机床的各种零部件和控制系统的可靠性要求很高。

此外，为了提高加工效率，充分发挥机床性能，数控机床通常都能够同时进行粗细加工。这就要求机床既能满足大切削量的粗加工对机床的刚度、强度和抗震性的要求，也能达到精密加工机床对机床精度的要求。因此，数控机床的主轴电机的功率一般比同规格的普通机床大，主要部件和基础件的加工精度通常比普通机床高，对组成机床各部件的动、静态性能以及热稳定性的精度保持性也提出了更高的要求。

（5）具有较高的静、动刚度和良好抗振性。

机床的刚度反映了机床机构抵抗变形的能力。机床变形产生的误差，通常很难通过调整和补偿的方法予以彻底地解决。为了满足数控机床高效、高精度、高可靠性以及自动化的要求，与普通机床相比，数控机床应具有更高的静刚度。此外，为了充分发挥机床的效率，加大切削用量，还必须提高机床的抗振性，避免切削时产生共振和颤振。而提高机构的动刚度是提高机床抗振性的基本途径。

（6）具有较好的热稳定性。

机床的热变性是影响机床加工精度的主要因素之一。由于数控机床的主轴转速、快速进给都远远超过普通机床，机床又长时间处于连续工作状态，电动机、丝杠、轴承、导轨的发热都比较严重，加上高速切削产生的切屑的影响，使得数控机床的热变性影响比普通机床要严重得多。虽然先进的数控系统具有热变性补偿功能，但是它并不能完全消除热变性对于加工精度的影响，所以在数控机床上还应采取必要的措施，尽可能减小机床的热变性。

（7）具有较高的运动精度和良好的低速稳定性。

利用伺服系统代替普通机床的进给系统是数控机床的主要特点。伺服系统最小的移动量（脉冲当量）一般只有 0.001 mm，甚至更小；最低进给速度一般只有 1 mm/min，甚至更低。这就要求进给系统具有较高的运动精度、良好的跟踪性能和低速稳定性，才能对数控系统的位置指令作出准确的响应，从而得到要求的定位精度。

传动装置的间隙直接影响着机床的定位精度，虽然在数控系统中可以通过间隙补偿、单向定位等措施减小这一影响，但不能完全消除。特别是对于非均匀间隙，必须采用机械消除间隙措施，才能得到较好的解决。

（8）具有良好的操作、安全防护性能。

方便、良好的操作性能是操作者普遍关心的问题。在大部分数控机床上，刀具和工件的装卸、刀具和夹具的调整还需要操作者完成，机床的维修更离不开人，而且由于加工效率的提高，数控机床的工件装卸可能比普通机床更加频繁，因此良好的操作性能是数控机床设计时必须考虑的问题。数控机床是一种高度自动化的加工设备，动作复杂，高速运动部件较多，对机床动作互锁、安全防护性能的要求也比普通机床要高很多。同时，数控机床一般都有高压、大流量的冷却系统，为了防止切屑、冷却液的飞溅，数控机床通常都应采用封闭和半封闭的防护形式，以增加防护性能。

5.1.3 数控机床机械结构的设计要求

通过对数控机床机械结构进行合理设计，可以提高数控机床的性能。

（1）合理选择数控机床的总体布局。

机床的总体布局直接影响到机床的结构和性能。合理选择机床布局，不但可以使其机械结构更简单、合理、经济，而且能提高机床刚度、热稳定性和操作性能，改善机床受力情况，使机床满足数控化的要求。便如，在数控机床上采用斜床身布局，可以改善受力情况，提高床身的刚度和操作性能。卧式数控镗床采用 T 形床身，以及框架结构双立柱、立柱移动式(Z)布局，可以减少机床的机构层次，大大提高机床结构刚度和加工精度，从而精度的稳定性好，热变性的影响小。在高速加工机床上，通过采用固定门式立柱、"箱中箱"等特殊的布局形式，以最大限度降低运动部件的重量，提高机床部件的快进速度和加速度，从而满足高速加工的需要。

（2）提高机床的结构刚度。

结构刚度直接影响机床的精度和动态性能。机床的结构刚度主要决定于组成机械系统的部件重量、刚度、阻尼、固有频率以及负载激振频率等。提高机床的结构刚度主要措施有：改善机械部分构件；利用平衡机构补偿部件变性；改善构件间的连接形式；缩短传动链，适当加大传动轴，对轴承和滚珠丝杠等传动部件进行预紧。

（3）提高机床的抗振性。

高速转动零部件的动态不平衡力与切削产生的振动，是引起机床振动的主要原因。提高数控机床抗振性的主要措施有：对机床高速转旋传动部件，特别是主轴部件进行动平衡；对传动部件进行消隙处理，减少机床激振力；提高机械部件的静态刚度和固有频率，避免共振；在机床结构大件中填充阻尼材料，在大件表面喷涂阻尼涂层抑制振动等。

（4）改善机床的热变形。

引起机床热变形的主要原因是机床内部热源发热，摩擦以及切削产生的发热。减少机床热变形的措施主要有：采用伺服电动机和主轴电动机、变量泵等低能耗执行元件，以减少热量的产生；简化传动系统的结构，减少传动齿轮、传动轴；采用低摩擦系数的导轨和轴承,减少摩擦发热;改善散热条件,增加隔热措施,对发热部件(如电柜、丝杆、油箱等)进行强制冷却,吸收热量,避免温升;采用对称结构设计,使部件均匀受热;对切削部分采用高压、大流量冷却系统冷却。

(5) 保证运动的精度和稳定性。

机床的运动精度和稳定性,不仅和数控系统的分辨率、伺服系统的精度的稳定性有关,而且还在很大程度上取决于机械传动的精度。传动系统的刚度、间隙、摩擦死区、非线性环节都对机床的精度和稳定性产生很大的影响。减小运动部件的重量,采用低摩擦系数的导轨和轴承以及滚珠丝杆副、静压导轨、直线滚动导轨、塑料滑动导轨等高效执行部件,可以减少系统的摩擦阻力,提高运动精度,避免低速爬行。缩短传动链,对传动部件进行消隙,对轴承和滚珠丝杠进行预紧,可以减小机械系统的间隙和非线性影响,提高机床的运动精度和稳定性。

5.2　数控机床的总体布局

5.2.1　数控车床的常用布局形式

数控车床常用的布局形式有平床身、斜床身和立式床身三种,如图 5-1 所示。这三种布局形式各有特点,一般经济型、普及型数控车床以及数控化改造的车床大都采用平床身;性能要求较高的中、小规格数控车床采用斜床身(有的机床是用平床身斜滑板);大型数控车床或精密数控车床采用立式床身。

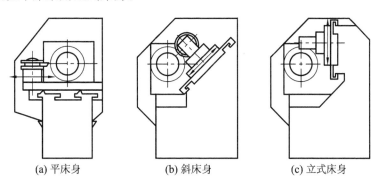

(a) 平床身　　　　　(b) 斜床身　　　　　(c) 立式床身

图 5-1　数控车床的三种常用布局形式

斜床身布局的数控车床(导轨倾斜角度通常选择 45°、60°或 75°)不仅可以在同等条件下改善受力情况,而且还可通过整体封闭式截面设计,提高床身的刚度,特别是自动换刀装置的布置较方便。而平床身、立式床身布局的机床受结构的局限,布置比较困难,限制了机床性能。因此,斜床身布局的数控车床应用比较广泛。

在以下方面则三种布局方式各具特点:

(1) 热稳定性:当主轴箱因发热使主轴轴线产生热变位时,斜床身的影响最小;斜床身、立式床身因排屑性能好,受切屑产生的热量影响也小。

(2) 运动精度:平床身布局由于刀架水平布置,不受刀架、滑板自重的影响,容易提高定位精度；立式床身受自重的影响最大，有时需要加平衡机构消除；斜床身介于两者之间。

（3）加工制造：平床身产生的变形方向竖直向下，它和刀具运动方向垂直，对加工精度的影响较小；立式床身产生的变形方向正好沿着运动方向，对精度影响最大；斜床身介于两者之间。

（4）操作、防护、排屑性能：斜床身的观察角度最好、工件的调整比较方便；平床身有刀架的影响，加上滑板突出前方，观察、调整较困难。但是，在大型工件和刀具的装卸方面，平床身因其敞开面宽，起吊容易，装卸比较方便。立式床身因切屑可以自由落下，排屑性能最好，导轨防护也较容易。在防护罩的设计上，斜床身和立式床身结构较简单，安装也比较方便；而平床身则需要三面封闭，结构较复杂，制造成本较高。

5.2.2 卧式数控镗铣床(卧式加工中心)的常用布局形式

卧式数控镗铣床(卧式加工中心)种类较多，主要区别在于立柱的结构形式和 X、Z 坐标轴的移动方式上(Y 轴移动方式无区别)。图 5-2(a)所示的结构采用单立柱形式；图 5-2(b)所示的结构采用框架结构双立柱、Z 轴工作台移动式布局，为中、小规格卧式数控机床常用的结构形式；图 5-2(c)所示的结构采用框架结构双立柱、T 形床身、立柱移动式(Z 轴)布局，为卧式数控机床典型结构。

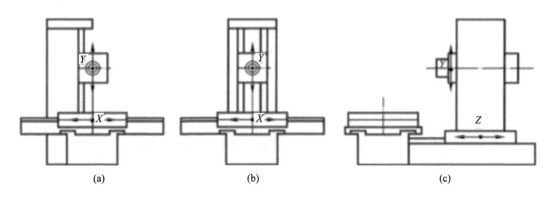

(a)　　　　　　　　　(b)　　　　　　　　　(c)

图 5-2　卧式数控镗铣床(卧式加工中心)的常用布局形式

框架结构双立柱采用了对称结构，主轴箱在两立柱中间上、下运动，与传统的主轴箱侧挂式结构相比，大大提高了结构刚度。另外，主轴箱是从左、右两导轨的内侧进行定位，热变形产生的主轴轴线变位被限制在垂直方向上，因此可以通过对 Y 轴的补偿，减小热变形的影响。

T 形床身布局可以使工作台沿床身做 X 方向移动时，在全行程范围内，工作台和工件完全支承在床身上，因此，机床刚度好，工作台承载能力强，加工精度容易得到保证。而且，这种结构可以很方便地增加 X 轴行程，便于机床品种的系列化、零部件的通用化和标准化。

立柱移动式结构的优点是：首先，这种形式减少了机床的结构层次，使床身上只有回转工作台、工作台共两层结构，它比传统的四层十字工作台更容易保证大件结构刚度；同时又降低了工件的装卸高度，提高了操作性能。其次，Z 轴的移动在后床身上进行，进给力与轴向切削力在同一平面内，承受的扭曲力小，镗孔和铣削精度高。此外，由于 Z 轴的导轨的承重是固定不变的，它不随工件重量改变而改变，因此有利于提高 Z 轴的定位精度和精度的稳定性。

5.2.3　立式数控镗铣床(立式加工中心)的常用布局形式

立式数控镗铣床(立式加工中心)的布局形式与卧式数控镗铣床类似,其常用布局形式如图 5-3 所示。

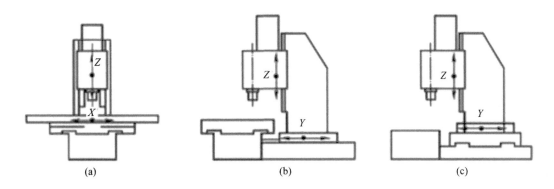

　　　　(a)　　　　　　　　　　　(b)　　　　　　　　　　　(c)

图 5-3　立式数控镗铣床(立式加工中心)的常用布局形式

图 5-3(a)所示的结构是常见的工作台移动式数控镗铣床(立式加工中心)的布局,为中、小规格机床的常用结构形式;图 5-3(b)所示的结构采用 T 形床身,X、Y、Z 三轴都是立柱移动式的布局,多见于长床身(大 X 轴行程)或采用交换工作台的立式数控机床;图 5-3(c)所示的结构采用 T 形床身、Z 轴立柱移动式的布局。这三种布局形式的结构特点基本和卧式数控镗铣床(卧式加工中心)的对应结构相同。

同样,以上基本形式通过不同组合,还可以派生其他多种变形,如 X、Z 两轴都采用立柱移动、工作台完全固定的结构形式,或 X 轴为立柱移动、Z 轴为工作台移动的结构形式等。

5.2.4　数控机床交换工作台的布局

为了提高数控机床的加工效率,加工中心经常采用双交换工作台,进行工件的自动交换,以进一步缩短辅助加工时间,提高机床效率。

图 5-4 所示是两种常见的双交换工作台布局形式。图 5-4(a)是移动式双交换工作台布局图,用于工作台移动式加工中心。对于图示的初始状态,其工作过程是:首先在Ⅱ工位工作台上装上工件,交换开始后,X 轴自动运动到Ⅰ工位的位置并松开工作台夹紧机构,交换机构通过液压缸或辅助电动机将机床上的工作台拉到Ⅰ工位上;X 轴再自动运动到Ⅱ工位的位置,交换机构将装有工件的Ⅱ工位工作台送到机床上,并夹紧。在机床进行工件加工的同时,操作者可以在Ⅰ工位装卸工件,准备第二次交换。这样就使得工件的装卸和机床加工可以同时进行,既节省了加工辅助时间,又提高了机床的效率。

图 5-4(b)是回转式双交换工作台布局图,用于立柱移动式加工中心。其工作过程是:首先在Ⅱ工位(装卸工位)工作台上装上工件,交换开始后,Ⅰ工位(加工工位)的工作台夹紧机构自动松开;交换回转台抬起,进行 180°回转,将Ⅱ工位上工作台转到Ⅰ工位的位置,并夹紧。在机床进行工件加工的同时,操作者可以在Ⅱ工位装卸工件,准备第二次交换。回转式双交换工作台的优点是交换速度快、定位精度高,冷却和切屑的防护都比较容易;缺

点是结构较复杂,占地面积大。

此外,还有一种通过双工作区进行工件交换的布局形式,多用于长床身(X 轴行程在 1500 mm 以上)且 X、Y、Z 三轴都是立柱移动式的加工中心上,如图 5-4(c)所示。它的基本结构和立柱移动式机床完全相同,区别仅在于利用中间防护,使机床原工作台分成了两个相对独立的操作区域。其工作过程是:立柱首先运动到 I 区,对安装在该区的零件进行正常加工;与此同时,操作者可以在 II 区装卸工件;在 I 区的零件加工完成后,通过 X 轴的快速移动,将立柱运动到 II 区,进行 II 区零件的加工;操作者可以在 I 区装卸工件。如此循环。机床可以通过电气控制系统实现严格的互锁,对于加工区的防护门也需要通过机电联锁装置予以封闭,从而确保了机床的安全性、可靠性。

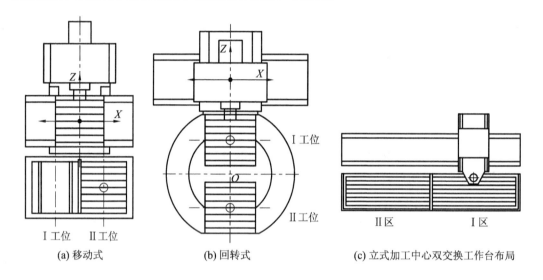

(a) 移动式　　　　　　　　(b) 回转式　　　　　　　　(c) 立式加工中心双交换工作台布局

图 5-4　加工中心双交换工作台布局形式

5.3　数控机床的主传动系统

机床主传动的动力源一般为电机、液压马达或其他驱动装置,通常需要通过一系列的传动元件将运动和动力传递到机床主轴,以实现主运动。由动力源、传动元件和主轴构成的具有运动传递联系的系统称为主传动系统。

5.3.1　主传动系统的基本要求和变速方式

1. 主传动系统的基本要求

数控机床和普通机床一样,主传动系统也必须通过变速才能使主轴获得不同的转速,以适应不同的加工要求;在变速的同时,还要求传递一定的功率和足够的转矩,以满足切削的需要。

数控机床作为高度自动化的设备,它对主传动系统的基本要求如下:

(1)为了适应各种不同的加工及加工方法,一般要求主传动系统应具有较大的调速范围，以保证加工时能选用合理的切削用量。

（2）为了达到最佳的切削效果，数控机床应在最佳的切削条件下工作，因此，主传动系统一般要求能自动实现无级变速。

（3）要求机床主轴系统必须具有足够高的转速和足够大的功率，以适应高效、高速的加工需要。

（4）为了降低噪声、减轻发热、减少振动，主传动系统应简化结构，减少传动件。

（5）在加工中心上，还必须具有安装道具和刀具交换所需要的自动夹紧装置以及主轴定向准停装置，以保证刀具和主轴、刀库、机械手的正确啮合。

（6）为了扩大机床的功能，实现对 C 轴（绕主轴回转的轴）的控制，主轴还需安装位置检测装置，以便实现对主轴位置的控制。

2. 主传动系统的无级变速方式

主传动系统的无级变速通常有以下三种方式：

（1）采用交流主轴驱动系统实现无级变速传动。在早期的数控机床或大型数控机床（主轴功率超过 100 kW）上，也有采用直流主轴驱动系统的情况。

（2）在经济性、普及性数控机床上，为了降低成本，可以采用变频器带变频电动机或普通交流电动机实现无级变速的方式。

（3）在高速加工机床上，广泛使用主轴和电动机一体化的新颖功能部件——电主轴。电主轴的电动机转子和主轴一体，无需任何传动件，就可以使主轴达到每分钟数万转，甚至十几万转的高速。

但是，不管采用任何形式，数控机床的主传动系统结构都要比普通机床简单得多。

5.3.2　主传动系统的传动形式

数控机床主传动系统主要有五种传动形式，如图 5-5 所示。

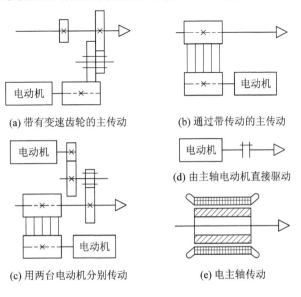

(a) 带有变速齿轮的主传动　　　(b) 通过带传动的主传动

(c) 用两台电动机分别传动　　　(d) 由主轴电动机直接驱动

(e) 电主轴传动

图 5-5　加工中心双交换工作台布局形式

1. 带有变速齿轮的主传动

如图 5-5(a)所示,这是大、中型数控机床采用较多的一种传动形式。通过少数几对齿轮降速,扩大输出扭矩,以满足主轴低速时对输出扭矩特性的要求。数控机床在交流或直流电动机无级变速的基础上配以齿轮变速,使之成为分段无级变速。滑移齿轮的移位大都采用液压拨叉或电磁离合器带动齿轮来实现。

2. 通过带传动的主传动

如图 5-5(b)所示,通过带传动的主传动主要应用在转速较高、变速范围不大的机床。电动机本身的调速就能够满足要求,不用齿轮变速,可以避免齿轮传动引起的振动与噪声,适用于高速、低转矩特性要求的主轴。这里必须使用同步带,常用 v 带或同步齿形带。

3. 用两台电动机分别传动

如图 5-5(c)所示,用两台电动机分别传动是上述两种传动形式的混合传动,具有上述两种性能。两台电动机不能同时工作,高速时电动机通过带轮直接驱动主轴旋转;低速时,另一台电动机通过两级齿轮传动驱动主轴旋转,齿轮起到降速和扩大变速范围的目的。这样增大了恒功率区,克服了低速时转矩不够且电动机功率不能充分利用的缺陷,但增加了机床成本。

4. 由主轴电动机直接驱动

如图 5-5(d)所示,电动机轴与主轴用联轴器同轴连接。用伺服电动机的无级调速直接驱动主轴旋转,这种主传动形式简化了主轴箱和主轴结构,有效地提高了主轴组件的刚度;但主轴输出扭矩小,电动机发热对主轴影响较大。

5. 电主轴传动

近年来出现了一种内装电动机主轴,其主轴与电动机转子合为一体,如图 5-5(e)所示。其优点是主轴组件结构紧凑、质量小、惯量小,可提高启动、停止的响应特性,并利于控制振动和噪声;缺点同样是主轴输出扭矩小和主轴热变形的问题。

5.3.3 主传动结构分析

主轴部件是数控机床实现主传动的执行部件,是机床主要部件之一。主轴部件用于夹持刀具或工件并带动其旋转,实现机床的主切削运动。主轴部件包括主轴、主轴的支撑及安装在主轴上的传动零件,对于自动换刀数控机床,主轴部件中还装有刀具自动夹紧装置、切屑清除装置和主轴准停装置。如图 5-6 所示为数控机床主轴部件的一种典型结构。其工作原理是:交流主轴电机通过带轮 15 把运动传给主轴 7。主轴有前、后两个支承。前支承由一个圆锥孔双列圆柱滚子轴承 11 和一对角接触球轴承 10 组成,轴承 11 用来承受径向载荷,两个角接触球轴承一个大口向外(朝向主轴前端),另一个大口向里(朝向主轴后端),用来承受双向的轴向载荷和径向载荷。前支承轴向间隙用螺母 8 来调整,螺钉 12 用来防止螺母 8 松动。主轴的后支承为圆锥孔双列圆柱滚子轴承 14,轴承间隙由螺母 1 和 6 来调整。

螺钉 13 和 17 是用来防止螺母 1 和 6 回松的。主轴的运动经过同步带轮 16 和 3 及同步带 2 带动脉冲编码器 4，使其与主轴同速运转。脉冲编码器用螺钉 5 固定在主轴箱体 9 上。

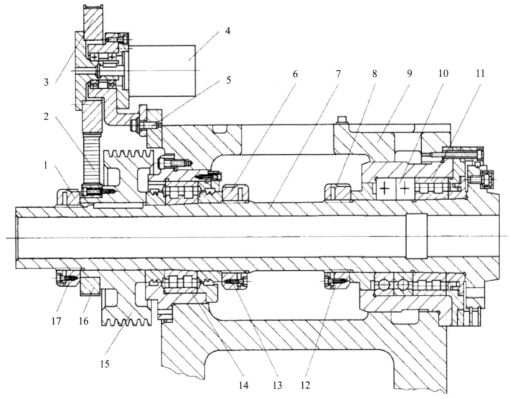

1、6、8—螺母；2—同步带；3、16—同步带轮；4—脉冲编码器；5、12、13、17—螺钉；7—主轴；
9—箱体；10—角接触球轴承；11、14—圆柱滚子轴承；15—带轮。

图 5 - 6　主轴部件

主轴部件的构造主要是支承部件的构造，主轴的端部是标准的，传动件如齿轮、带轮与一般机械零件相同。因此，研究主轴部件，主要是研究主轴的支承部件。

1. 主轴轴承配置的一般原则

大多数数控机床的主轴有前、后两个支承，成为两支承主轴部件。有时由于结构原因致使两个支承之间的跨距过大，影响了主轴的刚度，就要增设中间支承，这就是所谓的三支承主轴部件。主轴轴承配置时应考虑的一般原则如下：

（1）适应承载能力和刚度的要求。所谓承载能力，是指主轴在保证正常工作，并在具有额定寿命时间内所能承受的最大负荷。

（2）适应转速的要求。轴承发热会直接影响它的精度和工作寿命，而发热量的大小取决于转速的高低。

（3）适应精度的要求。主轴前、后支承处径向轴承类型的选用，主要由该处的支承精度要求和径向载荷来决定。

（4）适应结构的要求。主轴部件在结构上要求径向尺寸紧凑时，可选用轻型或特轻型轴承。

（5）适应经济性要求。在配置主轴轴承形式时，也要作经济分析，使经济效益好。

2. 主轴轴承的结构形式

数控机床常用的几种滚动轴承的结构形式如图5-7所示。

图5-7(a)所示为角接触球轴承，能同时承受径向和轴向载荷，用外圈相对轴向位移的方法调整间隙。在主轴滚动轴承中该轴承的允许转速最高，但承载能力低，在主轴前支承中，常多排并列使用，以提高支承的承载能力和刚度。

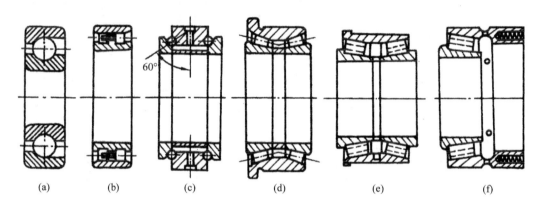

(a)　　(b)　　(c)　　(d)　　(e)　　(f)

图5-7　主轴常用滚动轴承的结构形式

图5-7(b)所示为双列向心短圆柱滚子轴承，其内圈为1:12的锥孔，当内圈滑锥形轴颈轴向移动时，内圈胀大以调整间隙。两列滚子交错排列，滚子数目多，故承载能力大，刚性好，允许转速较高。该轴承只能承受径向载荷。

图5-7(c)所示为双列角接触推力向心球轴承，接触角为60°，球径小，数目多，能承受双向轴向载荷。磨薄中间隔套，可以调整间隙或预紧。轴向刚度较高，允许转速高。该轴承一般与双列圆柱滚子轴承配套，用作主轴前支承。

图5-7(d)所示为双列圆锥滚子轴承，由外圈的凸肩在箱体上轴向定位。磨薄中间隔套，可以调整间隙或预紧。承载能力大，但允许转速较低，能同时承受径向和双向轴向载荷。该轴承通常用作主轴的前支承。

图5-7(e)所示为带凸肩的双列圆柱滚子轴承，结构上与双列圆锥滚子轴承相似，可用作主轴前支承。该轴承的滚子为空心，整体结构的保持架充满滚子间的间隙，使润滑油从滚子中空处由端面流向挡边摩擦处，有效地进行润滑和冷却。空心滚子承受冲击载荷时可产生微小的变形，能扩大接触面积并有吸振和缓冲作用。

图5-7(f)所示为带预紧弹簧的单列圆锥滚子轴承，弹簧数目为16~20根，均匀增减弹簧可以改变预加载荷的大小。该轴承常与带凸肩的双列圆柱滚子轴承配套使用，作为后支承。

3. 主轴轴承的配置方式

采用滚动轴承作为主轴支承时，可以有许多不同的配置方式。目前，数控机床主轴轴承的配置方式主要有以下几种：

（1）前支承采用双列短圆柱滚子轴承和 60°角接触双列向心推力球轴承，后支承采用向心推力球轴承，如图 5-8(a)所示。此种配置方式使主轴的综合刚度大幅度提高，可以满足强力切削的要求，因此普遍应用于各类数控机床主轴。

（2）前、后支承采用多个高精度角接触球轴承，如图 5-8(b)所示，用以承受径向和轴向载荷。这种配置适用于高速、轻载和精密的数控机床主轴。

（3）前支承采用双列圆锥滚子轴承，后支承为单列圆锥滚子，如图 5-8(c)所示。这种配置能承受重载荷和较强动载荷，但主轴转速和精度受到限制，故适用于中等精度、低速、重载的数控机床主轴。

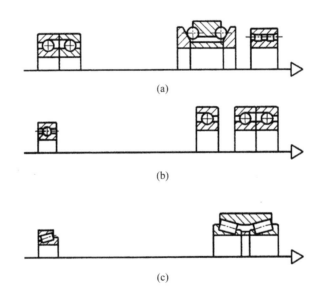

(a)

(b)

(c)

图 5-8　数控机床主轴轴承的配置方式

5.3.4　主轴典型控制功能

1. 主轴准停装置

在数控钻床、数控铣床及以镗铣为主的加工中心上，由于特殊加工或自动换刀，要求主轴每次停在一个固定的准确的位置上，因此在主轴上必须设有准停装置。准停装置分机械式和电气式两种。

图 5-9 所示为机械式主轴准停装置，其工作原理为：准停前主轴必须处于停止状态，接收到主轴准停指令后，主轴电机低速转动，主轴箱内齿轮换挡，使主轴以低速旋转，延时继电器开始动作，并延时 4～6 s，保证主轴转动平稳后接通无触点开关 1 的电源。当主轴转到图示位置时，凸轮定位

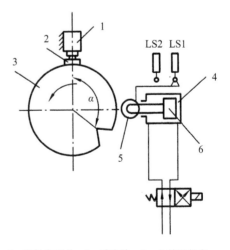

1—无触电开关；2—感应块；3—凸轮定位盘；4—定位液压缸；5—定向滚轮；6—定向活塞。

图 5-9　机械式主轴准停装置

盘 3 上的感应块 2 与无触点开关 1 相接触并发出信号，使主轴电机停转。另一延时继电器延时 0.2～0.4 s 后，压力油进入定位液压缸 4 下腔，使定向活塞 6 向左移动。

当定向活塞上的定向滚轮 5 被顶入凸轮定位盘的凹槽内时，行程开关 LS2 发出信号使主轴准停完成。若延时继电器延时 1 s 后行程开关 LS2 仍不发出信号，说明准停没完成，需使定向活塞 6 后退，重新准停。当活塞杆向右移动到位时，行程开关 LSl 发出定向滚轮 5 退出凸轮定位盘凹槽的信号，此时主轴可启动工作。

机械准停装置比较准确可靠，但结构较复杂。现代的数控铣床一般都采用电气式主轴准停装置，只要数控系统发出指令信号，主轴就可以准确地定向。较常用的电气方式有两种：一种是利用主轴上光电脉冲发生器的同步脉冲信号定向；另一种是用磁力传感器检测定向。电气式主轴准停装置如图 5-10 所示。其工作原理为：在主轴上安装有一个永久磁铁 4，其与主轴一起旋转。在距离永久磁铁 4 旋转轨迹外 1～2 mm 处固定有一个磁传感器 5，当铣床主轴需要停车换刀时，数控装置发出主轴停转的指令，主轴电机 3 立即减速，使主轴以很低的转速回转。当永久磁铁 4 对准磁传感器 5 时，磁传感器发出准停信号，此信号经放大后，由定向电路使电机准确地停止在规定的周向位置上。这种准停装置机械结构简单，永久磁铁与磁传感器间没有接触摩擦，准停的定位精度可达±1°，能满足一般换刀要求，而且定向时间短，可靠性较高。

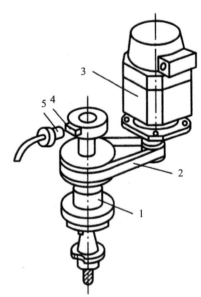

1—主轴；2—同步感应器；3—主轴电机；
4—永久磁铁；5—磁传感器。

图 5-10　电气式主轴准停装置

2. 刀具自动装卸装置与切屑清除装置

在带有刀库的数控机床中，主轴组件除具有较高的精度和刚度外，还带有刀具自动装卸装置和主轴孔内的切屑清除装置。

为实现刀具在主轴上的自动装卸，其主轴必须设计有刀具的自动夹紧机构。自动换刀数控立式镗铣床主轴的刀具夹紧机构如图 5-11 所示。

主轴 3 前端有 7：24 的锥孔，用于装夹锥柄刀具。端面键 13 既作刀具周向定位用，又可通过它传递转矩。该主轴是由拉紧机构拉紧锥柄刀夹尾端的轴颈来实现刀夹的定位与夹紧的。原理为：夹紧刀夹时，液压缸上腔接通回油，弹簧 11 推活塞 6 上移，处于图 5-11 所示位置，拉杆 4 在碟形弹簧 5 作用下向上移动。由于此时装在拉杆前端径向孔中的钢球 12 进入主轴孔中直径较小的 d_2 处（见图 5-11（b）），被迫径向收拢而卡进拉钉 2 的环形凹槽内，因而刀杆被拉杆拉紧，依靠摩擦力紧固在主轴上。换刀前需将刀夹松开，压力油进入液压缸上腔，活塞 6 推动拉杆 4 向下移动，碟形弹簧被压缩。当钢球随拉杆一起下移至进入主轴孔直径较大的 d_1 处时，它就不再能约束拉钉的头部，紧接着拉杆前端内孔的台肩端面 a 碰到拉钉，把刀夹顶松。此时，行程开关 10 发出信号，换刀机械手随即将刀夹取下。与此

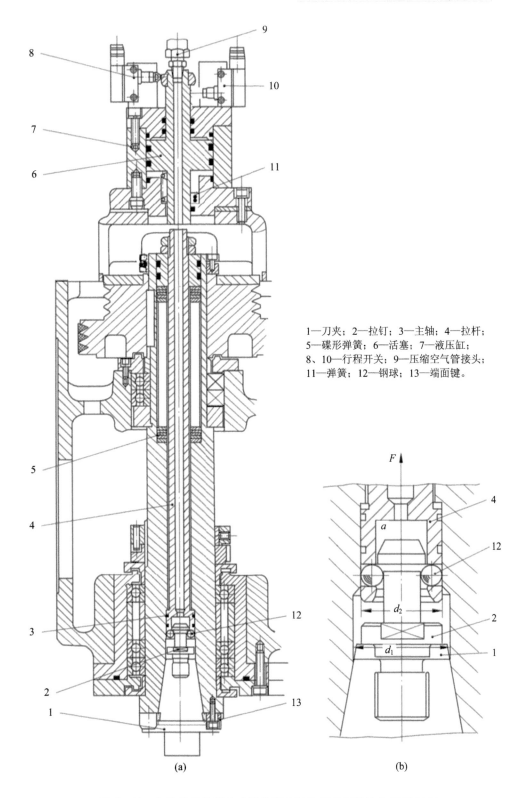

1—刀夹；2—拉钉；3—主轴；4—拉杆；
5—碟形弹簧；6—活塞；7—液压缸；
8、10—行程开关；9—压缩空气管接头；
11—弹簧；12—钢球；13—端面键。

图 5-11　自动换刀数控立式镗铣床主轴的刀具夹紧机构(JCS-018)

同时，压缩空气由管接头 9 经活塞和拉杆的中心通孔吹入主轴装刀孔内，把切屑或污物清除干净，以保证刀具的安装精度。机械手把新刀装上主轴后，液压缸 7 接通回油，碟形弹簧又拉紧刀夹。刀夹拉紧后，行程开关 8 发出信号。

自动清除主轴孔中切屑和灰尘是换刀操作中的一个不容忽视的问题。如果在主轴锥孔中掉进了切屑或其他污物，在拉紧刀杆时，主轴锥孔表面和刀杆的锥柄就会被划伤，甚至使刀杆发生偏斜，破坏了刀具的正确定位，影响零件的加工精度，甚至使零件报废。为了保持主轴锥孔的清洁，常用压缩空气吹屑。图 5-11 中活塞 6 的中心钻有压缩空气通道，当活塞向左移动时，压缩空气经拉杆 4 吹出，将主轴锥孔清理干净。喷气头中的喷气小孔要有合理的喷射角度，并均匀分布，以提高吹屑效果。

3. C 轴控制与同步速度控制装置

在数控车床系统中，主轴轴线为 Z 轴，对应的回转轴（即绕主轴回转的轴）为 C 轴。主轴的回转位置（转角）控制可以和其他进给轴一样，由进给伺服电机实现，也可以由主轴电机实现，此时主轴的位置（角度）由装于主轴（不是主轴电机）上的高分辨率编码器检测，主轴作为进给伺服轴工作。主轴作为回转轴（C 轴）与其他进给轴（Z 轴或 X 轴）联动进行插补，可以加工任意曲线。显然，螺纹的车削可由 C 轴与 Z 轴的插补完成，端面曲线（如阿基米德螺旋线等）由 C 轴与 X 轴的插补完成，非圆柱或圆锥的异形回转表面（如凸轮、活塞裙部等）也可由 C 轴与 X 轴的插补完成。

如果在数控车床刀架上配置动力刀架，使用旋转刀具作为主运动刀具，则相对工件做 C 轴的圆周进给运动，还可在车床上进行端面轮廓铣削和凸轮轴磨削。

因此，具有 C 轴控制功能的数控机床只需通过编程，便可以方便地加工螺纹，以及其他多种特殊表面。如果配置动力刀架，则其工艺范围将更大，同时将扩大车床的工艺范围，实现多工序复合。

在实际应用中，C 轴控制的主要问题是控制精度不够、加工抖动和定位抖动，一般解决措施如下：

（1）尽可能减少传动结构惯量与电机惯量的比值，以提高动态特性。

（2）根据结构特点，尽量在接近输出端的传动链上增加阻尼，这样虽然会在一定程度上增大驱动转矩，但可有效减少振动，提高切削稳定性。

（3）尽可能减少或消除传动链中的间隙，以提高 C 轴精度。

（4）尽可能提高传动链各环节的精度。

高精度重型数控机床的 C 轴传动及分度装置控制，通常会采用多电机驱动设计，因此存在机床控制中双轴或多轴同步控制的问题。

多电机同步联动要解决的首要问题是确保运行过程中联动电机的动态特性的一致性，以使多电机系统的运行如同单一电机系统一样。为此，多电机同步联动伺服系统需要使用同步联动的各种控制方法来达到各电机动态特性的一致性。其次，多电机同步联动伺服系统是一种强啮合性的非线性系统，因此其中存在着各种非线性因素（如饱和非线性、齿隙非线性和摩擦非线性等），需要应用控制理论有效地消除这些非线性因素的影响。

5.3.5　电主轴

机床主轴由内装式电动机直接驱动，从而把机床主传动链的长度缩短为零，实现了机床的"零传动"。这种主轴电动机与机床主轴"合二为一"的传动结构形式，使主轴部件从机床的传动系统和整体结构中相对独立出来，因此可制成"主轴单元"，俗称为"电主轴"。

电主轴单元典型的结构布局方式是电机置于主轴的前、后轴承之间，如图 5－12 所示。其优点是主轴单元的轴向尺寸较短，主轴刚度大、功率大，比较适合于大、中型高速数控机床；其不足是在封闭的主轴箱体内电机的自然散热条件差，温升比较高。

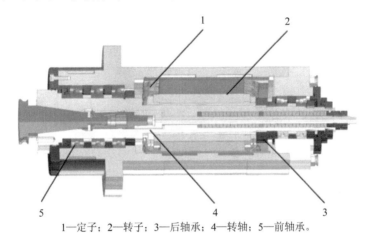

1—定子；2—转子；3—后轴承；4—转轴；5—前轴承。

图 5－12　电主轴

"电主轴"的概念不应简单理解为只是一根主轴套筒，而应该是一套组件，包括定子、转子、轴承、高速变频装置、润滑装置、冷却装置等。因此，电主轴是高速轴承技术、润滑技术、冷却技术、动平衡技术、精密制造与装配技术以及电机高速驱动等技术的综合运用。

1. 电主轴的支承

电主轴的支承必须满足电主轴高速、高回转精度的要求，同时需要有相应的刚度。目前，在高速精密电主轴中应用的轴承有精密滚动轴承、液体动静压轴承、气体静压轴承和磁悬浮轴承等，但主要是精密角接触陶瓷球轴承和精密圆柱滚子轴承。液体动静压轴承的标准化程度不高；气体静压轴承不适合大功率场合；磁悬浮轴承由于控制系统复杂，价格昂贵，其实用性受到限制。角接触球轴承不但可同时承受径向和轴向载荷，而且刚度高、高速性能好、结构简单紧凑、品种规格繁多、便于维修更换，因而在电主轴中得到广泛的应用。目前，随着陶瓷轴承技术的发展，应用最多的电主轴轴承是混合陶瓷球轴承，即滚动体使用 Si_3N_4 陶瓷球，采用"小珠密珠"结构，轴承套圈为 GCr15 钢圈。这种混合轴承通过减小离心力和陀螺力矩来减小滚珠与沟道间的摩擦，从而获得较低的温升及较好的高速性能。混合陶瓷球轴承与钢球轴承相比，优点如下：

（1）陶瓷与钢组成的陶瓷球轴承摩擦性能非常好，能降低材料与润滑剂的应力。

（2）因陶瓷密度低，可降低轴承运转时的离心力。

（3）陶瓷具有较低的热膨胀系数，有效降低了轴承预加负荷的变化。

（4）陶瓷的弹性模量较高，可以提高轴承的刚性。

上述因素大幅度地延长了轴承的寿命，提升了轴承的运转极限速度。

2. 电主轴的润滑

高速电主轴必须采用合理的、可控制的轴承润滑方式来控制轴承的温升，以保证数控机床工艺系统的精度和稳定性。采用滚动轴承的电主轴的润滑方式目前主要有脂润滑、油雾润滑和油气润滑等。脂润滑方式在转速相对较低的电主轴中是较常见的润滑方式。脂润滑型电主轴的润滑系统简单，使用方便，无污染，通用性强。油雾润滑方式具有润滑和冷却双重作用，它以压缩空气为动力，通过油雾器将油液雾化并混入空气流中，然后把其输送到需要润滑的位置。油雾润滑所需设备简单，维修方便，价格比较便宜，是一种普遍使用的高速电主轴润滑方式，但它有污染环境、油耗比较高等缺点。随着人们对环保要求的提高，油雾润滑方式将逐渐被淘汰。油气润滑方式是利用压缩空气将微量的润滑油分别连续不断地、精确地供给每一套主轴轴承，微小油滴在内、外滚道间滚动时形成弹性动压油膜，而压缩空气则可带走轴承运转所产生的部分热量。实践表明，在润滑中供油量过多或过少都是有害的，而脂润滑和油雾润滑这两种润滑方式均无法准确地控制供油量多少，不利于主轴轴承转速和寿命的提高。新近发展起来的油气润滑方式则可以精确地控制各个摩擦点的润滑油量，可靠性极高。实践证明，油气润滑是高速大功率电主轴轴承的最理想润滑方法，但其所需设备复杂，成本高。油气润滑方式由于润滑效果理想，目前已成为国际上最流行的电主轴的润滑方式。

3. 电主轴的热源分析及其冷却

电主轴有两个主要的内部热源：内置电动机的发热和主轴轴承的发热。如果不加以控制，由此引起的热变形会严重降低机床的加工精度和轴承使用寿命，从而导致电主轴的使用寿命缩短。电主轴由于采用内藏式主轴结构形式，位于主轴单元体中的电机不能采用风扇散热，因此自然散热条件较差。电机在实现能量转换过程中，内部产生功率损耗，从而使电机发热。研究表明，在电机高速运转条件下，有近 1/3 的电机发热量由电机转子产生，并且转子产生的绝大部分热量都通过转子与定子间的气隙传入定子中；其余 2/3 的热量产生于电机的定子。所以，针对电机发热的主要解决方法是对电机定子采用冷却液的循环流动来实行强制冷却。典型的冷却系统是用外循环水式冷却装置来冷却电机定子，从而将电机的热量带走。

角接触球轴承的发热主要是由滚珠与滚道之间的滚动摩擦、高速下所受陀螺力矩产生的滑动摩擦以及润滑油的黏性摩擦等产生的。减小轴承发热量的主要措施有：

（1）适当减小滚珠的直径。减小滚珠直径可以减小离心力和陀螺力矩，从而减小摩擦，减少发热量。

（2）采用新材料。比如采用陶瓷材料做滚珠，陶瓷球轴承与钢质角接触球轴承相比，在高速回转时，滚珠与滚道间的滚动和滑动摩擦减小，发热量降低。

（3）采用合理的润滑方式。油气和油雾等润滑方式对轴承不但具有润滑作用，还具有一定的冷却作用。

4. 电主轴的设计和装配

要获得好的性能和较长的使用寿命，必须对电主轴各个部分进行精心设计和制造。电主轴的定子由具有高导磁率的优质硅钢片叠压而成，并且定子内腔带有冲制嵌线槽。转子由转子铁芯、鼠笼和转轴三部分组成。主轴箱的尺寸精度和位置精度也将直接影响主轴的综合精度。通常将轴承座孔直接设计在主轴箱上，为加装电机定子，必须至少开放一端。

主轴高速旋转时，任何小的不平衡质量即可引起电主轴大的高频振动，因此，精密电主轴的动平衡精度要求达到 G1～G0.4 级。对于这种等级的动平衡，采用常规的方法即仅在装配前对主轴上的每个零件分别进行动平衡是远远不够的，还需在装配后进行整体的动平衡，甚至还要设计专门的自动平衡系统来实现主轴的在线动平衡。另外，在设计电主轴时，必须严格遵守结构对称原则，键连接和螺纹连接在电主轴上被禁止使用，而普遍采用过盈连接，并以此来实现转矩的传递。过盈连接与螺纹连接或键连接相比，不会在主轴上产生弯曲和扭转应力，从而对主轴的旋转精度没有影响，主轴的动平衡易得到保证。转子与转轴之间的过盈连接分为两类：一类是通过套筒实现的，此结构便于维修拆卸；另一类没有套筒，转子直接过盈连接在转轴上，此类连接转子装配后不可拆卸。由于内孔与转轴配合面之间有很大的过盈量，因此转子与转轴可以采用转轴冷缩和转子热胀法装配。带有套筒的连接拆卸时，需要向转子套筒上预留的油孔中高压注油，迫使转子的过盈套筒张开，即可顺利拆卸下电机的转子。电机定子通过一个冷却套固定装在电主轴的箱体中。

5.4　数控机床的进给传动系统

数控机床的进给传动系统是数字控制的直接对象，不论点位控制和还是轮廓控制，被加工工件的最终坐标精度都会受到进给系统的传动精度、灵敏度和稳定性的影响。进给传动系统的刚度和惯量主要取决于机械结构设计，而间隙、摩擦死区则是造成进给传动系统的非线性的主要原因。因此，数控机床对进给传动系统的要求如下：

（1）提高传动部件的刚度。

传动部件的刚度主要取决于丝杠螺母副（直线运动）或蜗轮蜗杆副（回转运动）及其支撑部件的刚度。传动部件的刚度不足时，与摩擦阻力一起会导致工作台产生爬行现象以及造成反向死区，影响传动准确性。

提高传动部件刚度的措施：保证进给系统中滚珠丝杠螺母、蜗轮蜗杆和支承结构的加工精度；加大滚珠丝杠的直径；采用预紧消除传动件间隙。

（2）减小传动部件的惯量。

进给系统中每个零件的惯量对伺服系统的启动和制动特性都有直接影响，特别是高速运动的零件。在满足系统强度和刚度的前提下，应尽可能使各零件的结构、配置合理，并减小旋转零件的直径和质量，以减少运动部件的转动惯量。

（3）减小传动部件的间隙。

机械间隙是造成进给系统反向死区的另一主要原因，因此，对传动链的各个环节，包括齿轮副、丝杠螺母副、联轴器及其支撑部件等均应采用消除间隙结构的措施。

（4）减小系统的摩擦阻力。

进给系统的摩擦阻力会降低传动效率，导致部件发热，而且，它还会影响进给系统的快速性。此外，动、静摩擦因数的变化，将导致传动部件的弹性变形，从而产生非线性的摩擦死区，影响系统的定位精度和闭环系统的动态稳定性。通过采用滚珠丝杠螺母副、静压丝杠螺母副、直线滚动导轨、静压导轨和塑料导轨等执行部件，可减小进给系统的摩擦阻力，提高运动精度，避免低速爬行。

5.4.1 进给传动系统的基本结构

图 5 - 13 所示为某数控车床的传动系统结构图。纵向 Z 轴进给运动由伺服电机直接带动滚珠丝杠副实现；横向 X 轴进给运动由伺服电机驱动，通过同步齿形带带动横向滚珠丝杠实现；刀盘转位运动由刀盘转位电机经过齿轮副及蜗杆副实现，可手动或自动换刀；主轴运动由主轴电机经带轮传动实现；尾座运动通过液压传动实现。

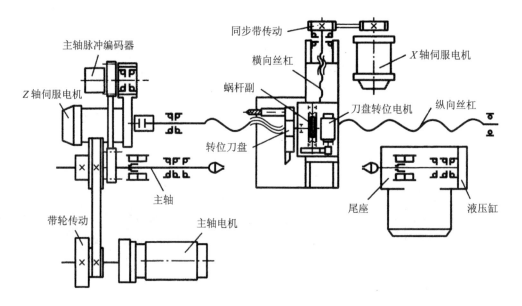

图 5 - 13 某数控车床的传动系统结构图

数控机床进给传动系统由传动机构、运动变换机构、导向机构、执行件等组成。常用的传动机构有一到两级传动齿轮和同步带；运动变换机构有滚珠丝杠螺母副、静压丝杠螺母副、蜗轮蜗杆副、齿轮齿条副等；导向机构有滑动导轨、滚动导轨、静压导轨等；执行件即工作台，分为直线工作台与回转工作台两种。

由于伺服电机的调速可由伺服系统完成并实现无级调速，因此，数控机床的进给传动系统简化了传统机床的变速系统，将伺服电机的运动直接或通过少量的齿轮传动驱动执行件，可有效地提高进给系统的灵敏度、定位精度，并可防止爬行现象的产生。

图 5-14 所示为横向进给运动装置的结构图。其工作原理为：交流伺服电机 15 经过同步带轮 10、14 和同步带 12 带动滚珠丝杠 6 回转，再通过滚珠丝杠 6 上的螺母 7 带动刀架沿滑板 1 的导轨移动，从而实现 X 轴的进给运动。

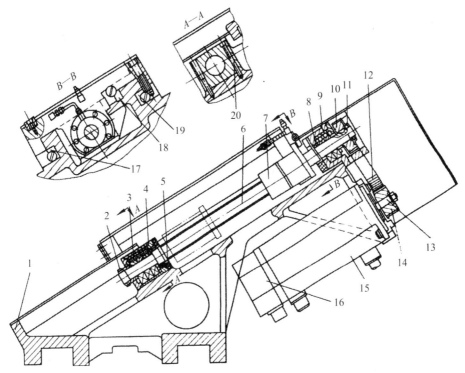

1—滑板；2、7、11—螺母；3、9—前、后支承；4—轴承座；5、8—缓冲块；6—滚珠丝杠；10、14—同步带轮；12—同步带；13—键；15—交流伺服电机；16—脉冲编码器；17、18、19—镶条；20—螺钉。

图 5 - 14　横向进给运动装置的结构图

5.4.2　齿轮传动副

在数控机床的进给伺服系统中，常采用机械变速装置将高转速、低转矩的伺服电动机输出转换成低速、大转矩的执行部件输出，其中应用最广的就是齿轮传动副。齿轮传动副设计时要考虑齿轮传动副的传动级数和速比分配，以及齿轮传动间隙的消除。

1. 齿轮传动副的传动级数和速比分配

齿轮传动副的传动级数和速比分配，一方面影响传动件的转动惯量，另一方面还影响执行件的传动效率。增加传动级数，可以减少转动惯量，但导致传动装置的结构复杂，降低了传动效率，增大了噪声，同时也加大了传动间隙和摩擦损失，对伺服系统不利。若传动链中齿轮速比按递减原则分配，则传动链的起始端的间隙影响较小，末端的间隙影响较大。

2. 齿轮传动间隙消除

由于齿轮在制造中不可能达到理想齿面要求，存在着一定的误差，因此两个啮合着的齿轮总有微量的齿侧间隙。数控机床进给系统经常处于自动换向状态，在开环系统中，齿侧间隙会造成位移值滞后于指令信号，换向时将丢失指令脉冲而产生反向死区，从而影响加工精度；在闭环系统中，由于有反馈单元，滞后值虽然可得到补偿，但换向时可能造成系统振荡，因此必须采取措施消除齿轮传动中的间隙。

齿轮传动间隙消除方法一般可分为刚性调整法和柔性调整法。刚性调整法是指调整之后暂时消除了齿侧间隙，但之后产生的齿侧间隙不能自动补偿的调整方法。因此，齿轮的周节公差及齿厚要严格控制，否则影响传动的灵活性。这种调整方法结构比较简单，具有较好的传动刚度。柔性调整法是指调整之后消除了齿侧间隙，而且随后产生的齿侧间隙仍可自动补偿的调整方法。但这种结构较复杂，轴向尺寸大，传动刚度低，传动平稳性也较差。

1）直齿圆柱齿轮传动间隙的消除

（1）偏心套调整法。

图 5-15 所示为偏心套调整法。啮合齿轮 2 装在电动机 4 的输出轴上，电动机则装在偏心套 3 上，偏心套又装在减速箱体的座孔内。啮合齿轮 1 与 2 相互啮合，通过转动偏心套的转角就能够方便地调整两啮合齿轮间的中心距，从而消除了齿轮副正、反转时的齿侧间隙。这是刚性调整法。

（2）轴向垫片调整法。

图 5-16 所示为轴向垫片调整法。在加工直齿圆柱齿轮 1 和 2 时，将分度圆柱面制成带有小锥度的圆锥面，使其齿厚在齿轮的轴向稍有变化（其外形类似于插齿刀）。装配时只要改变垫片 3 的厚度，使直齿圆柱齿轮 2 做轴向移动，就能调整两齿轮的轴向相对位置，从而消除齿侧间隙。但圆锥面的角度不能过大，否则将使啮合条件恶化。这是刚性调整法。

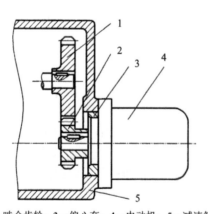
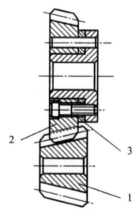

1、2—啮合齿轮；3—偏心套；4—电动机；5—减速箱体。　　　1、2—直齿圆柱齿轮；3—垫片。

图 5-15　偏心套调整法　　　　　　图 5-16　轴向垫片调整法

（3）双片薄齿轮错齿调整法。

图 5-17 所示为双片薄齿轮错齿调整法。图中齿轮 3 和 4 是两个齿数相同的薄片齿轮，它们套装在一起，可做相对回转，并与另一个宽齿轮相啮合。两个薄片空的端面均匀分布 4 个螺孔，分别装有螺纹凸耳 1 和 2，齿轮 3 端面还有另外 4 个通孔（凸耳 1 穿过此通孔装在齿轮 4 上）。弹簧 8 两端分别钩在凸耳 2 和调节螺钉 5 上，调节螺母 6 可改变弹簧 8 的拉力，调节完毕用锁紧螺母 7 锁紧。弹簧的拉力使薄片齿轮错位，两个薄片齿轮的左、右齿面分别紧贴在宽齿轮齿槽的左、右齿面上，从而消除齿侧的间隙。弹簧力应能克服传动力矩，否则将失去消除间隙的作用。这种结构在正、反转时分别只有一个薄齿片承受载荷，所以传动能力受到了限制。这是柔性调整法。

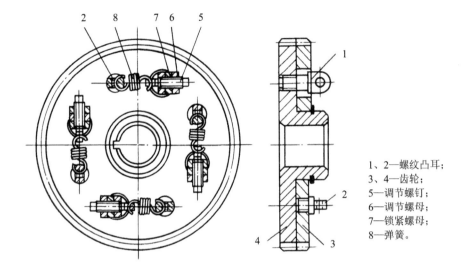

1、2—螺纹凸耳；
3、4—齿轮；
5—调节螺钉；
6—调节螺母；
7—锁紧螺母；
8—弹簧。

图 5-17　双片薄齿轮错齿调整法

　　2）斜齿圆柱齿轮传动间隙的消除

　　（1）轴向垫片错齿调整法。

　　如图 5-18 所示为轴向垫片错齿调整法。薄片斜齿轮 3 和 4 的齿形拼装在一起加工，装配时在两薄片齿轮间装入已知厚度为 t 的垫片 2，这样螺旋线便错开了，使两薄片斜齿轮分别与宽斜齿圆柱齿轮 1 的左、右齿面贴紧，从而消除间隙。这是刚性调整法。

　　（2）轴向压簧错齿调整法。

　　如图 5-19 所示，轴向压簧错齿调整法与轴向垫片错齿调整法相似，所不同的是薄片斜齿轮圆柱面的轴向平移是通过弹簧的弹力来实现的。通过调整螺母 4，即可调整弹簧压力的大小，进而调整薄片斜齿轮 2 轴向平移量的大小，调整方便。这是柔性调整法。

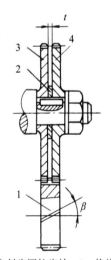

1—宽斜齿圆柱齿轮；2—垫片；
3、4—薄片斜齿轮。

图 5-18　轴向垫片错齿调整法

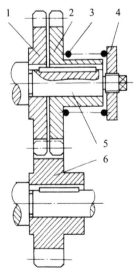

1、2—薄片斜齿轮；3—弹簧；
4—螺母；5—轴；6—宽齿轮。

图 5-19　轴向压簧错齿调整法

3）齿轮齿条传动间隙的消除

工作行程很长的大型数控机床不宜采用丝杠螺母副传动，因丝杠制造困难且容易弯曲下垂，传动精度不宜保证，故通常采用齿轮齿条传动。

图 5-20 所示为齿轮齿条传动间隙消除结构。进给运动由轴 5 输入，通过两对斜齿轮传给轴 1 和轴 4，然后由两个直齿轮 2 和 3 与传动齿条啮合，带动工作台移动。轴 5 上两个斜齿轮的螺旋线的方向相反，如果通过弹簧在轴 5 上作用一个轴向力 F，F 使斜齿轮产生微量的轴向移动，轴 1 和轴 4 便以相反的方向转过微小的角度，使直齿轮 2 和 3 分别与齿条的两个齿面贴紧，从而消除间隙。这是柔性调整法。

4）锥齿轮传动间隙的消除

图 5-21 所示为锥齿轮轴向压簧调整法。锥齿轮 1 和 2 相啮合，在装锥齿轮 1 的传动轴 5 上装有弹簧 3，锥齿轮 1 在弹簧力的作用下可稍做轴向移动，从而消除间隙。弹簧力的大小由螺母 4 调节。这是柔性调整法。

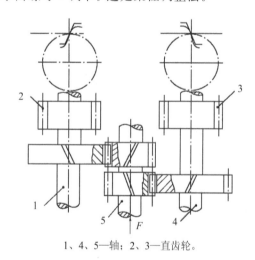

1、4、5—轴；2、3—直齿轮。

图 5-20 齿轮齿条传动间隙消除结构

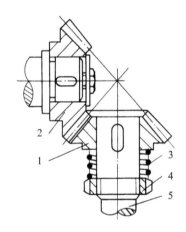

1、2—锥齿轮；3—弹簧；4—螺母；5—传动轴。

图 5-21 锥齿轮轴向压簧调整法

5.4.3 滚珠丝杠螺母副

滚珠丝杠螺母副是回转运动与直线运动相互转换的新型传动装置，在数控机床上得到了广泛的应用。与普通丝杠螺母副相比，滚珠丝杠螺母副有以下优点：

（1）传动效率高，摩擦损失小。

（2）运动平稳无爬行。由于摩擦阻力小，动、静摩擦力之差极小，故运动平稳，不易出现爬行现象。

（3）传动精度高，反向时无空程。

（4）磨损小。因摩擦阻力小，磨损小，故精度保持性好，使用寿命长。

（5）运动具有可逆性。由于摩擦系数小，不会自锁，因而不仅可以将旋转运动转换成直线运动，也可将直线运动转换成旋转运动，即丝杠和螺母均可作主动件或从动件。

滚珠丝杠螺母副也有不足的地方，主要有：

（1）结构复杂，且丝杠和螺母等元件的加工精度和表面质量要求高，故制造成本高。

（2）由于不能自锁，特别是在用作垂直安装的滚珠丝杠传动，会因部件的自重而自动下降。当向下驱动部件时，由于部件的自重和惯性，传动切断时，不能立即停止运动，因此必须增加制动装置。

1. 滚珠丝杠螺母副的结构

按滚珠的循环方式不同，滚珠丝杠螺母副有外循环和内循环两种结构。滚珠在返回过程中与丝杠脱离接触的为外循环，与丝杠始终接触的为内循环。

图 5-22 所示为外循环滚珠丝杠螺母副。丝杠与螺母上都加工有圆弧形的螺旋槽，将它们结合起来就形成了螺旋滚道，在滚道里装满了滚珠。当丝杠相对于螺母旋转时，丝杠的旋转面经滚珠推动螺母做轴向移动，同时滚珠沿螺旋滚道滚动，使丝杠与螺母间的滑动摩擦转变为滚珠与丝杠、螺母之间的滚动摩擦。滚珠沿螺旋槽在丝杠上滚过数圈后，通过回程引导装置，逐个又滚回到丝杠与螺母之间，构成一个闭合的回路。

按回程引导装置的不同，外循环滚珠丝杠螺母副又分为插管式和螺旋槽式。图 5-22(a)所示为插管式，它用弯管作为返回管道。这种形式结构工艺性好，但由于管道突出于螺母体外，径向尺寸较大。图 5-22(b)所示为螺旋槽式，它是在螺母外圆上铣出螺旋槽，槽的两端钻出通孔并与螺纹滚道相切，形成返回通道。这种结构比插管式径向尺寸小，但制造较复杂。

图 5-23 所示为内循环滚珠丝杠螺母副。在螺母的侧孔中装有圆柱凸轮式反向器，反向器上铣有 S 形回珠槽，将相邻两螺纹滚道连接起来。滚珠从螺纹滚道进入反向器，借助反向器迫使滚珠越过丝杠牙顶进入相邻滚道，实现循环。其优点是径向尺寸紧凑，刚度好，因返回滚道较短，所以摩擦损失小；缺点是反向器加工困难。

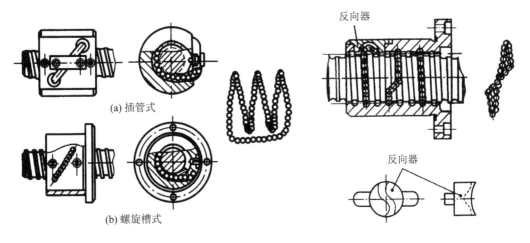

图 5-22　外循环滚珠丝杠螺母副　　　图 5-23　内循环滚珠丝杠螺母副

2. 滚珠丝杠螺母副的间隙调整

轴向间隙通常指丝杠和螺母无相对转动时，丝杠和螺母之间的最大轴向窜动量。这个窜动量包括结构本身的游隙及施加轴向载荷后发生弹性变形时所造成的窜动。要完全消除轴向间隙相当困难，通常采用双螺母的结构，即利用两个螺母相对轴向位移，使两个滚珠螺母中的滚珠分别紧贴在螺旋轨道的两个相反的侧面上。

1）垫片调隙式

如图 5－24 所示，在螺母处放入一垫片，调整垫片厚度使左右两个螺母产生方向相反的位移，则两个螺母中的滚珠分别贴紧在螺旋滚道的两个相反的侧面上，即可消除间隙和产生预紧力。这种方法结构简单，刚性好，但调整不便，滚道有磨损时不能随时消除间隙和进行预紧，调整精度不高，仅适用于一般精度的数控机床。

2）螺纹调隙式

如图 5－25 所示，左螺母外端有凸缘，右螺母右端加工有螺纹，用两个圆螺母 4、5 把垫片压在螺母座上，左右螺母通过平键和螺母座连接，使螺母在螺母座内可以轴向滑移而不能相对转动。调整时，拧紧圆螺母 4 使右螺母向右滑动，就改变了两螺母的间距，即可消除间隙并产生预紧力，然后用圆螺母 5 锁紧。这种调整方法结构简单紧凑，工作可靠，调整方便，应用较广，但调整预紧量不能控制。

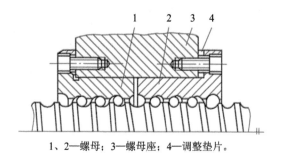

1、2—螺母；3—螺母座；4—调整垫片。

图 5－24　垫片调隙式结构

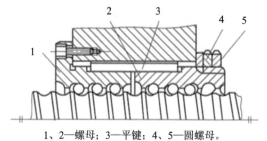

1、2—螺母；3—平键；4、5—圆螺母。

图 5－25　螺纹调隙式结构

3）齿差调隙式

如图 5－26 所示，在两个螺母的凸缘上加工有圆柱外齿轮，分别与紧固在套筒两端的内齿圈相啮合，使左右螺母不能转动。两螺母凸缘齿轮的齿数分别为 z_1 和 z_2，且相差一个齿。调整时，先取下内齿圈，让两个螺母相对于螺母座同方向都转动一个齿或多个齿，然后再插入内齿圈并紧固在螺母座上，则两个螺母便产生角位移，使两个螺母轴向间距发生改变，从而实现消除间隙和预紧。设滚珠丝杠的导程为 t，两个螺母相对于螺母座同方向转动一个齿后，其轴向位移量为

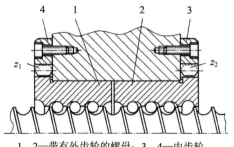

1、2—带有外齿轮的螺母；3、4—内齿轮。

图 5－26　齿差调隙式结构

$$s = \left(\frac{1}{z_1} - \frac{1}{z_2}\right)t$$

例如，$z_1 = 99$，$z_2 = 100$，滚珠丝杠的导程 $t = 10$ mm 时，则 $s = 10/9900 \approx 0.001$ mm。齿差调隙式的结构较为复杂，尺寸较大，但是调整方便，可获得精确的调整量，预紧可靠不会松动，适用于高精度传动。

3. 滚珠丝杠螺母副的支承

数控机床的进给系统要获得较高的传动刚度，除了加强滚珠丝杠螺母副本身的刚度，滚珠丝杠螺母副的正确安装及支承结构的刚度也是不可忽略的因素。如为减少受力后的变形，轴承座应有加强肋，以增大螺母座与机床的接触面积，并采用高刚度的推力轴承提高滚珠丝杠的轴向承载能力。

1) 滚珠丝杠螺母副的支承轴承

常用于作为滚珠丝杠支承的推力轴承主要有如图 5-27 所示的两种。

图 5-27(a)所示是双向推力角接触球轴承，它有一个整体的外圈和一个剖分式内圈，接触角为 60°，可以承受双向轴向载荷和径向载荷，装配后可以采用精密锁紧螺母预紧。它的轴向刚度高，可以承受很大的轴向力，是一种专门用于滚珠丝杠的轴承。

图 5-27(b)所示是滚针/推力圆柱滚珠轴承，它是由一个带向心和推力滚道的外圈、两个轴圈、一个内圈、一个向心滚针、两个推力圆柱滚珠等组成的完整单元，可以承受双向轴向载荷和径向载荷，装配后可以采用精密锁紧螺母预紧。它可以承受很大的轴向力，也是一种专门用于滚珠丝杠的轴承。

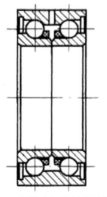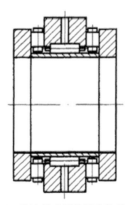

(a) 双向推力角接触球轴承　　　(b) 滚针/推力圆柱滚珠轴承

图 5-27　滚珠丝杠中常用的推力轴承

2) 滚珠丝杠螺母副的支承方式

常用的滚珠丝杠螺母副的支承方式有如图 5-28 所示的四种。

图 5-28(a)所示为一端固定、一端自由的支承方式。这种支承方式仅在一端装推力轴承，并进行轴向预紧；另一端完全自由，不作支撑。该支承方式结构简单，但承载能力较小，总刚度较低，且随着螺母位置的变化刚度变化较大，通常适用于丝杠长度、行程不长的情况。

图 5-28(b)所示为一端固定、一端游动的支承方式。这种支承方式在一端装推力轴承；另一端装向心球轴承，仅作径向支撑，轴向移动。与一端固定、一端自由的支承方式相比，该支承方式提高了临界转速和抗弯强度，可以防止丝杠高速旋转时的弯曲变形，其他方面与一端固定、一端自由的支承方式相似，但可以适用于丝杠长度、行程较长的情况。

图 5-28(c)所示为两端支承方式。这种支承方式是在滚珠丝杠的两端装推力轴承，并进行轴向预紧，有助于提高传动刚度。但这种支承方式在丝杠热变形伸长时，将使轴承去载，产生轴向间隙。

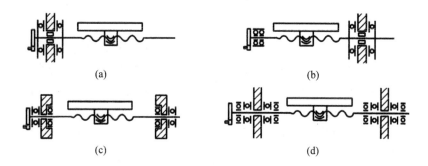

(a)　　　　　　　　　(b)

(c)　　　　　　　　　(d)

图 5－28　滚珠丝杠中的支承方式

图 5－28(d)所示为两端固定的支承方式。这种支承方式在两端都装推力轴承及向心球轴承，丝杠两端采用双重支承并进行预紧，提高了刚度。该支承方式可使丝杠的热变形转化为轴承的预紧力，但设计时要注意提高轴承的承载能力和支承刚度。

4. 滚珠丝杠螺母副的选用

目前，我国滚珠丝杠螺母副的精度标准为四级：普通级 P、标准级 B、精密级 J 和超精密级 C。普通数控机床可选用标准级 B，精密数控机床可选精密级 J 或超精密级 C。

在设计和选用滚珠丝杠螺母副时，首先要确定螺距 t、名义直径 D_0、滚珠直径 d_0 等主要参数。D_0 愈大，丝杠承载能力和刚度愈大。为了满足传动刚度和稳定性的要求，通常 D_0 应大于丝杠长度的 1/30～1/35，并根据 D_0 值选取尽量较大的螺距 t。滚珠直径 d_0 对承载能力有直接影响，应尽可能取较大的数值。一般 $d_0 \approx 0.6t$，其最后尺寸按滚珠标准选用。

5. 静压丝杠螺母副

静压丝杠螺母副是通过油压在丝杠和螺母的接触面之间，产生一层具有一定厚度和刚度的压力油膜，使丝杠和螺母之间由边界摩擦变为液体摩擦。当丝杠转动时通过油膜推动螺母直线移动，反之，螺母转动也可使丝杠直线移动。静压丝杠螺母的特点是：

（1）摩擦系数很小，仅为 0.0005，比滚珠丝杠（摩擦系数为 0.002～0.005）的摩擦损失更小，因此，其启动力矩很小，传动灵敏，避免了爬行。

（2）油膜层可以吸振，提高了运动的平稳性。

（3）由于油液不断流动，有利于散热和减少热变形，提高了机床的加工精度和光洁度。

（4）油膜层具有一定刚度，减小了反向间隙。

（5）油膜层介于螺母与丝杠之间，对丝杠的误差有"均化"作用，即可以使丝杠的传动误差小于丝杠本身的制造误差。

（6）承载能力与供油压力成正比，与转速无关。

但静压丝杠螺母副应有一套供油系统，而且对油的清洁度要求高，如果在运动中供油忽然中断，将造成不良后果。

5.4.4　数控机床的导轨

导轨主要用来支承和引导运动部件沿一定的轨道运动。在导轨副中，运动的一方称为运动导轨，不运动的一方称为支承导轨。运动导轨相对于支承导轨进行运动。导轨应满足以下基本要求：

（1）具有足够的导向精度。导向精度是指机床的运动部件沿导轨移动时的直线性和它与有关基面之间相互位置的准确性。影响导向精度的主要因素有导轨的结构形式、导轨的制造精度和装配质量，以及导轨和基础件的刚度等。

（2）具有良好的精度保持性。精度保持性好是指导轨在长期使用中保持一定导向精度的能力。导轨的耐磨性是保持精度的决定性因素。

（3）具有足够的刚度。导轨的刚度主要决定于其类型、结构形式和尺寸大小，导轨与床身的连接方式，导轨材料和表面加工质量等。数控机床常采用加大导轨截面积的尺寸或在主导轨外添加辅助导轨来提高刚度。

（4）有良好的摩擦特性。导轨的摩擦系数要小，而且动、静摩擦系数应尽量接近，以减小摩擦阻力和导轨热变形，使运动轻便平稳、低速无爬行，这对数控机床特别重要。

（5）结构工艺性要好。要求导轨便于制造和装配，便于检验、调整和维修，有合理的导轨防护和润滑措施等。对于刮研导轨，应尽量减少刮研量；对于镶粘导轨（贴塑导轨），应做到更换容易。

机床上常用的导轨按其接触面间的摩擦性质的不同，可分为滑动导轨、滚动导轨和静压导轨三大类。

1. 滑动导轨

传统的铸铁—铸铁滑动导轨除应用在经济型数控机床外，其他数控机床已不再采用，取而代之的是铸铁—塑料或镶钢—塑料滑动导轨。塑料导轨常用在导轨副的运动导轨上，与之相配的是铸铁或钢质导轨。目前，应用较多的塑料导轨材料有聚四氟乙烯导轨软带和环氧型耐磨涂料。

1）贴塑导轨

贴塑导轨是在导轨滑动面上贴一层抗磨塑料软带，如图 5-29 所示。

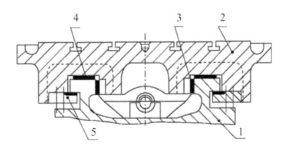

1—床身；2—滑板；3—镶条；4—塑料软带；5—压板。

图 5-29　贴塑导轨的结构示意图

贴塑导轨软带以聚四氟乙烯（PTFE）为基材，与青铜粉、二硫化钼和石墨等填充剂混合制成，并做成软带状。聚四氟乙烯是现有材料中摩擦因数最小的一种，但纯的聚四氟乙烯不耐磨，因此需要添加一些填充剂。聚四氟乙烯导轨软带的特点如下：

（1）摩擦特性好。其摩擦因数小，且动、静摩擦因数差别很小，低速时能防止爬行，从而使运动平稳和获得高的定位精度。

（2）减振性好。塑料的阻尼特性好，其减振消音性能对提高摩擦副的相对运动速度有很大意义。

（3）耐磨性好。塑料导轨有自润滑作用，材料中又含有青铜粉、二硫化钼和石墨等，因而对润滑油的供油量要求不高，无润滑油也能工作。

（4）化学稳定性好。塑料导轨耐低温，耐强酸、强碱、强氧化剂及各种有机溶剂，具有很好的化学稳定性。

（5）工艺性好。可降低对粘贴塑料的金属基体的硬度和表面质量的要求，且塑料易于加工，能获得优良的导轨表面质量。

由于聚四氟乙烯导轨软带具有上述优点，因此被广泛应用于中、小型数控机床的运动导轨上。导轨软带使用工艺很简单，它不受导轨形式限制，各种组合形式的滑动导轨均可粘贴。粘贴的工艺过程是：先将导轨粘贴面加工至表面粗糙度为 $Ra3.2\sim1.6\ \mu m$，再将导轨粘贴面加工成 $0.5\sim1\ mm$ 深的凹槽，然后用汽油或金属清洁剂或丙酮清洗粘贴面，将已经切割成形的导轨软带清洗后用胶黏剂粘贴，固化 $1\sim2\ h$ 后合拢到固定导轨或专用夹具上，并施加一定的压力，在室温下再固化 24 h，取下清除余胶即可开油槽进行精加工。由于这类导轨软带使用黏结方法，习惯上称为贴塑导轨。

2）注塑导轨

注塑导轨是将塑料预先加在呈锯齿形的导轨上而形成的，如图 5-30 所示。注塑导轨的材料是以环氧树脂和二硫化钼为基体，加入增塑剂，混合成液状或膏状为一组份，以固化剂为另一组分的双组分塑料涂层，称为环氧树脂耐磨涂料。这种导轨有较高的耐磨性、硬度、强度和热导率，在无润滑情况下，能防止爬行，改善导轨的运动特性，特别是低速运动平稳性较好，适用于重型机床和不能用导轨软带的复杂配合型面。

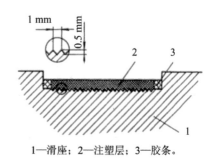

1—滑座；2—注塑层；3—胶条。

图 5-30　注塑导轨的结构示意图

其工艺过程为：首先，将导轨涂层表面粗刨或粗铣成粗糙表面，以保证有良好的黏附力。然后，与塑料导轨相配的金属导轨面（或模具）用溶剂清洗后涂上一薄层硅油或专用脱模剂，防止与耐磨涂层黏结。将按配方加入固化剂调好的耐磨涂层材料抹于导轨面上，然后叠合在金属导轨面（或模具）上进行固化。叠合前可放置形成油槽、油腔用的模板，固化 24 小时后，即可将两导轨分离。涂层硬化三天后可进行下一步加工。涂层面的厚度及导轨面与其他表面的相对位置精度可借助等高块或专用夹具来保证。由于这类塑料导轨采用涂刮或注入膏状塑料的方法，故习惯上称为"涂塑导轨"或"注塑导轨"。

2. 滚动导轨

滚动导轨是在导轨面之间放置滚珠、滚柱、滚针等滚动体，使导轨面之间的滑动摩擦变成为滚动摩擦。滚动导轨与滑动导轨相比的优点是：灵敏度高，且其动摩擦与静摩擦系数相差甚微，因而运动平稳，低速移动时不易出现爬行现象；定位精度高，重复定位精度可达 0.2 μm；摩擦阻力小，移动轻便，磨损小，精度保持性好，寿命长。但滚动导轨的抗振性较差，对防护要求较高，结构复杂，制造比较困难，成本较高。滚动导轨常见的结构类型有滚动导轨块和直线滚动导轨。

1）滚动导轨块

滚动导轨块是一种以滚动体做循环运动的滚动导轨，其结构如图 5-31 所示。使用时，滚动导轨块安装在移动件的导轨面上，每一导轨至少需要两块。导轨块的数目与导轨的长度和负载的大小有关，与之相配的导轨多用镶钢淬火导轨。这是由于钢导轨在热处理后硬度很高，可大幅度提高耐磨性，且有较大的承载能力。

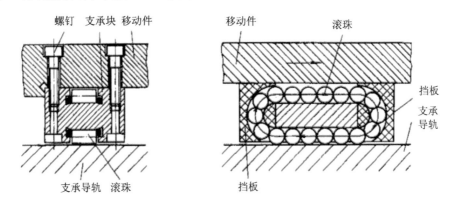

图 5-31　滚动导轨块的结构

当移动件运动时，滚珠在支承导轨面与挡板之间滚动，同时绕本体循环滚动，滚珠与移动件的导轨面不接触，所以移动件的导轨面不需淬硬磨光。滚动导轨块的特点是刚度高、承载能力大、便于拆装。

为保证导轨的导向精度和有足够的刚度，滚动导轨块和支承导轨间不能有间隙，还要有适当的预压力，因此滚动导轨块安装时应能调整，调整的方法主要有用调整垫调整、用调整螺钉调整、用楔铁调整，也可用弹簧垫压紧。

2）直线滚动导轨

图 5-32 所示为直线滚动导轨的结构。直线滚动导轨是由一根长导轨条和一个或几个滑块组成的，滑块内有四组滚珠或滚柱。当滑块相对导轨轴移动时，每一组滚珠都在各自的滚道内循环运动，循环承受载荷，承受载荷形式与轴承类似。四组滚珠可承受除轴向力以外的任何方向的力和力矩。

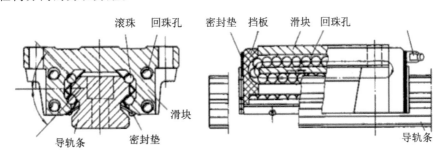

图 5-32　直线滚动导轨的结构

直线滚动导轨摩擦系数小，精度高，安装和维修都很方便，由于它是一个独立部件，因此对机床支承导轨的要求不高，即不需要淬硬也不需磨削或副研，只要精铣或精刨。由于这种导轨可以预紧，因而比滚动体不循环的滚动导轨刚度高、承载能力大，但不如滑动导轨；其抗振性也不如滑动导轨，为提高抗振性，有时装有抗振阻尼滑座。有过大的振动和冲击载荷的机床不宜应用直线滚动导轨。直线滚动导轨的移动速度可以达到 60 m/min，在数控机床和加工中心上得到广泛应用。

直线滚动导轨通常是两条成对使用，可以水平安装，也可以竖直或倾斜安装。每根导轨条上有两个滑块，如图 5-33 所示。如移动件较长，也可在一根导轨条上装 3 个或 3 个以上的滑块。如移动件较宽，也可用 3 根或 3 根以上的导轨条。

为保证两条(或多条)导轨平行，通常把一条导轨作为基准导轨，安装在床身的基准面上，底面和侧面有定位面；另一条导轨为非基准导轨，床身上没有侧向定位面，固定

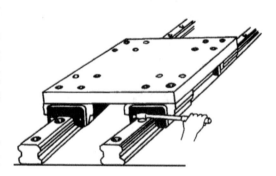

图 5-33　直线滚动导轨的配置

时以基准导轨为定位面固定。这种安装形式称为单导轨定位。单导轨定位易于安装，容易保证平行，对床身没有侧向定位面平行的要求。

当振动和冲击较大、精度要求较高时，两条导轨都要定位，称为双导轨定位。双导轨定位要求定位面平行度高。当用调整垫调整时，对调整垫的加工精度要求较高，调整难度较大。

3. 静压导轨

静压导轨是将具有一定压力的油液经节流器输送到导轨面上的油枪中，形成承载油膜，将相互接触的导轨表面隔开，实现液体摩擦。静压导轨的摩擦因数小，效率高；导轨面被油膜隔开，不产生黏结磨损，能长期保持导轨的导向精度；承载油膜有良好的吸振动性，低速下不易产生爬行。静压导轨的缺点是结构复杂，需配置供油系统，且油的清洁度要求高，一般多用于重型机床。由于承载的要求不同，静压导轨分为开式和闭式两种。

图 5-34 所示为开式静压导轨的工作原理图。压力油经过节流器降至油腔压力进入导轨的油腔，油腔压力形成的浮力将运动件支承起来，与导轨面之间形成导轨间隙。压力油通过导轨间隙经回流管流回油箱。当负载增大时，运动件下沉，导轨间隙减小，液阻增加，液体流量减小，从而使节流器的压力损失减小，油腔压力增大，直到与负载平衡。开式静压导轨只能承受垂直方向的负载，承受颠覆力矩的能力差。

闭式静压导轨工作原理如图 5-35 所示。液压泵产生的压力油，经节流器进入动导轨面油腔和辅助面导轨油腔，使导轨面的油腔构成一个个独立的液压支承点，在液压力的作用下，动导轨及其运动件可浮动起来，形成液体摩擦。闭式静压导轨能承受较大的颠覆力矩，导轨刚度也较大。

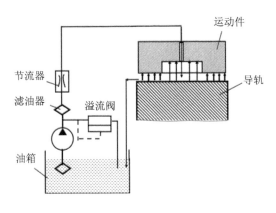

图 5 - 34　开式静压导轨工作原理图

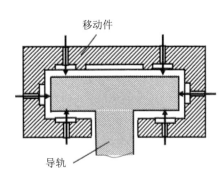

图 5 - 35　闭式静压导轨工作原理图

5.5　数控机床的自动换刀装置

数控机床为了能在零件一次装夹中完成多种甚至所有加工工序，以缩短辅助时间，减少多次安装零件引起的误差，必须具有自动换刀装置。自动换刀装置应当满足换刀时间短、刀具重复定位精度高、足够的刀具存储以及安全可靠等基本要求。

各类数控机床的自动换刀装置的结构与数控机床的类型、工艺范围、使用刀具种类和数量有关。数控机床常用的自动换刀装置的主要类型、特点及适用范围见表 5-1。

表 5 - 1　自动换刀装置的主要类型、特点及适用范围

主要类型		特　点	适用范围
转塔刀架自动换刀装置	回转式刀架	回转式刀架多为顺序换刀，换刀时间短，结构简单紧凑，容纳刀具较少	各种数控车床、车削中心机床
	转塔头式换刀装置	顺序换刀，换刀时间短，刀具主轴都集中在转塔头上，结构紧凑，但刚性较差，刀具主轴数受限制	数控钻床、铣床
刀库式自动换刀装置	刀库与主轴之间直接换刀	换刀运动集中，运动部件少，但刀库运动多，布局不灵活，适应性差	各种类型的自动换刀数控机床，尤其是对使用回转类刀具的数控镗铣、钻镗类立式、卧式加工中心机床，要根据工艺范围和机床特点来确定刀库容量和自动换刀装置类型
	用机械手配合刀库换刀	刀库只有选刀运动，而机械手进行换刀运动，比刀库进行换刀运动惯性小，速度快	
有刀库的转塔头换刀装置		弥补转换刀数量不足的缺点，换刀时间短	扩大工艺范围的各类转塔式数控机床

5.5.1 转塔刀架自动换刀装置

1. 回转式刀架

回转式刀架是一种简单的自动换刀装置，常用于数控车床。根据加工要求可将回转式刀架设计成四方、六角刀架或圆盘式轴向装刀刀架，可安装四把、六把或更多的刀具。图 5-36 所示为数控车床六角回转刀架结构，该刀架可以安装六把不同的刀具，刀架的全部动作由液压系统通过电磁换向阀和顺序阀进行控制。它的动作分为 4 个步骤：

（1）刀架抬起。当数控装置发出换刀指令后，压力油由 a 孔进入压紧液压缸的下腔，活塞 1 上升，刀架体 2 抬起，使定位用的活动插销 10 与固定插销 9 脱开。同时，活塞杆下端的端齿离合器与空套齿轮 5 结合。

（2）刀架转位。当刀架抬起后，压力油从 c 孔进入转位液压缸的左腔，活塞 6 向右移动，通过连接板带动齿条 8 移动，使空套齿轮 5 做逆时针方向转动。通过端齿离合器使刀架转过 60°。活塞的行程应等于空套齿轮 5 分度圆周长的 1/6，并由限位开关控制。

（3）刀架压紧。刀架转位之后，压力油从 b 孔进入压紧液压缸的上腔，活塞 1 带动刀架体 2 下降。齿轮 3 的底盘上精确地安装有 6 个带斜楔的圆柱固定插销 9，利用活动插销 10 消除定位销与孔之间的间隙，实现反向定位。刀架体 2 下降时，定位活动插销 10 与另一个固定插销 9 卡紧，同时齿轮 3 与齿圈 4 的锥面接触，刀架在新的位置定位并夹紧。这时，端齿离合器与空套齿轮 5 脱开。

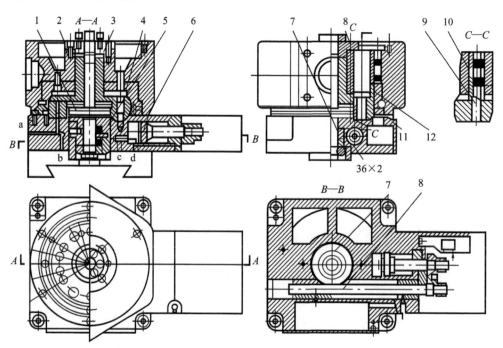

1—活塞；2—刀架体；3、7—齿轮；4—齿圈；5—空套齿轮；6—活塞；
8—齿条；9—固定插销；10—活动插销；11—推杆；12—触头。

图 5-36 数控车床六角回转刀架结构

（4）转位液压缸复位。刀架压紧之后，压力油从 d 孔进入转位液压缸的右腔，活塞 6 带动齿条复位，由于此时端齿离合器已脱开，齿条带动齿轮 3 在轴上空转。如果定位和夹紧动作正常，推杆 11 与相应的触头 12 接触，发出信号表示换刀过程已经结束，可以继续进行切削加工。

2. 车削中心动力转塔刀架

图 5-37(a)所示为全功能型数控车床及车削中心的动力转塔刀架。刀盘上既可以安装各种非动力辅助刀夹(车刀夹、镗刀夹、弹簧夹头、莫氏刀柄等)来夹持刀具进行加工，还可以安装动力刀夹进行主动切削，以配合主机完成车、铣、钻、镗等各种复杂工序，实现加工程序自动化、高效化。

图 5-37(b)所示为该转塔刀架的传动示意图。刀架采用端面齿盘作为分度定位元件，刀架转位由三相异步电动机驱动，电动机内部带有制动机构，刀位由二进制绝对编码器识别，并可正反双向转位和任意刀位就近选刀。动力刀具由交流伺服电动机驱动，通过同步齿型带、传动轴、传动齿轮、端齿离合器将动力传至动力刀夹，在通过刀夹内部的齿轮传动，刀具回转，实现主动切削。

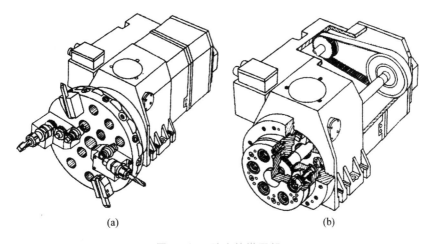

(a)　　　　　　　　(b)

图 5-37　动力转塔刀架

3. 转塔头式换刀装置

带有旋转刀具的数控机床常采用转塔头式自动换刀装置，如数控车床的转塔刀架、数控钻镗床的多轴转塔头等。在转塔的各个主轴头上，预先安装有各工序所需要的旋转刀具，当发出换刀指令时，各种主轴头依次转到加工位置，并接通主运动，使相应的主轴带动刀具旋转，而其他处于不同加工位置的主轴都与主运动脱开。

图 5-38 所示为卧式八轴转塔头。转塔头上径向分布着 8 根结构完全相同的主轴 1，主轴的回转运动由齿轮 15 输入。当数控装置发出换刀指令时，通过液压拨叉(图中未示出)将移动齿轮 6 与齿轮 15 脱离啮合，同时在中心液压缸 13 的上腔通压力油。由于活塞杆和活塞口固定在底座上，因此中心液压缸 13 带着由两个推力轴承 9 和 11 支承的转塔刀架 10 抬起，鼠齿盘 7 和 8 脱离啮合。然后压力油进入转位液压缸，推动活塞齿条，再经过中间齿轮使齿轮 5 与转塔刀架 10 一起回转 45°，将下一工序的主轴转到工作位置。转位结束后，压

力油进入中心液压缸 13 的下腔使转塔头下降，鼠齿盘 7 和 8 重新啮合，实现了精确地定位。在压力油的作用下，转塔头被压紧，转位液压缸退回原位。最后通过液压拨叉拨动移动齿轮 6，使它与新换上的主轴齿轮 15 啮合。

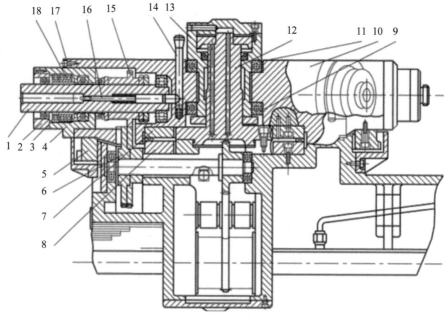

1—主轴；2—端盖；3—螺母；4—套筒；5、6、15—齿轮；7、8—鼠齿盘；9、11—推力轴承；
10—转塔刀架；12—活塞；13—中心液压缸；14—操纵杆；16—顶杆；17—螺钉；18—轴承。

图 5 - 38　卧式八轴转塔头

　　转塔头可看作是一个转塔刀库，它的结构简单，换刀时间短，仅为 2 s 左右，但由于受到空间位置的限制，主轴数目不能太多，主轴部件的结构刚度也有所下降，通常只适用于工序较少、精度要求不太高的机床，如数控钻床、数控铣床等。为了弥补转塔换刀数量少的缺点，近年来出现了一种机械手和转塔头配合刀库进行换刀的自动换刀装置，如图 5 - 39 所示。它实际上是转塔头换刀装置和刀库式换刀装置的结合。它的工作原理为：转塔头 5 上安装两个刀具主轴 3 和 4，当用一个刀具主轴上的刀具进行加工时，换刀机械手 2 将下一个工序需要的刀具换至不工作的主轴上，待本工序完成后，转塔头回转 180°，完成换刀。

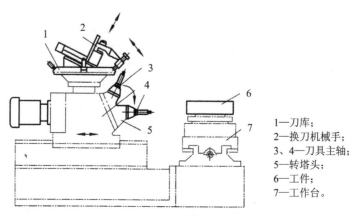

1—刀库；
2—换刀机械手；
3、4—刀具主轴；
5—转塔头；
6—工件；
7—工作台。

图 5 - 39　机械手和转塔头配合刀库换刀的自动换刀

因为它的换刀时间大部分和机械加工时间重合，只需要转塔头转位的时间，所以换刀时间很短；而且转塔头上只有两个主轴，有利于提高主轴的结构刚性，但还未能达到精镗加工所需要的主轴刚度。这种换刀方式主要用于数控钻床，也可用于数控镗铣床和数控组合机床。

5.5.2　刀库式自动换刀装置

刀库式自动换刀装置主要应用于加工中心上。加工中心是一种备有刀库并能自动更换刀具对工件进行多工序加工的数控机床。工件经一次装夹后，数控系统能控制机床连续完成多工步的加工，工序高度集中。刀库式自动换刀装置是加工中心的重要组成部分，主要包括刀库、刀具交换装置等部分。

1. 刀库

刀库是存放加工过程所使用的全部刀具的装置，它的容量从几把刀到上百把刀。加工中心刀库的形式很多，结构也各不相同，常用的有鼓盘式刀库、链式刀库和格子库式刀库。

1）鼓盘式刀库

鼓盘式刀库结构简单、紧凑，在钻削中心上应用较多。一般存放刀具数目不超过 32 把。目前，大部分的刀库安装在机床立柱的顶面和侧面，当刀库容量较大时，为了防止刀库转动造成的振动对加工精度的影响，也有的安装在单独的地基上。图 5-40(a)和图 5-40(b)所示为刀具轴线与鼓盘轴线平行布置的刀库，其中图 5-40(a)所示为径向取刀形式，图 5-40(b)所示为轴向取刀形式。图 5-40(c)所示为刀具径向安装在刀库上的结构，图 5-40(d)所示为刀具轴线与鼓盘轴线成一定角度放置的结构。

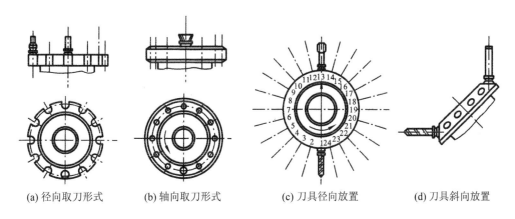

(a) 径向取刀形式　　(b) 轴向取刀形式　　(c) 刀具径向放置　　(d) 刀具斜向放置

图 5-40　鼓盘式刀库

2）链式刀库

链式刀库是指在环形链条上装有许多刀座，刀座的孔中装夹各种刀具，链条由链轮驱动。链式刀库有单环链式和多环链式等几种，如图 5-41(a)和图 5-41(b)所示。当链条较长时，可以增加支承链轮的数目，使链条折叠回绕，以提高空间利用率，如图 5-41(c)所示。

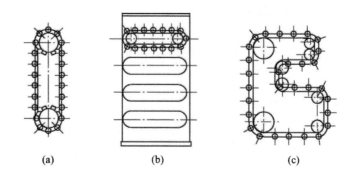

图 5-41 链式刀库

3）格子库式刀库

图 5-42 所示为固定型格子库式刀库。刀具分几排直线排列，由纵、横向移动的取刀机械手完成选刀运动，将选取的刀具送到固定的换刀位置刀座上，由换刀机械手交换刀具。这种形式的刀具排列密集，空间利用率高，刀库容量大。

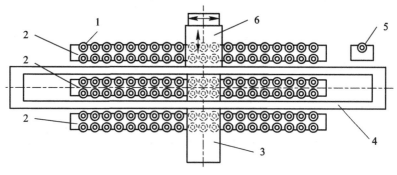

1—刀座；2—刀具固定板架；3—取刀机械手横向导轨；
4—取刀机械手纵向导轨；5—换刀位置刀座；6—换刀机械手。

图 5-42 格子库式刀库

2. 刀具的选择

按数控装置的刀具选择指令，从刀库中挑选各工序所需要的刀具的操作称为自动选刀。

常用的选刀方式有顺序选刀和任意选刀。

1）顺序选刀

刀具的顺序选择方式是指将刀具按加工工序的顺序依次放入刀库的每一个刀座内。每次换刀时，刀库按顺序转动一个刀座的位置，并取出所需要的刀具。已经使用过的刀具可以放回原来的刀座内，也可以按顺序放入下一个刀座内。

顺序选刀不需要刀具识别装置，而且驱动控制也较简单，可以直接由刀库的分度来实现。因此，刀具的顺序选择方式具有结构简单、工作可靠等优点。

当更换不同工件时，必须重新排列刀库中的刀具顺序。刀库中的刀具在不同的工序中不能重复使用，从而相应地增加了刀具的数量和刀具的容量，降低了刀具和刀库的利用率。

此外，装刀时必须十分谨慎，如果刀具不按顺序装入刀库，将会造成严重事故。

　　2) **任意选刀**

　　采用任意选择方式的自动换刀系统中必须有刀具识别装置。这种方式是根据程序指令的要求来选择所需要的刀具，刀具在刀库中不必按照工件的加工顺序排列，可任意存放。每把刀具(或刀座)都编有代码，自动换刀时，刀库旋转，每把刀具(或刀座)都经过"刀具识别装置"接受识别。当某把刀具的代码与数控指令的代码相符合时，该把刀具被选中，并被送到换刀位置，等待机械手来抓取。任意选刀刀库中刀具的排列顺序与工件加工顺序无关，相同的刀具可重复使用。因此，刀具数量比顺序选择法的刀具少一些，刀库也相应地小一点。任意选刀有刀具编码式、刀座编码式、附件编码式、计算机记忆式四种方式。

　　(1) **刀具编码式**：采用了一种特殊的刀柄结构，并对每把刀具进行编码。换刀时通过编码识别装置，根据换刀指令代码，在刀库中寻找所需要的刀具。

　　由于每一把刀都有自己的代码，因而刀具可以放入刀库的任何一个刀座内。这样，刀库中的刀具不仅可以在不同的工序中多次重复使用，而且换下来的刀具也不必放回原来的刀座。这对装刀和选刀都十分有利，刀库的容量相应减少，而且可避免由于刀具顺序的差错所发生的事故。但由于每把刀具上都带有专用的编码系统，因此刀具长度加长，制造困难，刚度降低，刀库和机械手的结构变复杂了。

　　刀具编码识别有两种方式：接触式识别和非接触式识别。接触式刀具编码识别的刀柄结构如图5-43所示。在刀柄尾部的拉紧螺杆 3 上套装着一组等间隔的编码环 1，并由锁紧螺母 2 将它们固定。编码环的外径有大小两种不同的规格，每个编码环的大小分别表示二进制数的"1"和"0"。通过对圆环的不同排列，可以得到一系列的

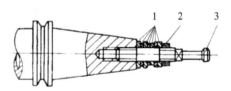

1—编码环；2—锁紧螺母；3—拉紧螺杆。

图 5-43　接触式刀具编码识别的刀柄结构

代码。例如，图中的 7 个编码环，就能够区别出 127 种刀具(2^7-1)。通常全部为零的代码不允许使用，以免和刀座中没有刀具的状况相混淆。当刀具依次通过编码识别装置时，编码环的大小就能使相应的触针读出每一把刀具的代码，从而选择合适的刀具。接触式编码识别装置结构简单，但可靠性较差，寿命较短，而且不能快速选刀。

　　非接触式刀具编码识别采用磁性或光电识别法。磁性识别法是利用磁性材料和非磁性材料磁感应的强弱不同，通过感应线圈读取代码。编码环分别由软钢和塑料制成，软钢代表"1"，塑料代表"0"，将它们按规定的编码排列。当编码环通过感应线圈时，只有对应软钢圆环的那些感应线圈才能感应出电信号"1"，而对应塑料的感应线圈状态保持不变为"0"，从而读出每一把刀具的代码。磁性识别装置没有机械接触和磨损，因此可以快速选刀，而且结构简单、工作可靠、寿命长。光电识别法利用光导纤维良好的光传导特性，采用多束光导纤维构成阅读头。用靠近的二束光导纤维来阅读二进制码的一位时，其中一束光导纤维将光源投射到能反光或不能反光(被涂黑)的金属表面，另一束光导纤维将反射光送至光电转换元件转换成电信号，以判断正对这二束光导纤维的金属表面有无反射光，有反射时(表面光亮)为"1"，无反射时(表面涂黑)为"0"。

　　(2) **刀座编码式**：对刀库中所有的刀座预先编码，一把刀具只能对应一个刀座，从一个刀座中取出的刀具必须放回同一刀座中，否则会造成事故。这种编码方式取消了刀柄中的

编码环，使刀柄结构简化、长度变短，刀具在加工过程中可重复使用，但必须把用过的刀具放回原来的刀座，送取刀具麻烦，换刀时间长。

（3）附件编码式：可分为编码钥匙、编码卡片、编码杆和编码盘等。应用最多的是编码钥匙。编码钥匙是先给刀具都缚上一把表示该刀具号的钥匙，当把刀具放入刀库中时，识别装置可以通过识别刀具上的号码来选取该钥匙旁边的刀具。这种编码方式也称为临时性编码，因为从刀座中取出刀具时，刀座中的编码钥匙也被取出，刀库中原来编码随之消失，所以，这种方式具有更大的灵活性。采用这种编码方式用过的刀具不必放回原来的刀座。

（4）计算机记忆式：能将刀具号和刀库中的刀座位置（地址）对应存放在计算机的存储器或可编程控制器的存储器中。目前，加工中心上大量使用的是计算机记忆式选刀。不论刀具存放在哪个刀座上，新的对应关系重新存放，这样刀具可在任意位置（地址）存取，刀具不需设置编码元件，结构大为简化，控制也十分简单。刀库机构中通常设有刀库零位，执行自动选刀时，刀库可以正反方向旋转，且每次选刀时刀库转动不会超过一圈的$1/2$。

3. 刀具交换装置

数控机床的自动换刀装置中，实现刀库与机床主轴之间刀具传递和刀具装卸的装置称为刀具交换装置。自动换刀的刀具可紧固在专用刀夹内，每次换刀时将刀夹直接装入主轴。刀具的交换方式通常分为无机械手换刀和有机械手换刀两大类。

1）无机械手换刀

无机械手换刀的方式是利用刀库与机床主轴的相对运动实现刀具交换，也叫主轴直接式换刀。这种换刀机构不需要机械手，结构简单、紧凑，但刀库结构尺寸受限，装刀数量不能太多。由于换刀时机床不工作，因此不会影响加工精度，但机床加工效率下降。这种换刀方式常用于小型加工中心。XH754 型卧式加工中心就是采用这类刀具交换装置的实例。XH754 型卧式加工中心机床外形及其换刀过程如图 5-44 所示。

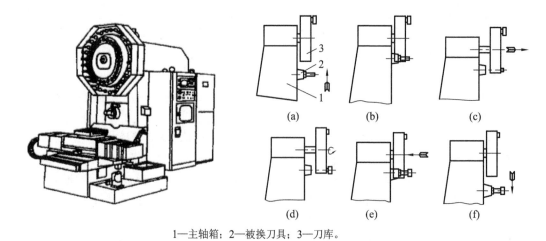

1—主轴箱；2—被换刀具；3—刀库。

图 5-44　XH754 型卧式加工中心机床外形及其换刀过程

如图 5-44(a)所示，在加工工步结束后执行换刀指令，主轴实现准停，主轴箱沿 Y 轴上升。这时，机床上方的刀库的空挡刀位正好处在换刀位置，装夹刀具的卡爪打开。

如图 5-44(b)所示，主轴箱上升到极限位置，被更换刀具的刀杆进入刀库空刀位，被刀具定位卡爪钳住,与此同时主轴内刀杆自动夹紧装置放松刀具。

如图 5-44(c)所示,刀库伸出,从主轴锥孔内将刀具拔出。

如图 5-44(d)所示,刀库转位,按照程序指令要求将选好的刀具转到主轴最下面的换刀位置,同时压缩空气将主轴锥孔吹净。

如图 5-44(e)所示,刀库退回,同时将新刀具插入主轴锥孔,主轴内刀具夹紧装置将刀杆拉紧。

如图 5-44(f)所示,主轴下降到加工位置后启动,开始下一步的加工。

2) 机械手换刀

采用机械手进行刀具交换的方式应用最为广泛,这是因为机械手换刀具有很大的灵活性,换刀时间也较短。机械手的结构形式多种多样。图 5-45 所示的几种结构形式应用在各类机械手中,双臂机械手集中体现了以上的优点。在刀库远离机床主轴的换刀装置中,除了机械手,还带有中间搬运装置。

双臂机械手常用结构如图 5-45 所示,它们分别是钩手、抱手、伸缩手和叉手。这几种机械手能够完成抓刀、拔刀、回转、插刀及返回等全部动作。图 5-45(a)、(b)、(c)所示为双臂回转机械手,它能同时抓取和装卸刀库和主轴(或中间搬运装置)上的刀具,动作简单,换刀时间少。图 5-45(d)所示的机械手虽然不能同时抓取刀库和主轴上的刀具,但换刀准备时间及将刀具还给刀库的时间与机械加工时间重复,因而换刀时间也很短。

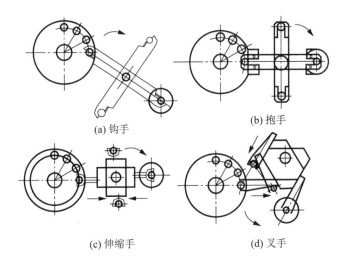

(a) 钩手　(b) 抱手

(c) 伸缩手　(d) 叉手

图 5-45　双臂机械手常用结构

为了防止刀具掉落,各种机械手的刀爪都必须带有自锁机构。图 5-46 所示为钩手机械手臂与刀爪结构,它有两个固定刀爪 5,每个刀爪上还有一个活动销 4,它依靠后面的弹簧 1,在抓刀后顶住刀具。为了保证机械手在运动时刀具不被甩出,必须有一个锁紧销 2。当活动销 4 顶住刀具时,锁紧销 2 就被弹簧 3 顶起,将活动销 4 锁住不能后退。当机械手处于上升位置要完成拔插刀动作时,销 6 被挡块压下使锁紧销 2 也退下,因此可自由地抓放刀具。

钩手机械手换刀过程如图 5-47 所示。其动作顺序如下:

如图 5-47(a)所示,手臂旋转 90°,同时抓住刀库和主轴上的刀具。

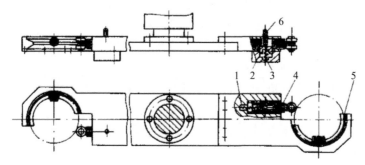

1、3—弹簧；2—锁紧销；4—活动销；5—固定刀爪；6—销。

图 5 - 46　钩手机械手臂和刀爪结构

如图 5 - 47(b)所示，主轴夹头松开刀具，机械手同时将刀库和主轴上的刀具拔出。

如图 5 - 47(c)所示，手臂旋转 180°，新旧刀具交换。

如图 5 - 47(d)所示，机械手同时将新旧刀具分别插入主轴和刀库，然后主轴夹紧刀具。

如图 5 - 47(e)所示，转动轴，回到原始位置。

由于钩手机械手换刀动作少，节省了换刀时间，结构也简单，因而，国内外广泛采用了这种机械手。

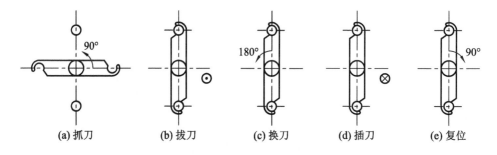

(a) 抓刀　　(b) 拔刀　　(c) 换刀　　(d) 插刀　　(e) 复位

图 5 - 47　钩手机械手换刀过程

5.6　数控机床的回转工作台

工作台是数控机床的重要部件，为了提高数控机床的生产效率，扩大其工艺范围，对于数控机床的进给运动除沿坐标轴 X、Y、Z 三个方向的直线进给运动之外，还常常需要有分度运动和圆周进给运动。一般，数控机床的圆周进给运动由回转工作台来实现。数控机床中常用的回转工作台有分度工作台和数控回转工作台。

5.6.1　分度工作台

数控机床的分度工作台按照数控装置的指令，在需要分度时，工作台连同工件回转规定的角度，有时也采用手动分度。分度工作台只能完成分度运动，而不能实现圆周进给，并且其分度运动只限于完成规定的角度（如 90°、60°或 45°等）。为了保证加工精度，对分度工作台的定位（定心和分度）精度要求很高，需要有专门的定位元件来保证。常用的定位方式有定位销式、反靠定位、齿盘式和钢球定位等。这里介绍定位销式和齿盘式两种分度工作台。

1. 定位销式分度工作盘

图 5-48 所示为 THK6380 型自动换刀数控卧式链铣床的定位销式分度工作台。这种工作台依靠定位销和定位孔实现分度。分度工作台 2 的两侧有长方形工作台 11，当不单独使用分度工作台时，可以作为整体工作台使用。分度工作台 2 的底部均匀分布着 8 个削边定位销 8，在底座 12 上有一个定位衬套 7 及供定位销移动的环形槽。因为定位销之间的分布角度为 45°，所以工作台只能完成二、四、八等分的分度（定位精度取决于定位销和定位孔的精度，最高可达 ±5″）。

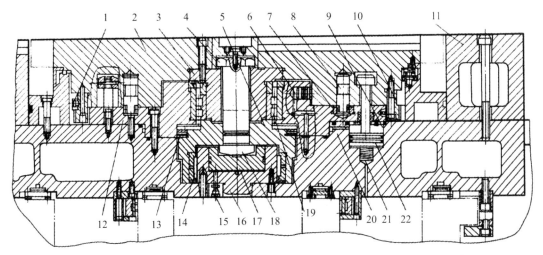

1—挡块；2—分度工作台；3—锥套；4—螺钉；5—支座；6—消除间隙液压缸；7—定位衬套；
8—定位销；9—锁紧液压缸；10—大齿轮；11—长方形工作台；12—底座；13、14、19—轴承；
15—油管；16—中央液压缸；17—活塞；18—止推螺柱；20—下底座；21—弹簧；22—活塞。

图 5-48　THK6380 型自动换刀数控卧式链铣床定位销式分度工作台

分度时，数控装置发出指令，由电磁阀控制下底座 20 上 6 个均布的锁紧液压缸 9 中的压力油经环形槽流回油箱，活塞 22 被弹簧 21 顶起，工作台处于松开状态。同时消除间隙液压缸 6 卸荷，液压缸中的压力油流回油箱。油管 15 中的压力油进入中央液压缸 16 使活塞 17 上升，并通过止推螺柱 18、支座 5 把推力轴承 13 向上抬起 15 mm。固定在工作台面上的定位销 8 从定位衬套 7 中拔出，完成了分度前的准备工作。

然后，数控装置再发出指令使液压马达转动，驱动两对减速齿轮（图中未画出），带动固定在分度工作台 2 下面的大齿轮 10 转动进行分度。分度时，工作台的旋转速度由液压马达和液压系统中的单向节流阀调节，分度初始时做快速转动，在将要到达规定位置前减速，减速信号由大齿轮 10 上的挡块 1（共 8 个，周向均布）碰撞限位开关发出。当挡块 1 碰撞第二个限位开关时，分度工作台停止转动，同时另一个定位销 8 正好对准定位衬套 7 的孔。

分度完毕后，数控装置发出指令使中央液压缸 16 卸荷，压力油经油管 15 流回油箱，分度工作台 2 靠自重下降，定位销 8 进入定位衬套 7 孔中，完成定位工作。定位完毕后，消除间隙液压缸 6 的活塞顶住分度工作台 2，使可能出现的径向间隙消除，然后再进行锁紧。

压力油进入锁紧液压缸 9，推动活塞 22 下降，通过活塞 22 上的丁形头压紧工作台。至此，分度工作全部完成，机床可以进行下一工位的加工。

2. 齿盘式分度工作台

齿盘式分度工作台是目前用得较多的一种精密的分度定位机构，它主要由工作台底座、夹紧液压缸、分度液压缸和端面齿盘等零件组成，其结构如图 5-49 所示。

齿盘式分度工作台的分度转位动作过程可分为以下四个步骤：

（1）工作台抬起，齿盘脱离啮合。当机床需要分度时，数控装置就发出分度指令（也可用手压按钮进行手动分度），由电磁铁控制液压阀（图中未画出），使压力油经管道 23 至分度工作台 7 中央的升降液压缸下腔 10，推动活塞 6 上移，经推力球轴承 5 使分度工作台 7 抬起，上齿盘 4 和下齿盘 3 脱离啮合。与此同时，在分度工作台 7 向上移动的过程中带动内齿圈 12 上移并与齿轮 11 啮合，完成了分度前的准备工作。

（2）回转分度。当分度工作台 7 向上抬起时，推杆 2 在弹簧的作用下向上移动，使推杆 1 在弹簧的作用下移，松开微动开关 D 的触头，控制电磁阀（图中未画出）使压力油经管道 21 进入分度液压缸左腔 19 内，推动齿条活塞 8 右移，与它相啮合的齿轮 11 逆时针转动。根据设计要求，当齿条活塞 8 移动 113 mm 时，齿轮 11 回转 90°，此时内齿圈 12 与齿轮 11 已经啮合，所以分度工作台也回转 90°。回转角度的近似值将由微动开关和挡块 17 控制，开始回转时，挡块 14 离开推杆 15 使微动开关 C 复位，通过电路互锁，始终保持工作台处于上升位置。

（3）工作台下降定位夹紧。当齿轮 11 转过 90°时，它上面的挡块 17 压推杆 16，微动开关 E 的触头被压紧。通过电磁铁控制阀（图中未画出），使压力油经管道 22 流入升降液压缸上腔 9，活塞 6 向下移动，分度工作台 7 下降，于是上齿盘 4 及下齿盘 3 又重新啮合，并定位夹紧，分度工作完毕。

（4）分度齿条活塞退回。当分度工作台 7 下降时，推杆 2 被压下，推杆 1 左移，微动开关 D 的触头被压下，通过电磁铁控制阀，使压力油从管道 20 进入分度液压缸右腔 18，推动齿条活塞 8 左移，使齿轮 11 顺时针旋转。它上面的挡块 17 离开推杆 16，微动开关 E 的触头被放松。因工作台下降，夹紧后齿轮 11 已与内齿圈 12 脱开，故分度工作台不转动。当齿条活塞 8 向左移动 113 mm 时，齿轮 11 就顺时针转动 90°，齿轮 11 上的挡块 14 压下推杆 15，微动开关 C 的触头又被压紧，齿轮 11 停止在原始位置，为下一次分度做好准备。

齿盘式分度工作台具有很高的分度定位精度，可达±0.4″～3″，定位刚度好，精度保持性好，只要分度数能除尽鼠牙盘齿数，都能分度。其缺点是齿盘的制造比较困难，不能进行任意角度的分度。

5.6.2 数控回转工作台

数控回转工作台主要用于数控镗床和数控铣床，它的功用是使工作台进行圆周进给运动，以完成切削工作，也可使工作台进行分度。

数控回转工作台的外形与分度工作台很相似，但由于要实现圆周进给运动，因此其内部结构具有数控进给驱动机构的许多特点，区别在于数控机床的进给驱动机构实现的是直线运动，而数控回转工作台实现的是旋转运动。数控回转工作台分为开环和闭环两种。这

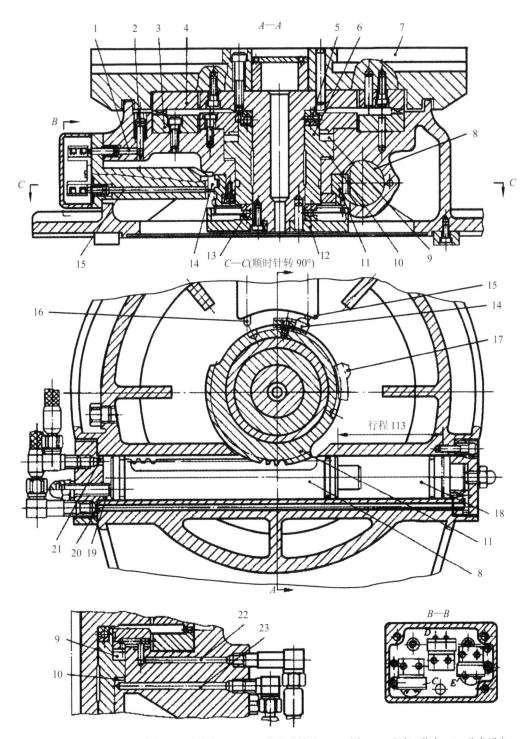

1、2、15、16—推杆；3—下齿盘；4—上齿盘；5、13—推力球轴承；6—活塞；7—分度工作台；8—齿条活塞；
9—升降液压缸上腔；10—升降液压缸下腔；11—齿轮；12—内齿圈；14、17—挡块；18—分度液压缸右腔；
19—分度液压缸左腔；20、21—分度液压缸进油管道；22、23—分度液压缸回油管道。

图 5 - 49　齿盘式分度工作台结构

里仅介绍开环数控回转工作台。闭环数控回转工作台和开环数控回转工作台大致相同，其区别在于闭环数控回转工作台由转动角度的测量元件所测量的结果经反馈可与指令值相比较，按闭环原理进行工作，使工作台分度精度更高。

图 5-50 所示为 JCS-013 型自动换刀数控卧式镗铣床的数控回转工作台。这是一种补偿型的开环数控回转工作台，它的进给、分度转位和定位锁紧都由给定的指令进行控制。

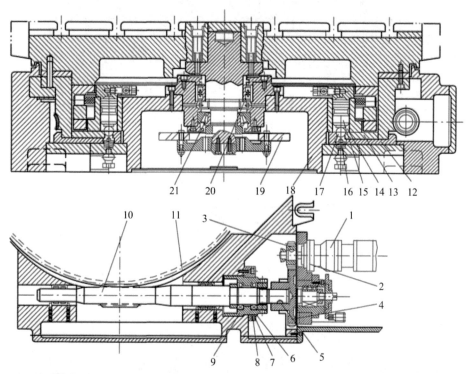

1—电液脉冲马达；2—偏心环；3—主动齿轮；4—从动齿轮；5—销钉；6—锁紧瓦；7—套筒；
8—锁紧螺钉；9—丝杠；10—蜗杆；11—蜗轮；12、13—夹紧瓦；14—液压缸；15—活塞；
16—弹簧；17—钢球；18—底座；19—光栅；20、21—轴承。

图 5-50   JCS-013 型自动换刀数控卧式镗铣床的数控回转工作台

数控回转工作台由电液脉冲马达 1 驱动，在它的轴上装有主动齿轮 3，它与从动齿轮 4 相啮合，齿的侧隙靠调整偏心环 2 来消除。从动齿轮 4 与蜗杆 10 用楔形的拉紧销钉 5 来连接，这种连接方式能消除轴与套的配合间隙。蜗杆 10 系双螺距式，即相邻齿的厚度是不同的。因此，可用轴向移动蜗杆的方法来消除蜗杆 10 和蜗轮 11 的齿侧间隙。调整时，先松开壳体螺母套筒 7 上的锁紧螺钉 8，使用锁紧瓦 6 把丝杠 9 放松，然后转动丝杠 9，它便和蜗杆 10 同时在壳体螺母套筒 7 中做轴向移动，消除齿向间隙。调整完毕后，再拧紧锁紧螺钉 8，把锁紧瓦 6 压紧在丝杠 9 上，使其不能再做转动。

蜗杆 10 的两端装有双列滚针轴承作径向支承，右端装有两只止推轴承承受轴向力，左端可以自由伸缩，保证运转平稳。蜗轮 11 下部的内、外两面均装有夹紧瓦 12 和 13。当蜗轮 11 不回转时，回转工作台的底座 18 内均布有 8 个液压缸 14，其上腔进压力油时，活塞 15 下行，通过钢球 17，撑开夹紧瓦 12 和 13，把蜗轮 11 夹紧。当回转工作台需要回转时，控制系统发出指令，使液压缸上腔油液流回油箱。由于弹簧 16 恢复力的作用，把钢球 17 抬起，夹紧瓦 12 和 13 就不夹紧蜗轮 11 了,然后由电液脉冲马达 1 通过传动装置使蜗轮 11 和回转工作台一起按照控制指令做回转运动。回转工作台的导轨面由大型滚柱轴承支承,并由圆锥滚子轴承 21 和双列圆柱滚子轴承 20 保持定位准确的回转中心。

数控回转工作台设有零点,当它作返零控制时,先用挡块碰撞限位开关(图中未画出),使工作台由快速变为慢速回转,然后在无触点开关的作用下,使工作台准确地停在零位。数控回转工作台可进行任意角度的回转或分度,由光栅 19 进行读数控制。光栅 19 沿其圆周上有 21 600 条刻线,通过 6 倍频线路,刻度的分辨能力为 $10''$。

5.7　数控机床的辅助装置

5.7.1　排屑装置

为了数控机床的自动切削加工能顺利进行和减少数控机床的发热,数控机床应具有合适的排屑装置。数控车床和磨床的切屑中往往混合着切削液,排屑装置应从其中分离出切屑,并将它们送入切屑收集箱;而切削液则被回收到切削液箱。下面介绍几种常见的排屑装置,如图 5-51 所示。

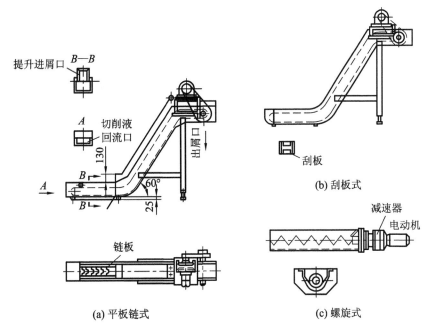

图 5-51　排屑装置

1. 平板链式排屑装置

如图 5-51(a)所示,该装置以滚动链轮牵引钢质平板链带在封闭箱中运转,加工中的切屑落到链带上被带出数控机床。这种装置能排除各种形状的切屑,适应性强,各类机床都能采用。

2. 刮板式排屑装置

如图 5-51(b)所示，该装置传动原理与平板链式排屑装置的传动原理基本相同，只是链板不同，它带有刮板链板。这种装置常用于输送各种材料的短小切屑，排屑能力较强。因负载大，故需采用较大功率的驱动电机。

3. 螺旋式排屑装置

如图 5-51(c)所示，该装置采用电动机经减速装置驱动安装在沟槽中的一根长螺旋杆进行排屑。螺旋杆转动时，沟槽中的切屑即由螺旋杆推动连续向前运动，最终排入切屑收集箱。螺旋式排屑结构简单，排屑性能好，但只适合沿水平或小角度倾斜的直线方向排屑。

5.7.2 工件交换系统

为了减少工件安装、调整等辅助时间，提高自动化生产水平，在有些加工中心上已经采用了多工位托盘自动交换机构。目前较多地采用双工作台形式，如图 5-52 所示，当其中一个托盘工作台进入加工中心内进行自动循环加工时，另一个在加工中心外的托盘工作台就可以进行工件的装卸调整。这样，工件的装卸调整时间与加工中心加工时间重合，节省了加工辅助时间。图 5-53 所示为具有 10 工位托盘自动交换系统的柔性加工单元，托盘支撑在圆柱环形导轨上，由内侧的环链拖动而实现回转，链轮由电动机驱动。

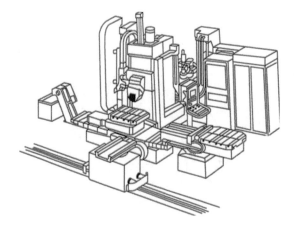

图 5-52 配备双工作台的加工中心

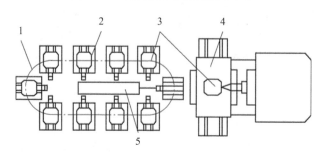

1—环形交换工作台；2—托盘座；3—托盘；4—加工中心；5—托盘交换装置。

图 5-53 具有 10 工位托盘自动交换系统的柔性加工单元

习　　题

1. 数控机床进给系统采用齿轮传动副时,应该有消隙措施,其消除的是(　　　)。

A. 齿轮轴向间隙　　　B. 齿顶间隙　　　　C. 齿侧间隙　　　　D. 齿根间隙

2. 进给系统采用滚珠丝杠传动是因为滚珠丝杠具有(　　　)的特点。

A. 动、静摩擦数目相近　　　　　　　B. 摩擦因数小

C. 传动效率高定位精度高　　　　　　D. 便于消除间隙

3. 滚珠丝杠螺母副采用齿差调隙式时,若两螺母凸缘齿轮的齿数分别为 49 和 50,丝杠的导程为 10 mm,则两个螺母相对于螺母座同方向转动一个齿后,其轴向位移量为(　　　)。

A. 1/990　　　　　　B. 1/495　　　　　　C. 1/490　　　　　　D. 1/245

4. 机床主轴前端锥孔使用 7∶24 的锥孔目的是(　　　)。

A. 传递动力　　　　　　　　　　　　B. 定位和更换刀具方便

C. 自锁　　　　　　　　　　　　　　D. 增大效率

5. 数控机床对进给系统有哪些要求?

6. 滚珠丝杠副在机床上的支承方式有哪几种?各自适用的场合有哪些?

第6章 数控编程基础

基本要求

(1) 掌握数控编程的内容与步骤。

(2) 掌握数控机床的坐标系和运动方向的命名规则。

(3) 掌握利用三角函数计算基点坐标的方法,并了解非圆曲线节点坐标的概念。

(4) 理解对刀点与换刀点的概念。

(5) 了解数控编程中工艺分析的主要内容。

(6) 掌握程序的结构组成、程序段格式的书写规则。

重点与难点

数控编程的内容与步骤,数控机床的坐标系和运动方向;加工方法的选择,工序与工步的划分,刀具的合理选择,切削参数的确定,加工路线的确定;对刀点与换刀点的确定。

课程思政

不同的加工工艺参数对产品的加工质量、效率和成本有着很大的影响。要有严谨认真、一丝不苟的工作态度和精益求精的职业精神,才能在制造业领域打造出高质量产品,赢得市场竞争力。

数控编程是实施数控加工前必须要做的工作,数控机床没有加工程序将无法实现加工。编程的质量对加工质量和加工效率有着直接的影响。因为,程序是一切加工信息的载体,操作者对机床的一切控制都是通过程序实现的。只有高质量的加工程序,才能最大限度地发挥数控机床的潜能,达到数控加工应有的技术效果与经济效益。

6.1 数控编程概述

6.1.1 数控加工与传统加工的比较

数控加工与传统加工的比较如图6-1所示。

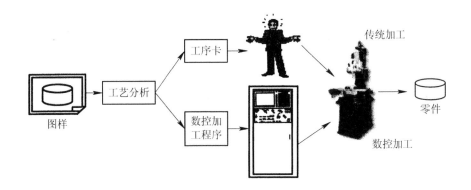

图 6-1　数控加工与传统加工的比较

　　在普通机床上加工零件，一般先要对零件图样进行工艺分析，制定零件加工工艺规程（工序卡），并在工艺规程中规定加工工序及使用的机床、刀具、夹具等内容。机床操作者则根据工序卡的要求，在加工过程中操作机床，自行选定切削用量、走刀路线和工序内的工步安排等，不断地改变刀具与工件的相对运动轨迹和运动参数（如位置、速度等），使刀具对工件进行切削加工，从而得到所需要的合格零件。

　　在数控机床上，传统加工过程中的人工操作均被数控装置所取代。其工作过程如下：首先要将被加工零件图上的几何信息和工艺信息数字化，即编成零件程序，再将加工程序单中的内容记录在磁盘等控制介质上，然后将该程序送入数控装置；数控装置则按照程序的要求，进行相应的运算、处理，然后发出控制指令，使各坐标轴、主轴以及辅助动作相互协调运动，实现刀具与工件的相对运动，自动完成零件的加工。

6.1.2　数控编程的基本概念

　　数控加工过程的第一步，即零件程序的编制过程，称为数控编程。具体地说，数控编程是指根据被加工零件的图纸和技术要求、工艺要求，将零件加工的工艺顺序、工序内的工步安排、刀具相对于工件运动的轨迹与方向（零件轮廓轨迹尺寸）、工艺参数（主轴转速、进给量、切削深度）及辅助动作（变速，换刀，冷却液开、停，工件夹紧、松开等）等，用数控系统所规定的规则、代码和格式编制成文件（零件程序单），并将程序单的信息制作成控制介质的整个过程。从广义上讲，数控加工程序的编制包含了数控加工工艺的设计过程。

6.1.3　数控编程的主要内容

　　数控编程的主要内容包括零件工艺分析、数学处理、编写程序单及初步校验、制备控制介质、输入数控系统、程序的校验和试切。

1. 零件工艺分析

　　根据零件图纸和工艺分析，主要完成下述任务：

（1）确定加工机床、刀具与夹具。

（2）确定零件加工的工艺路线、工步顺序。

（3）确定切削用量（主轴转速、进给速度、进给量、切削深度）。

（4）确定辅助功能（换刀，主轴正转、反转，冷却液开、关等）。

2. 数学处理

根据图纸尺寸，确定合适的工件坐标系，并依此工件坐标系为基准，完成下述任务：

（1）计算直线和圆弧轮廓的终点（实际上转化为求直线与圆弧间的交点、切点）坐标值，以及圆弧轮廓的圆心、半径等。

（2）计算非圆曲线轮廓的离散逼近点坐标值（当数控系统没有相应曲线的差补功能时，一般要将此曲线在满足精度的前提下，用直线段或圆弧段逼近）。

（3）将计算的坐标值按数控系统规定的编程单位换算为相应的编程值。

3. 编写程序单及初步校验

根据制定的加工路线、切削用量、选用的刀具、辅助动作和计算的坐标值，按照数控系统规定的指令代码及程序格式编写零件程序，并进行初步校验（一般采用阅读法，即对照欲加工零件的要求，对编制的加工程序进行仔细的阅读和分析，以检查程序的正确性），检查上述两个步骤中是否有错误。

4. 制备控制介质

将程序单上的内容经转换记录在控制介质（如磁盘）上，作为数控系统的输入信息。若程序较简单，也可直接通过 MDI 键盘输入。

5. 输入数控系统

制备的控制介质必须正确无误，才能用于正式加工。因此要将记录在控制介质上的零件程序经输入装置输入数控系统中，并进行校验。

6. 程序的校验和试切

1）程序的校验

程序的校验用于检查程序的正确性和合理性，但不能检查加工精度。程序检验的方法如下：利用数控系统的相关功能，在数控机床上运行程序，通过刀具运动轨迹检查程序。这种检查方法较为直观简单，现被广泛采用。

2）程序的试切

通过程序的试切，可以在数控机床上加工实际零件以检查程序的正确性和合理性。试切法不仅可检验程序的正确性，还可检查加工精度是否符合要求。通常只有试切零件经检验合格后，加工程序才算编制完毕。

在校验和试切过程中，如发现有错误，应分析错误产生的原因，并进行相应的修改，或修改程序单，或调整刀具补偿尺寸，直到加工出符合图纸规定精度的试切件为止。

6.1.4　数控编程的方法

数控编程方法是数控技术的重要组成部分，数控自动编程代表编程方法的先进水平，而手工编程是学习自动编程的基础。目前，手工编程还有广泛的应用。

1. 手工编程

手工编程是指编制零件数控加工程序的前几个步骤，即从零件图样工艺分析、坐标点的计算直至编写零件程序单，均由人工来完成。

对于点位加工或几何形状不太复杂的零件，数控编程计算较简单，需编写的程序段不多，手工编程即可实现。若对轮廓形状复杂的零件，特别是空间复杂曲面零件以及几何元素虽不复杂但程序量很大的零件，采用手工编程则相当烦琐，工作量大，容易出错且很难校对。为了缩短生产周期，提高数控机床的利用率，对该类零件必须采用自动编程方法。

2. 自动编程

自动编程即计算机辅助编程，它是借助数控自动编程系统（如 MasterCAM、UG、Pro/E 等系统），由计算机来辅助生成零件程序。此时，编程人员一般只需借助数控编程系统提供的各种功能，对加工对象、工艺参数及加工过程进行较简单的描述，即可由编程系统自动完成数控加工程序编制的其余内容。

自动编程减轻了编程人员的劳动强度，缩短了编程时间，提高了编程质量，同时解决了手工编程无法解决的许多复杂零件的编程难题（如非圆曲线轮廓的计算）。通常，三轴以上联动的零件程序只能用自动编程来完成。

6.2　数控机床的坐标系

6.2.1　机床坐标轴的命名与方向

标准坐标系采用右手笛卡尔坐标系，其坐标命名为 X、Y、Z，常称为基本坐标系，如图 6-2 所示。右手的大拇指、食指和中指互相垂直时，拇指的方向为 X 坐标轴的正方向，食指为 Y 坐标轴的正方向，中指为 Z 坐标轴的正方向。以 X、Y、Z 坐标轴线或以与 X、Y、Z 坐标轴平行的坐标轴线为中心旋转的圆周进给坐标轴分别用 A、B、C 表示，根据右手螺旋定理，分别以大拇指指向 $+X$、$+Y$、$+Z$ 方向，其余四指方向则分别为 $+A$、$+B$、$+C$ 轴的旋转方向。

如果在基本的直角坐标轴 X、Y、Z 之外，另有轴线平行于它们的坐标轴，则这些附加的直角坐标轴分别指定为 U、V、W 轴和 P、Q、R 轴。对于旋转轴，除 A、B、C 轴以外，还可以根据使用要求继续命名为 D 轴、E 轴。这些附加坐标轴的运动方向，可按决定基本坐标轴的方向的方法来决定。

上述坐标轴正方向，均是假定工件不动，刀具相对于工件做进给运动而确定的方向，即刀具运动坐标系。但在实际机床加工时，有很多都是刀具相对不动，而工件相对于刀具移动实现进给运动的情况。此时，应在各轴字母后加上"'"表示工件运动坐标系。按相对运动关系，工件运动的正方向恰好与刀具运动的正方向相反，即

$$+X=-X',\ +Y=-Y',\ +Z=-Z',\ +A=-A',\ +B=-B',\ +C=-C'$$

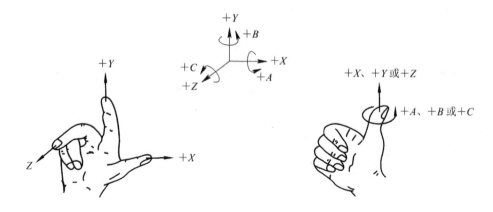

图 6 – 2 机床坐标系

事实上，不管是刀具运动还是工件运动，在进行编程计算时，一律都是假定工件不动，按刀具相对运动的坐标来编程。这个规定方便了编程，使编程人员在不知数控机床具体布局的情况下，也能正确编程。

机床操作面板上的轴移动按钮所对应的正负运动方向，也应该和编程用的刀具运动坐标方向相一致。比如对立式数控铣床而言，按 $+X$ 轴移动按钮或执行程序中 $+X$ 移动指令，应该是达到假想工件不动，而刀具相对工件往右（$+X$）移动的效果。但由于在 X、Y 平面方向，刀具实际上是不移动的，因此相对于站立不动的人来说，真正产生的动作却是工作台带动工件往左移动（即 $+X'$ 运动方向）。若按 $+Z$ 轴移动按钮，对工作台不能升降的机床来说，应该就是刀具主轴向上回升；对工作台能升降而刀具主轴不能上下调节的机床来说，则应该是工作台带动工件向下移动，即刀具相对于工件向上提升。

6.2.2 机床坐标轴方位和方向的确定

机床坐标轴的方位和方向取决于机床的类型和各组成部分的布局，其确定顺序为：先确定 Z 坐标轴，再确定 X 坐标轴，然后由右手定则或右手螺旋定则确定 Y 坐标轴。

1. Z 坐标轴

通常把传递切削力的主轴定为 Z 轴。对于工件旋转的机床，如车床、磨床等，工件转动的轴为 Z 轴；对于刀具旋转的机床，如镗床、铣床、钻床等，刀具转动的轴为 Z 轴。如果有几根轴同时符合上述条件，则其中与工件夹持装置垂直的轴为 Z 轴；如果主轴可以摆动，并在其允许的摆角范围内有一根与标准坐标系轴平行的轴，则该轴为 Z 轴；若有两根或两根以上的轴与标准直角坐标轴平行，其中与装夹工件的工作台相垂直的轴定为 Z 轴。对于工件和刀具都不转的机床，如刨床、插床等无主轴机床，则 Z 轴垂直于工件装夹表面。Z 轴的正方向取作刀具远离工件的方向。

2. X 坐标轴

X 坐标轴一般平行于工件装夹面，且与 Z 轴垂直。对于工件旋转的机床，取平行于横向滑座的方向，即工件的径向为 X 轴坐标，取刀具远离工件旋转中心的方向为 X 轴的正向；对于刀具旋转的机床，若 Z 轴为水平(如卧式铣床、卧式镗床)，则从刀具主轴向工件看，右手方向为 X 轴正向。若 Z 轴为垂直，对单立柱机床(如立式铣床)，从刀具主轴向立柱方向看，右手方向为 X 轴正向；对于双立柱机床(如龙门机床)，从刀具主轴向左立柱看，右手方向为 X 轴正向。对于工件和刀具都不旋转的机床，X 轴与主切削方向平行且切削运动方向为正向。

图 6-3～图 6-5 给出了部分数控机床的标准坐标系。

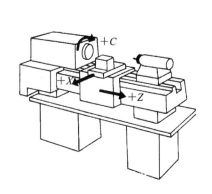
图 6-3　卧式车的标准坐标系

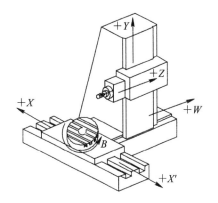
图 6-4　卧式镗铣床的标准坐标系

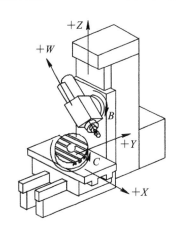
图 6-5　五轴加工中心的标准坐标系

6.2.3　机床坐标系与工件坐标系

1. 机床坐标系

机床坐标系是机床固有的坐标系，机床坐标系的原点也被称为机床原点或机床零点。这个原点在机床一经设计和制造调整后，便被确定下来，它是固定的点。机床原点是工件坐标系、机床参考点的基准点。数控车床的机床原点一般设在卡盘前端面或卡盘后端面的中心。数控铣床的机床原点，各个生产厂家不一致，有的设在机床工作台的中心，有的设在进给行程的终点。

数控系统的处理器能计算所有坐标轴相对于机床零点的位移量，但系统上电时并不知道测量起点，每个坐标轴的机械行程是由最大和最小限位开关来限定的。

为了正确地在机床工作时建立机床坐标系，通常在每个坐标轴的移动范围内设置一个机床参考点，机床启动时，通常要进行机动或手动回参考点，以建立机床坐标系。机床参考点可以与机床零点重合，也可以不重合，通过机床参数指定参考点到机床零点的距离。机床参考点通常设置在机床各轴靠近正向极限的位置上，通过减速行程开关粗定位，由零位点脉冲精确定位。机床参考点对机床原点的坐标是一个已知定值，也就是说，可以根据机床参考点在机床坐标系中的坐标值间接确定机床原点的位置。在机床接通电源后，通常都要做回零操作，即利用 CRT/MDI 控制面板上的功能键和机床操作面板上的有关按钮，使工作台运行到机床参考点。回零操作又称为返回参考点操作。当返回参考点的工作完成后，显示器即显示出机床参考点在机床坐标系中的坐标值，表明机床坐标系已经建立。因此，回零操作是对基准的重新校定，可以消除由于种种原因产生的基准偏差。

在数控加工程序中，可以用相关的指令使刀具经过一个中间点后自动返回参考点。机床参考点已由机床制造厂测定后输入数控系统，并且记录在机床说明书中，用户不得更改。

2. 工件坐标系

工件坐标系是编程人员在编程时使用的，编程人员选择工件上的某一已知点为原点（也称程序原点），建立一个新的坐标系，称为工件坐标系。工件坐标系是在数控编程时用来定义工件形状和刀具相对工件位置的坐标系。工件坐标系一旦建立便一直有效，直到被新的工件坐标系所取代。工件装夹到机床上时，应使工件坐标系与机床坐标系的坐标轴方向保持一致。工件坐标系的建立，包括工件坐标系原点的选择和工件坐标轴的确定。

1）工件坐标系原点的选择

工件坐标系的原点也称为工件原点或编程原点。工件坐标系原点的选择要尽量满足编程简单、尺寸换算少、引起的加工误差小等条件。一般情况下，以坐标系尺寸标注的零件，编程原点应选在尺寸标注的基准点；对称零件或以同心圆为主的零件，编程原点应选在对称中心线或圆心上。

2）工件坐标轴的确定

坐标系原点确定以后，接着就是坐标轴的确定。工件坐标轴的确定原则是：根据工件在机床上的安装方向和位置决定 Z 轴方向，即工件安放在数控机床上时，工件坐标系的 Z 轴与机床坐标系的 Z 轴平行，正方向一致，在工件上通常与工件主要定位支撑面垂直；然后，选择零件尺寸较长方向（或切削时的主要进给方向）为 X 轴方向，在机床上安放后，其方位与机床坐标系的 X 轴平行，正方向一致；过原点与 X 轴、Z 轴垂直的轴为 Y 轴，并根据右手定则确定 Y 轴的正方向。

6.3 数控加工的工艺处理

6.3.1 CNC 机床的选择

不同类型的零件应在不同的 CNC 机床上加工。CNC 车床适合加工形状复杂的轴类零件和由复杂曲线回转形成的模具型腔。CNC 立式镗铣床和立式加工中心适于加工箱体、箱盖、平面凸轮、样板、形状复杂的平面或立体零件，以及模具的型腔等。卧式镗铣床和卧式加工中心适于加工复杂的箱体类零件及泵体、阀体、壳体等。多坐标联动的卧式加工中心还可以用于加工各种复杂的曲线、曲面、叶轮、模具等。总之，对不同类型的零件，要选用相应的 CNC 机床加工，以发挥各种 CNC 机床的效率和特点。

6.3.2　加工工序的划分

根据零件图样，考虑被加工零件是否可以在一台数控机床上完成整个零件的加工工作，若不能，则应决定其中哪一部分在数控机床上加工，哪一部分在其他机床上加工。这就是对零件的加工工序进行划分。常用的机床加工零件的工序划分方法有刀具集中分序法，粗、精加工分序法和加工部位分序法。

1. 刀具集中分序法

为了减少换刀次数，压缩空程时间，减少不必要的定位误差，可按刀具集中工序的方法加工零件，即在一次装夹中，尽可能用同一把刀具加工完成所有可能加工到的部位，然后再换另一把刀具加工其他部位。在专用数控机床和加工中心上常采用此法。

2. 粗、精加工分序法

根据零件的加工精度、刚度和变形等因素来划分工序时，可按粗、精加工分开的原则来划分工序，即先粗加工再精加工。此时，可用不同的机床或不同的刀具顺次同步进行加工。对单个零件要先粗加工、半精加工，而后精加工；或者对一批零件，先全部进行粗加工、半精加工，最后再进行精加工。通常在一次安装中，不允许将零件某一部分表面粗、精加工完毕后，再加工零件的其他表面。否则，可能会在对新的表面进行大切削量加工过程中，因切削力太大而引起已精加工完成的表面变形。图 6-6 所示的车削加工零件，应先切除整个零件的大部分余量，再将其表面精车一遍，以保证加工精度和表面粗糙度的要求。粗、精加工之间最好隔一段时间，使粗加工后零件的变形能得到充分恢复，再进行精加工，以提高零件的加工精度。

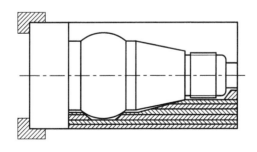

图 6-6　车削加工零件

3. 加工部位分序法

由于每个零件结构形状不同，各表面的技术要求也有所不同，故加工时其定位方式各有差异。一般应先加工平面、定位面，再加工孔；先加工形状简单的几何形状，再加工复杂的几何形状；先加工低精度部位，再加工高精度部位。在加工外形时，以内形定位；在加工内形时，则以外形定位。

如图 6-7 所示的片状凸轮，按定位方式可分为两道工序；第一道工序可在普通机床上进行，以外圆表面和 B 平面定位，加工端面 A 和 $\phi 22H7$ 的内孔；然后再加工端面 B 和 $\phi 4H7$ 的工艺孔。第二道工序以已加工过的两个孔和一个端面定位，在数控铣上铣削凸轮外表面曲线。

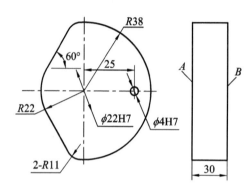

图 6-7 片状凸轮

6.3.3 对刀点与换刀点的确定

在进行数控加工编程时，往往是将整个刀具浓缩，视为一个点，那就是"刀位点"，它是在刀具上用于表现刀具位置的参照点。一般来说，立铣刀、端铣刀的刀位点是刀具轴线与刀具底面的交点，球头铣刀的刀位点为球心，镗刀、车刀的刀位点为刀尖或刀尖圆弧中心，钻头的刀位点是钻尖，线切割的刀位点则是线电极的轴心与零件面的交点。

对刀操作就是要测定出在程序起点处刀具刀位点（即对刀点，也称加工起点）相对于机床原点以及工件原点的坐标位置，这是数控加工程序运行前的一个必要操作。如图 6-8 所示，对刀点相对于机床原点为 (X_0, Y_0)，相对于工件原点为 (X_1, Y_1)，据此便可明确地表示出机床坐标系、工件坐标系和对刀点之间的位置关系。

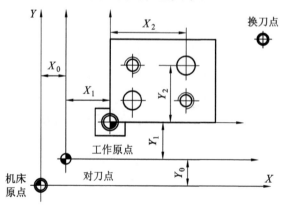

图 6-8 对刀点与换刀点

　　数控机床对刀时常采用千分表、对刀测头或对刀瞄准仪进行找正对刀操作,这种方法具有很高的对刀精度。对有原点预置功能的 CNC 系统,设定好后,数控系统即将原点坐标存储起来。即使工作人员不小心移动了刀具的相对位置,也可很方便地令其返回到起刀点处。有的还可分别对刀后,一次预置多个原点,调用相应部位的零件加工程序时,其原点自动变换。在编程时,应正确地选择对刀点的位置。

　　对刀点可以设置在零件上、夹具上或机床上面,应尽可能设在零件的设计基准或工艺基准上。对于以孔定位的零件,可以取孔的中心作为对刀点。成批生产时,为减少多次对刀带来的误差,常将对刀点既作为程序的起点,也作为程序的终点。

　　换刀点则是指加工过程中需要换刀时刀具的相对位置点。换刀点往往设在工件的外部,以能顺利换刀、不碰撞工件及其他部件为准。例如在铣床上,常以机床参考点为换刀点;在加工中心上,以换刀机械手的固定位置点为换刀点;在车床上,则以刀架远离工件的行程极限点为换刀点。选取的这些点,都是便于计算的相对固定点。

6.3.4　加工路线的确定

　　加工路线是指刀具刀位点相对于工件运动的轨迹和方向。其主要确定原则如下:

　　(1)加工方式、路线应保证被加工零件的精度和表面粗糙度。

　　(2)减少进、退刀时间和其他辅助时间,使加工路线最短。

　　(3)进、退刀位置应选在不太重要的位置,并且使刀具尽量沿切线方向进、退刀,避免采用法向进、退刀和进给中途停顿而产生刀痕。

　　(4)便于编程计算。

　　(5)加工余量较大时,应分次切削。

1. 孔类加工(钻孔、镗孔)时加工路线的确定

　　由于孔的加工属于点位控制,在设计加工路线时,要重视孔的位置精度。对位置精度要求较高的孔,应考虑采用单边定位的方法,防止将机床坐标轴的反间隙误差带入而影响孔位精度。如图 6-9 所示零件,若按(a)图所示路线加工时,由于 5、6 孔与 1、2、3、4 孔定位方向相反,因此 Y 方向反向间隙会使定位误差增加,从而影响 5、6 孔与其他孔的位置精度。若按(b)图所示路线,加工完 4 孔后往上多移动一段距离到 P 点,然后再折回来加工 5、6 孔,使方向一致,可避免引入反向间隙。

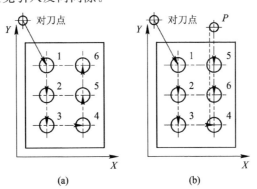

图 6-9　对刀点与换刀点

2. 车削加工时加工路线的确定

对于车削，可考虑将毛坯件上过多的余量（特别是含铸、锻硬皮层的余量）安排在普通车床上加工。如必须用数控车加工，则要注意程序的灵活安排。可用一些子程序（或粗车循环）对余量过多的部位先做一定的切削加工。在安排粗车路线时，应让每次切削所留的余量相等。如图 6-10 所示，若以 90°主偏刀分层车外圆，合理的安排应是每一刀的切削终点依次提前一小段距离 e，这样就可防止主切削刃在每次切削终点处受到瞬时重负荷的冲击。

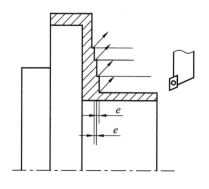

图 6-10 对刀点与换刀点

3. 铣削加工时加工路线的确定

铣削平面零件时，一般采用立铣刀侧刃进行切削。为减少接刀痕迹，保证零件表面质量，应对刀具的切入和切出程序精心设计。如图 6-11(a)所示，铣削外表面轮廓时，铣刀的切入、切出点应沿零件轮廓曲线的延长线上切向切入和切出零件表面，而不应法向直接切入零件，引入点选在尖点处较妥。如图 6-11(b)所示，铣削内轮廓表面时，也应该遵循沿切向切入的原则，而且最好安排从圆弧过渡到圆弧的加工路线；切出时也应多安排一段过渡圆弧再退刀，这样可以减小接刀处的接刀痕，从而提高内圆的加工精度。

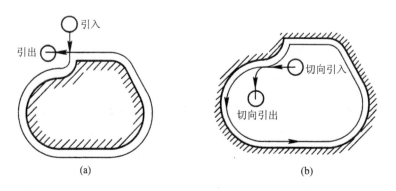

(a)   (b)

图 6-11 切入与切出

对于槽形铣削，若为通槽，可采用行切法来回铣切，走刀换向在工件外部进行，如图 6-12(a)所示。若为封闭凹槽，可有图(b)、图(c)、图(d)所示的三种走刀方案。其中，图(b)为行切法；图(c)为环切法；图(d)为先用行切法，最后用环切法环切一周，使轮廓表面光整。这三种方案中，图(b)所示方案最差，图(d)方案最好。

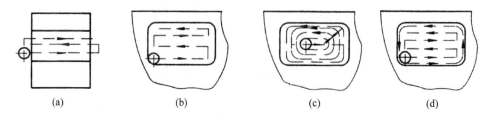

(a)   (b)   (c)   (d)

图 6-12 铣槽方案

对于带岛屿的槽形铣削(如图 6 - 13 所示)，若封闭凹槽内还有形状凸起的岛屿，则以保证每次走刀路线与轮廓的交点数不超过两个为原则，按图 6 - 13(a)所示方式将岛屿两侧视为两个内槽分别进行切削，最后用环切方式对整个槽形内外轮廓精切一刀。若按图 6 - 13(b)所示方式，来回地从一侧顺次铣切到另一侧，必然会因频繁地抬刀和下刀而增加工时。如图 6 - 13(c)所示，当岛屿间形成的槽缝小于刀具直径时，则必然将槽分隔成几个区域，若以最短工时考虑，可将各区视为一个独立的槽，先后完成粗、精加工后再去加工另一个槽区；若以预防加工变形考虑，则应在所有的区域完成粗铣后，再统一对所有的区域先后进行精铣。

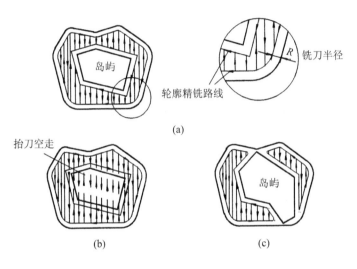

图 6 - 13　带岛屿的槽形铣削

对于曲面铣削，常用球头铣刀采用"行切法"进行加工。如图 6 - 14 所示的大叶片类零件，当采用图 6 - 14(a)所示沿纵向来回切削的加工路线时，每次沿母线方向加工，刀位点计算简单，程序少，加工过程符合直纹面的形成，可以准确保证母线的直线度。当采用图 6 - 14(b)所示沿横向来回切削的加工路线时，符合这类零件数据给出情况，便于加工后的检验，叶形准确度高，但程序较多。

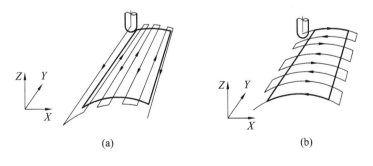

图 6 - 14　曲面铣削

6.3.5　刀具的选择

选择刀具通常要考虑机床的加工能力、工序内容和工件材料等因素。数控加工不仅要求刀具的精度高、刚度好、耐用度高，而且要求尺寸稳定、安装调整方便。

由于数控加工一般不用钻模，且钻孔刚度较差，因此要求孔的高径比应不大于 5，钻头两主刀刃应磨得对称以减少侧向力。钻孔前应用大直径钻头先锪一个内锥坑或顶窝，作为钻头切入时的定心锥面，同时也作为孔口的倒角。钻大孔时，可采用刚度较大的硬质合金扁钻；钻浅孔时，宜用硬质合金的浅孔钻，以提高效率和质量。用加工中心铰孔可达 IT7～IT9 级精度，表面粗糙度 Ra 为 $1.6～0.8\ \mu m$。铰前要求 Ra 小于 $6.3\ \mu m$。精铰可采用浮动铰刀，但铰前孔口要倒角。铰刀两刀刃对称度要控制在 $0.02～0.05\ mm$ 之内。镗孔则是悬臂加工，应采用对称的两刃或两刃以上的镗刀头进行切削，以平衡径向力，减轻镗削振动。振动大时可采用减振镗杆。对阶梯孔的镗削加工采用组合镗刀，以提高镗削效率。精镗宜采用微调镗刀。

数控车床兼作粗精车削。粗车时，要选强度高、耐用度好的刀具，以便满足粗车时大吃刀量、大进给量的要求。精车时，要选精度高、耐用度好的刀具，以保证加工精度的要求。此外，为减少换刀时间和方便对刀，应尽可能采用机夹刀和机夹刀片。夹紧刀片的方式要选择得比较合理，刀片最好选择涂层硬质合金刀片。刀片的选择是根据零件的材料种类、硬度、加工表面粗糙度要求和加工余量的已知条件来决定刀片的几何结构（如刀尖圆角）、进给量、切削速度和刀片型号。具体选择可参考相关切削用量手册。

铣削加工选取刀具时，要使刀具的尺寸与被加工工件的表面尺寸和形状相适应。在生产中加工平面零件周边轮廓时，常采用立铣刀；铣削平面时，应选硬质合金刀片铣刀；加工凸台、凹槽时，选高速钢立铣刀；加工毛坯表面或粗加工孔时，可选镶硬质合金的立铣刀或玉米铣刀；对一些立体型面和变斜角轮廓外形的加工，常采用球头铣刀、环形铣刀、鼓形刀、锥形刀和盘形刀。曲面加工时常采用球头铣刀，但在加工曲面较平坦部位时，刀具以球头顶端刃切削，切削条件较差，因而应采用环形刀。在单件或小批量生产中，为取代多坐标联动机床，常采用鼓形刀或锥形刀来加工一些变斜角零件。若加镶齿盘铣刀，适用于在五坐标联动的数控机床上加工一些球面，其效率比用球头铣刀高近 10 倍，并可获得好的加工精度，如图 6-15 所示。常用立铣刀具的有关参数，可按下述经验数据选取。

(1) 刀具半径 r 应小于零件内轮廓面的最小曲率半径 ρ，一般取 $r=(0.8～0.9)\rho$。

(2) 零件的加工高度 $H=(1/4～1/6)r$，以保证刀具有足够的刚度。

(3) 对深槽孔，选取 $l=H+(5～10)\ mm$。l 为刀具切削部分长度，H 为零件高度。

(4) 加工外形及通槽时，选取 $l=H+r_e+(5～10)\ mm$。r_e 为刀尖转角半径。

(5) 粗加工内轮廓面时，铣刀最大直径 $D_{粗}$ 可按下式计算：

$$D_{粗} = 2 \times \frac{\delta \cdot \sin\dfrac{\varphi}{2} - \delta_1}{1 - \sin\dfrac{\varphi}{2}} + D$$

式中，D 为轮廓的最小凹圆角半径；δ 为圆角邻边夹角等分线上的精加工余量；δ_1 为精加工余量；φ 为圆角两邻边的最小夹角。

(6) 加工肋时，刀具直径为 $D=(5～10)b$（b 为肋的厚度）。

在加工中心上，各种刀具分别安装在刀库上，按程序规定随时进行选刀和换刀工作。因此，必须有一套连接普通刀具的接杆，以便使钻、镗、扩、铰、铣削等工序用的标准刀具迅速、准确地装到机床主轴或刀库上去。作为编程人员应了解机床上所用刀杆的结构尺寸

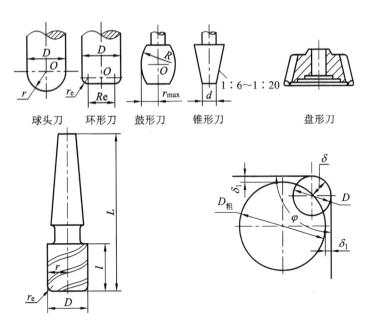

球头刀 环形刀 鼓形刀 锥形刀 盘形刀

图 6 - 15 铣刀类型及其尺寸关系

以及调整方法、调整范围，以便在编程时确定刀具的径向和轴向尺寸。

6.3.6 切削用量的确定

切削用量包括背吃刀量、主轴转速(切削速度)、进给量和进给速度。对于不同的加工方法，需要选择不同的切削用量，并应编入程序单内。

合理选择切削用量的原则是：粗加工时，一般以提高生产率为主，但也应考虑经济性和加工成本，通常选择较大的背吃刀量和进给量，采用较低的切削速度；半精加工和精加工时，应在保证加工质量的前提下，兼顾切削效率、经济性和加工成本，通常选择较小的背吃刀量和进给量，并选用切削性能高的刀具材料和合理的几何参数，以尽可能提高切削速度。具体数值应根据机床说明书、切削用量手册并结合经验而定。

(1) 背吃刀量(mm)亦称切削深度，主要根据机床、夹具、刀具和工件的刚度来决定。在刚度允许的情况下，应以最少的进给次数切除加工余量，最好一次切除余量，以便提高生产效率。精加工时，则应着重考虑如何保证加工质量，并在此基础上尽量提高生产率。在数控机床上，精加工余量可小于普通机床，一般取$(0.2\sim0.5)$ mm。

(2) 主轴转速 n(r/min)主要根据允许的切削速度 v_c(m/min)选取。

$$n = \frac{1000v_c}{\pi D}$$

式中，v_c 为切削速度，由刀具的耐用度决定；D 为工件或刀具直径(mm)。

主轴转速 n 最后要根据计算值在机床说明书中选取标准值，并填入程序单中。

(3) 进给量 f(mm/r)和进给速度 F(mm/min)是数控机床切削用量中的重要参数，主要根据零件的加工精度和表面粗糙度要求以及刀具、工件材料性质选取。

车削时：$F = f \cdot n$；

铣削时：$F = f_z \cdot z \cdot n$。

其中，z 为铣刀齿数，f_z 为每齿进给量（mm/z）。

当加工精度、表面粗糙度要求高时，进给速度（进给量）应选小一些，一般在 20～50 mm/min 范围内选取。粗加工时，为缩短切削时间，一般进给量就取得大一些。工件材料较软时，可选用较大的进给量；反之，工件材料较硬时，应选较小的进给量。

6.4　数控编程的数学处理

数控机床一般只有直线、圆弧等插补功能，在编程时，数学处理的主要内容是根据零件图样和选定的走刀路线、编程误差等计算出以直线和圆弧组合描述的刀具轨迹。本书主要介绍二位轮廓的刀位计算。

6.4.1　直线-圆弧轮廓零件的基点计算

在二位轮廓的刀位计算中，直线-圆弧拼接的轮廓零件很常见。当铣削如图 6-16 所示的零件轮廓时，必须向数控机床输入各个程序段的起点、终点和圆心位置。这就需要运用解析几何和矢量代数的方法求解直线与直线的交点、直线与圆弧的切点（统称基点）等，得出图 6-16 中的 A、B、C、E、F、G、H、O_1、O_2 各点的坐标。

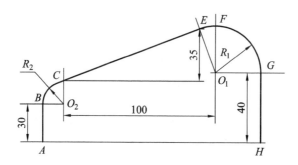

图 6-16　二位轮廓刀位计算

解析几何中的求交点，一般采用联立求解代数方程的方法。方程的表达式为
$$aX + bY + c = 0$$

当圆采用圆心 (X_c, Y_c) 和半径 R 表达时，方程的表达式为
$$(X - X_c)^2 + (Y - Y_c)^2 = R^2$$

求解图 6-16 中的 C 点和 E 点，相当于求解两个圆的公切点。这时，两个二次方程联立，一般情况下共有 4 组解，对应于图 6-17(a)中的 4 条公切线。为了求得 C、E 两点的位置，通常程序处理步骤是首先解出全部 4 组解，然后进一步判断，从中选取需要的一组解。但是，如果对直线、圆以至于曲线都赋以方向，则在很多情况下解是唯一的。例如，在图 6-17(b)中，假设 O_1 和 O_2 圆都是顺时针走向，则按照带轮法则，从 O_1 到 O_2 的公切线只能是 L_1，而从 O_2 到 O_1 的公切线只能是 L_2。图 6-17(c)表示了其他两种情况。下面介绍利用这种定向关系求解公切点的算法。

如图 6-18 所示，已知圆心 O_1 和 O_2，则圆的中心矩 H 为

$$H = \sqrt{(X_{O_2} - X_{O_1})^2 + (Y_{O_2} - Y_{O_1})^2}$$

$$\sin\beta = \frac{R_1 - R_2}{H}$$

$$\cos\beta = \sqrt{1 - \sin^2\beta}$$

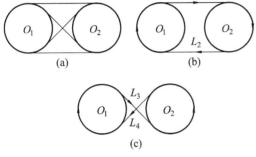

图 6 - 17　两圆的公切点

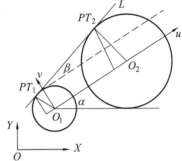

图 6 - 18　公切点的计算

上式中圆的半径带正、负号，规定顺时针圆的半径值为正，逆时针圆的半径值为负。在 $u-v$ 局部坐标系内，切点 PT_1 的位置为

$$u_r = R_1\sin\beta, \; v_r = R_1\cos\beta$$

转换到原坐标系后，切点 PT_1 的坐标为

$$X_{PT_1} = X_{O_1} + u_r\cos\alpha - v_r\sin\alpha$$

$$Y_{PT_1} = Y_{O_1} + u_r\sin\alpha - v_r\cos\alpha$$

切点 PT_2 的坐标可用类似的算法求得。

6.4.2　非圆曲线的离散逼近

当二位轮廓由非圆曲线方程 $Y = f(X)$ 表示时，需将其按编程误差离散成许多小直线段或圆弧段来逼近这些曲线。此时，离散点（节点）的数目主要取决于曲线的特性、逼近线段的形状及允许的逼近误差 $\delta_允$（通常为零件公差的 $10\% \sim 20\%$）。根据这三方面的条件，可用数学方法求出各离散点的坐标。用直线还是用圆弧作为逼近线段，则应考虑在保证逼近精度的前提下，使离散点数目少，也就是程序段数少，计算简单。对于曲率半径大的曲线用直线逼近较为有利，若曲线某段接近圆弧，自然用圆弧逼近有利。常用的离散逼近方法有以下几种。

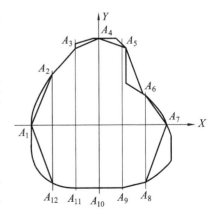

1. 等间距直线逼近法

等间距直线逼近法是使每一个程序段中的某一个坐标的增量相等的一种方法。在直角坐标系中可令 X 坐标的增量相等；在极坐标系中可令转角坐标的增量相等。图 6-19 所示为等间距直线逼近法示意图，

图 6 - 19　等间距直线逼近法示意图

即加工一个凸轮，X 坐标按等间距分段时离散点的分布情况。将 $X_1 \sim X_7$ 的值代入方程 $Y = f(X)$，可求出坐标值 $Y_1 \sim Y_{12}$，从而求得离散点 $A_1 \sim A_{12}$ 的坐标值。间距的大小一般根据零件加工精度要求凭经验选取。求出离散点坐标后，再验算由分段造成的逼近误差是否小于允许值。从图 6-19 中可以看出，不必每一段都要验算，只需验算 Y 坐标增量值最大的线段（如 A_1A_2 段）和曲率比较大的线段（如 A_7A_8 段）以及有拐点的线段（如 A_5A_6 段）。如果这些线段的逼近误差小于允许值，其他线段则一定能满足要求。

2. 等弦长直线逼近法

等弦长直线逼近法是使每个程序段的直线段长度相等的一种方法。由于零件轮廓曲线各处的曲率不同，因此各段的逼近误差也不相等，必须使最大误差小于 $\delta_允$。一般来说，零件轮廓曲率半径最小的地方，逼近误差最大。据此，先确定曲率半径最小的位置，然后在该处按照逼近误差小于或等于 $\delta_允$ 的条件求出逼近直线段的长度，用此弦长分割零件的轮廓曲线，即可求出各离散点的坐标，如图 6-20 所示。

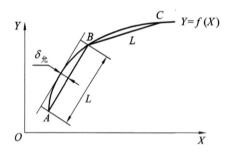

图 6-20 等弦长直线逼近法示意图

已知零件轮廓曲线方程为 $Y = f(X)$，则曲线的曲率半径为

$$\rho = \frac{[1 + (Y')^2]^{3/2}}{Y''}$$

将上式对 X 求导数，并令其值为零，有

$$\frac{\mathrm{d}\rho}{\mathrm{d}X} = \frac{3Y'Y''^2\,(1 + Y'^2)^{1/2} - [1 + (Y')^2]^{3/2}Y''}{Y''^2} = 0$$

求出 X 值，代入曲率半径计算式，便可得到最小曲率半径 $\rho_{\min}$。当允许逼近误差为 $\delta_允$ 时，半径为 $\rho_{\min}$ 的圆弧的最大允许逼近弦长为

$$L = 2\sqrt{\rho_{\min}^2 - (\rho_{\min} - \delta_允)^2} \approx 2\sqrt{2\rho_{\min}\delta_允}$$

以曲线的起点 $A\,(X_A, Y_A)$ 为圆心，L 为半径作圆，其方程为

$$(X - X_A)^2 + (Y - Y_A)^2 = 8\rho_{\min}\delta_允$$

将上式与 $Y = f(X)$ 联立求解，得交点 B 的坐标 $B\,(X_B, Y_B)$。依次以点 C、D、$E\cdots$ 为圆心，L 为半径作圆，并按上述方法求交点，即可求得离散点 C、D、$E\cdots$ 的坐标值。等弦长直线逼近法示意图如图 6-20 所示。

3. 等误差直线逼近法

等误差直线逼近法是使每个直线段的逼近误差相等的一种方法，其逼近误差小于或等

于 $\delta_允$。所以，此法比上面两种方法都合理，程
序段数更少。对大型、复杂的零件轮廓采用这
种方法较合理。

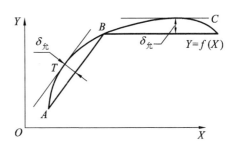

如图 6 - 21 所示，以曲线起点 $A(X_A, Y_A)$
为圆心，逼近误差 $\delta_允$ 为半径，画出误差圆，然
后作误差圆与轮廓曲线的公切线 T，再通过点
A 作直线 T 的平行线，该平行线与轮廓曲线
的交点 B 就是所求的离散点。再以 $B(X_B,$
$Y_B)$ 为圆心作误差圆并重复上述的步骤，便可
依次求出各节点。

图 6 - 21　等误差直线逼近法示意图

4. 圆弧逼近法

如果数控系统有圆弧插补功能，则可以用圆弧段去逼近工件的轮廓曲线，此时，需求
出每段圆弧的圆心、起点、终点的坐标值以及圆弧段的半径。计算离散点的依据仍然是使
圆弧段与工件轮廓曲线间的误差小于或等于允许的逼近误差。如图 6 - 22 所示，计算步骤
如下：

（1）求轮廓曲线 $Y = f(X)$ 在起点 (X_n, Y_n) 处的曲率中心坐标 (ξ_n, η_n) 和曲率半径
ρ_n，有

$$\rho_n = \frac{\left[1 + (Y'_n)^2\right]^{3/2}}{|Y''_n|}$$

$$\xi_n = X_n - Y'_n \frac{1 + (Y'_n)^2}{Y''_n}$$

$$\eta_n = Y_n - \frac{1 + (Y''_n)^2}{Y''_n}$$

（2）以点 (ξ_n, η_n) 为圆心，$\rho_n \pm \delta_允$ 为半径作圆，与曲线相交，其交点为 (X_{n+1}, Y_{n+1})。
圆的方程为

$$(X - \xi_n)^2 + (Y - \eta_n)^2 = (\rho_n \pm \delta_允)^2$$

将该圆的方程与曲线方程 $Y = f(X)$ 联立求解，即得所求离散点 (X_{n+1}, Y_{n+1})。

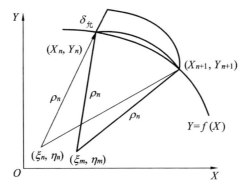

图 6 - 22　圆弧逼近法示意图

（3）以 (X_n, Y_n) 为起点、(X_{n+1}, Y_{n+1}) 为终点、半径为 ρ_n 的圆弧段是所要求的逼近圆

弧段。由以下两个方程

$$(X - X_n)^2 + (Y - Y_n)^2 = \rho_n^2$$

$$(X - X_{n+1})^2 + (Y - Y_{n+1})^2 = \rho_n^2$$

联立求解，可以求得圆弧段的圆心坐标为(ξ_m, η_m)。

（4）重复上述步骤，可依次求出其他逼近圆弧段。

6.5 数控程序的格式与结构

一个零件程序是由遵循一定结构、句法和格式规则的若干个程序段组成的，而每个程序段是由若干个指令字组成的。

6.5.1 程序段与指令字的格式

数控装置使用的程序段格式有固定顺序格式、表格顺序格式和地址数字格式。现代数控系统广泛采用第三种格式。其组成程序的最基本的单位称为"字"，每个字由地址符（英文字母）和带符号（如定义尺寸的字）或不带符号（如准备功能字 G 指令）的数字组成。这些指令字在数控装置中完成特定的功能。各种指令字组合而成的一行即为程序段。

一个程序段（行）可按如下形式书写：

N04 G02 X±43 Y±43…F42 S04 T02 M02

其中：

N04：N 表示程序段号，04 表示其后最多可跟 4 位数，数字最前的 0 可省略不写。

G02：G 为准备功能字，02 表示其后最多可跟 2 位数，数字最前的 0 可省略不写。

X±43，Y±43：坐标功能字，表示后跟的数字值有正负之分，正号可省略，负号不能省略。43 表示小数点前取 4 位数，小数点后可跟 3 位数。坐标数值单位由程序指令设定或由系统参数设定。

F42：F 为进给速度指令字，42 表示小数点前取 4 位数，小数点后可跟 2 位数。

S04：S 为主轴转速指令字，04 表示其后最多可跟 4 位数，数字最前的 0 可省略不写。

T02：T 为刀具功能字，02 表示其后最多可跟 2 位数，数字最前的 0 可省略不写。

M02：M 为辅助功能字，02 表示其后最多可跟 2 位数，数字最前的 0 可省略不写。

上述各代码字的功能含义将在后面的章节中详细介绍，在此不再赘述。地址数字格式程序中代码字的排列顺序没有严格的要求，不需要的代码字可以不写。程序段的书写相对来说是比较自由的。

6.5.2 程序的结构

一个完整的数控加工程序由程序号、程序体和程序结束三部分组成。

以 HNC-21T 数控系统为例，零件程序的起始部分由零件程序起始符号％（或 O）后跟 1～4 位数字组成。

程序体是整个程序的核心，由若干程序段组成，表示数控机床要完成的全部动作。一般常用程序段号来区分不同的程序段。一个零件程序是按程序段的输入顺序执行的，而不是按程序段号的顺序执行的，但书写程序时，建议按升序编写程序段号。程序段号不是程序段的必用字，对于整个程序，可以每个程序段都使用，也可部分使用，也可不用。建议以 N10 开始，按间隔 10 递增，以便在调试程序时插入新的程序段。

零件程序的结束部分常用 M02（程序结束）或 M30（程序结束并返回）构成程序的最后一段。

除上述零件程序的正文部分外，有些数控系统可在每个程序段后用程序注释符加入注释文字。如括号"（ ）"内或分号";"后的内容为注释文字。如图 6 - 23 所示，要铣削一个轨迹为长 10 mm、宽 8 mm 的长方形，其程序可简单编写如下：

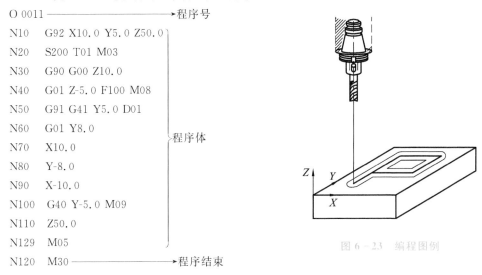

```
O 0011 ──────────────────▶程序号
N10    G92 X10.0 Y5.0 Z50.0
N20    S200 T01 M03
N30    G90 G00 Z10.0
N40    G01 Z-5.0 F100 M08
N50    G91 G41 Y5.0 D01
N60    G01 Y8.0
N70    X10.0                          程序体
N80    Y-8.0
N90    X-10.0
N100   G40 Y-5.0 M09
N110   Z50.0
N129   M05
N120   M30 ──────────────────▶程序结束
```

图 6 - 23　编程图例

6.6　数控机床的对刀操作

坐标系有机床坐标系、编程坐标系和工件坐标系等概念。机床坐标系是数控机床生产厂家安装调试时便设定好的一种固定的坐标系统。编程坐标系是在对图纸上零件编程计算时建立的，程序数据就是用的基于该坐标系的坐标值。在工件装夹到机床后，程序数据所依赖的编程坐标系统就是工件坐标系。工件坐标系则是在系统执行 G92 后才建立起来的坐标系，或用 G54～G59 预置的坐标系，车床中还可通过刀偏设置后执行 Txxxx 的指令建立。

对刀就是用来沟通机床坐标系、编程坐标系和工件坐标系三者之间相互关系的操作。由于坐标轴的正负方向都是按机床坐标轴确立原则统一规定的，因此实际上对刀就是确立坐标原点的位置。由对刀操作，找到编程原点在机床坐标系中的坐标位置，然后通过执行 G92/G54～G59 或 Txxxx 的指令创建与编程坐标系一致的工件坐标系。可以说，工件坐标系就是编程坐标系在机床上的具体体现。

6.6.1　数控车床的对刀

数控车床的对刀可分为基准车刀（标刀的）的对刀和其他各刀具的对刀两部分。

1. 基准车刀的对刀

基准车刀的对刀就是在加工前用基准刀通过试切外面和端面，测定出某一停到位置（如加工起始点）处，刀具刀位点（如刀尖）在预想的工件坐标系（编程坐标系）中的相对坐标位置及其在机床坐标系中的坐标位置，从而推算出它们之间的关系。

在经过回参考点操作后，此时屏幕上显示的就是刀架上某参照点在机床坐标系中的位置坐标，通常是$(0,0)$或一固定不变的坐标值。对刀操作在机床坐标系控制下进行，当刀具装夹好后，基准刀具和刀架即可视为一刚性整体，可将基准刀具的刀尖作为这一坐标的参照点，屏幕上显示的就是它的坐标值。其试切对刀的过程大致如下：

（1）确定已进行过手动返回参考点的操作。

（2）试切外圆。用手动或 MDI（用命令行形式执行）方式操纵机床将工件外圆表面试切一刀，然后保持刀具在 X 轴方向上的位置不变，沿 Z 轴方向退刀，记下此时屏幕上显示的刀尖在机床坐标系中的 X 坐标值X_t，并测量工件试切后的直径 D，D 值即当前位置上刀尖在工件坐标系中的 X 值。（通常 X 零点都选在回转轴心上。）

（3）按照不同的构建工件坐标系的方法要求，设置 X 的工件原点。

G92 方式：切换到 MDI 模式执行 G92 X D 指令。

G54 方式：计算 $X_t - D$ 的值，将该值设置到 G54 的 X 中。

Txxxx 方式：切换到刀偏设置画面，在刀补号对应行的试切直径栏输入 D 值，则系统自动推算出工件原点在机床坐标系中的 X 坐标值。

（4）试切端面。用同样的方法再将工件右端面试切一刀，保持刀具 Z 坐标不变，沿 X 方向退刀，记下此时刀尖在机床坐标系中的 Z 坐标值Z_t，且测出试切端面至预定的工件原点的距离 L，L 值即当前位置处刀尖在工件坐标系中的 Z 值。

（5）按照不同的构建工件坐标系的方法要求，设置 Z 的工件原点。

G92 方式：切换到 MDI 模式执行 G92 Z L 指令。

G54 方式：计算 $Z_t - L$ 的值，将该值设置到 G54 的 Z 中。

Txxxx 方式：切换到刀偏设置画面，在刀补号对应行的试切长度栏输入 L 值，则系统自动推算出工件原点在机床坐标系中的 Z 坐标值。

若拟用 G92 方式建立工件坐标系，并已经在将要运行的程序中写好"G92 Xa Zb；"的程序行，那么可用手动或 MDI 方法移动拖板，将刀具移至屏幕上工件坐标系中的坐标值为(a,b)的位置，这样就实现了将刀尖放在程序所要求的起刀点位置(a,b)上的对刀要求。若拟用 G54 或 Txxxx 方式建立工件坐标系，则刀具可停留在工件右端附近的任意位置。

2. 其他各刀具的对刀

其他各刀具的对刀也可像基准刀具那样通过试切对刀来建立各自的坐标系，但无法由一个 G92 来适应多把刀具，因此 G92 构建方式不适合；若用 G54～G59 预置工件原点的方法，则应给每把刀具分配一个预置坐标系，当刀具数目超过 6 把时，这种构建方式也不适合；适合多把刀具的工件坐标系构建方式就是 Txxxx。

在基准刀具试切对刀完成后，实际生产中通常可采用测定并设置每一把刀具相对于基准刀具的相对刀偏的方法对其余刀具进行对刀，这样就不需要对每把刀具进行试切削。相对刀偏可通过对刀仪器来测定。

6.6.2　数控铣床的对刀

由于数控铣床所用刀具都是随主轴一起回转的，而其回转轴心是不变的，因此其刀位点通常就选在回转轴心处。也就是说，在 XY 方向上，所有刀具的坐标是一致的，不需要每把刀具都去对刀，不同的是由于刀具长短不一，其在 Z 方向的长度有差距，因此对刀内容就包括 XY 方向上的对刀和 Z 方向上的对刀两部分。

对刀时，先从某零件加工所用到的众多刀具中任选一把刀具或采用标准直径的试棒（如寻边器），进行 XY 方向的对刀操作，而刀具长度差距则必须由实际所用的各个刀具来进行 Z 向对刀操作。下面仅对某一刀具的对刀操作进行说明。

在工件以及刀具（或对刀工具）都安装好后，可按下述步骤进行对刀操作：

（1）将方式开关置于"回参考点"位置，分别按 $+X$、$+Y$、$+Z$ 方向按键令机床进行回参考点的操作，此时，屏幕将显示对刀参照点在机床坐标系中的坐标。若机床原点与参考点重合，则坐标显示为 $(0，0，0)$。

（2）刀具 XY 向对刀。

• 以毛坯孔或外形的对称中心为对刀位置点。

以寻边器找毛坯对称中心为例。将电子寻边器和普通刀具一样装夹在主轴上，其柄部和触头之间有一个固定的电位差，当触头与金属工件接触时，即通过床身形成回路电流，寻边器上的指示灯就被点亮。逐步降低步进增量，使触头与金属工件表面处于极限接触（进一步即点亮，退一步则熄灭），即认为定位到金属工件表面的位置处。

如图 6-24 所示，先后定位到工件正对的两侧表面，记下对应的 X_1、X_2、Y_1、Y_2 坐标值，则对称中心在机床坐标系中的坐标应是 $((X_1+X_2)/2，(Y_1+Y_2)/2)$。

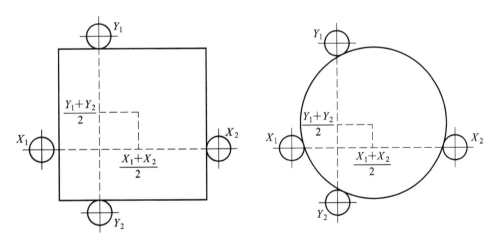

图 6-24　寻边器找对称中心

若拟用 G54 构建工件坐标系，可直接将孔中心或毛坯对称中心在机床坐标系中的 X、Y 坐标值预置到 G54 寄存器的 X、Y 地址中；若拟用 G92 来构建工件坐标系，可先将刀具移到中心位置，然后执行 MDI 指令"G92 X0 Y0"即可。

• 以毛坯相互垂直的基准边线的交点为对刀位置点。

如图 6-25 所示，使用寻边器或直接用刀具对刀。

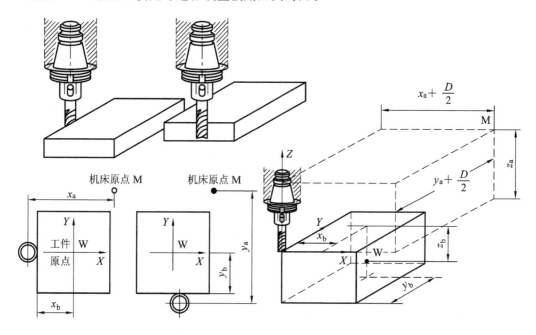

图 6-25 对刀操作时的坐标位置关系

① 按 X、Y 轴移动方向键，令刀具或寻边器移到工件左（或右）侧空位的上方。再让刀具下行，最后调整移动 X 轴，使刀具圆周刃口接触工件的左（或右）侧面，记下此时刀具在机床坐标系中的 X 坐标 x_a。然后按 X 轴移动方向键使刀具离开工件左（或右）侧面。

② 用①中的方法调整移动 Y 轴，使刀具圆周刃口接触工件的前（或后）侧面，记下此时刀具在机床坐标系中的 Y 坐标 y_a。最后让刀具离开工件的前（或后）侧面，并将刀具回升到远离工件的位置。

③ 如果已知刀具或寻边器的直径为 D，则基准边线交点处刀具在机床坐标系中的坐标应为 $(x_a+D/2, y_a+D/2)$。

若拟用 G54 将此边线交点作为工件坐标系原点，可直接将 $(x_a+D/2, y_a+D/2)$ 预置到 G54 寄存器的 X、Y 地址中；若拟用 G92 来构建工件坐标系，可先将刀具中心移到该边线交点位置处后，执行 MDI 指令"G92 X0 Y0"，或在步骤①的刀具碰边后执行"G92 X D/2"（右侧）、"G92 X-D/2"（左侧），在步骤②的刀具碰边后执行"G92 Y D/2"（后侧）、"G92Y-D/2"（前侧）。

假定工件原点预设定在距对刀用的基准表面距离分别为 x_b、y_b 的位置处。若将刀具中心点置于对刀基准面的交汇处（边线交点），则此时刀具刀位点在工件坐标系中的坐标为 (x_b, y_b)，其在机床坐标系中的坐标应为 $(x_a+D/2, y_a+D/2)$。若用 G92 构建所需的工件坐标系，可用 MDI 执行 G92 Xx_bYy_b。若使用 G54 构建工件坐标系，应将 $(x_a+D/2-x_b, y_a+D/2-y_b)$ 预置到 G54 寄存器的 X、Y 地址中。

以上对刀方法中若已用 G92 建立了工件坐标系，则在程序中最好不要再用 G92 重建坐标系。若在程序中使用了 G92 的程序头，则在运行加工程序之前必须先将刀具移动到程序指令所要求的指定位置，否则会因为重置坐标系而丢失原始对刀数据。程序使用 G92 构建坐标系而又用于零件的批量加工时，程序运行结束时刀具所停留的位置应与起刀点的位置一致，否则也会因坐标系重置而导致坐标原点变位。

（3）刀具 Z 向对刀。刀具中心（即主轴中心）在 X、Y 方向上的对刀完成后，可分别换上加工用的不同刀具，进行 Z 向对刀操作。Z 向对刀点通常都是以工件的上下表面为基准的，这可利用 Z 向设定器进行精确对刀，其原理与寻边器相同。若 Z 向设定器的标准高度为 50 mm，以工件上表面为 $Z=0$ 的工件零点，则当刀具下表面与 Z 向设定器接触至指示灯亮时，刀具在工件坐标系中的坐标应为 $Z=50$。

若仅用一把刀具进行加工，拟用 G92 构建工件坐标系时，可直接执行"G92 Z50"；拟用 G54 构建工件坐标系时，应将此时刀具在机床坐标系中的 Z 坐标减 50 的计算结果预置到 G54 寄存器的 Z 地址中。同理，不用 Z 向设定器而直接用刀具碰触工件上表面时，应用"G92 Z0"或直接将刀具在机床坐标系中的 Z 坐标预置到 G54 寄存器的 Z 地址中来设定。

习 题

1. 数控机床的"回零"操作是指回到（ ）。

A. 对刀点　　　　　　　　　B. 换刀点

C. 机床的零点　　　　　　　D. 编程原点

2. 数控编程人员在数控编程和加工时使用的坐标系是（ ）。

A. 右手直角笛卡尔坐标系　　B. 机床坐标系

C. 工件坐标系　　　　　　　D. 直角坐标系

3. 数控机床的 B 轴是绕（ ）旋转的轴。

A. X 轴　　　　B. Y 轴　　　　C. Z 轴　　　　D. 轴

4. 数控编程的步骤是什么？

5. 回参考点有什么意义？如何进行回参考点操作？

第 7 章　数控车床的编程

基本要求

(1) 理解刀具功能(T 指令)、主轴功能(S 指令)、进给功能(F 指令)、辅助功能(M 指令)和准备功能(G 指令)的用途，并掌握常用指令的编程方法。

(2) 掌握轮廓车削与镗削的编程方法，能够运用固定循环指令编写内外轮廓的粗、精加工程序。

(3) 掌握中等复杂程度典型车削零件(轴类、盘类、套类)加工程序的编写方法。

重点与难点

功能指令的编程格式与方法，运动控制指令的编程格式、编程方法及注意事项，以及固定循环指令与复合循环指令的编程方法。

课程思政

掌握事物的内在联系，对各指令与加工过程中的走刀方式进行辩证对比分析，能够更高效地掌握各指令的特点与应用场合。

数控车床主要用于回转体零件的加工，能自动完成内外圆柱面、圆锥面、母线为圆弧的旋转体、螺纹等工序的切削加工，并能进行切槽、钻、扩、铰孔及攻丝等加工。

本章以配置有华中数控世纪星数控装置(HNC-21T)的车床为例，阐述数控车床的编程方法。

7.1　辅助功能指令

辅助功能 M 指令由地址字 M 和其后的 1 或 2 位数字组成，主要用于控制零件程序的走向，以及机床各种辅助功能的开关动作(如主轴的旋转、冷却液的开关等)。在 M00～M99 的 100 种代码中，有相当一部分代码是不指定的。常用的 M 指令代码见表 7-1。

表 7 - 1　常用的 M 指令代码

代码	作用时间	组别	意　义	代码	作用时间	组别	意　义	代码	作用时间	组别	意　义
M00	★	00	程序暂停	M07	♯		开切削液	M98		00	子程序调用
M02	★	00	程序结束	M08	♯	b	开切削液	M99		00	子程序返回
M03	♯		主轴正转	* M09	★		关切削液				
M04	♯	a	主轴反转	M30	★	00	程序结束并返回程序起点				
* M05	★		主轴停转								

　　M 指令有模态和非模态两种形式。表中组别为"00"的为非模态 M 指令，只在书写了该指令的程序段中有效；其余的为模态 M 指令，同组可以相互注销，这些指令在被同一组的另一个指令取代前一直有效。模态 M 指令组中包含一个缺省指令(见表 7 - 1 中标有 * 的代码)，系统上电时将被初始化该指令。

　　另外，M 指令还可以分为前作用 M 指令和后作用 M 指令两类。作用时间为"★"号者，为后作用 M 指令，表示该指令功能在程序段轴运动完成后开始作用；作用时间为"♯"号者，为前作用 M 指令，表示该指令功能在程序段轴运动前开始作用。

7.1.1　CNC 内定的辅助功能

　　M00、M02、M30、M98、M99 用于控制零件程序的走向，是 CNC 系统内定的辅助功能，它不由机床制造商设计决定，也就是说与 PLC 程序无关。

1. 程序暂停指令 M00

　　当 CNC 执行到 M00 指令时，将暂停执行当前程序，以方便操作者进行刀具和工件的尺寸测量、工件调头、排屑、手动变速等操作。

　　在暂停时，机床的主轴、进给及冷却液停止运行，而全部现存的模态信息保持不变，要继续执行后续程序段，则按操作面板上的"循环启动"按钮即可。例如：

　　　　N10 G01 X100 Y120

　　　　N20 M00

　　　　N30 G02 X300 Y300 R30

　　当 CNC 执行到 N20 程序段时，进入暂停状态。当操作者完成必要的手动操作后，按下操作面板上的"循环启动"按钮，程序将从 N30 程序段开始继续执行。

2. 程序结束指令 M02

　　通常，M02 指令在主程序的最后一个程序段中。

　　当 CNC 执行到 M02 指令时，机床的主轴、进给、冷却液全部停止运行，加工结束。若要重新执行该程序，就得重新调用该程序，或在自动加工子菜单下按下 F4 键，然后再按下操作面板上的"循环启动"键即可。

3. 程序结束并返回到零件程序起点指令 M30

M30 指令和 M02 指令功能基本相同，只是 M30 指令还兼有控制返回到零件程序头的作用。使用 M30 指令的程序结束后，若要重新执行该程序，只需再次按下操作面板上的"循环启动"键即可。

4. 子程序调用指令 M98 及从子程序返回指令 M99

M98 指令用来调用子程序。M99 指令表示子程序结束，执行 M99 指令使控制返回到主程序。G65 指令功能与 M98 指令相同。

7.1.2 PLC 设定的辅助功能

1. 主轴控制指令 M03、M04、M05

M03 指令用于启动主轴，主轴以程序中编制的主轴速度正转；M04 指令用于启动主轴，主轴以程序中编制的主轴速度反转；M05 指令用于使主轴停止旋转。M03、M04、M05 指令可相互注销。

2. 冷却液打开、关闭指令 M07、M08、M09

M07、M08 指令用于打开冷却液管道；M09 指令用于关闭冷却液管道。

7.2 主轴功能、进给功能和刀具功能指令

7.2.1 主轴功能 S 指令

主轴功能 S 指令控制主轴转速，其后的数值表示主轴速度（由于车床的工件安装在主轴上，因此主轴的转速即为工件旋转的速度）。

主轴转速的单位因 G96、G97 指令而不同。采用 G96 指令编程时，为恒切削线速度控制，S 之后指定切削线速度，单位为 m/min；采用 G97 指令编程时，为恒转速控制，S 之后指定主轴转速，单位为 r/min。

S 是模态指令只有在主轴速度可调节时才有效，即借助操作面板上的主轴倍率开关，指定的速度可在一定范围内进行倍率修调。

7.2.2 进给功能 F 指令

进给功能 F 指令表示加工工件时刀具对于工件的合成进给速度。F 的单位取决于 G94 指令（每分钟进给量，单位为 mm/min）或 G95 指令（主轴每转的刀具进给量，单位为 mm/r）。

使用下式可以实现每转进给量与每分钟进给量的转化。

$$f_m = f_r \times S$$

式中，f_m 为每分钟的进给量，单位为 mm/min；f_r 为每转的进给量，单位为 mm/r；S 为主轴转速，单位为 r/min。

当以 G01、G02 或 G03 方式工作时，编程的 F 值一值有效，直到被新的 F 值所取代为止。当以 G00 方式工作时，快速定位的速度是各轴的最高速度，与所指定的 F 值无关。

借助机床的控制面板上的倍率按键，F 值可在一定范围内进行倍率调修。当执行螺纹循环 G76、G82 指令和螺纹切削 G32 指令时，倍率开关失效，进给倍率固定在 100%。

7.2.3　刀具功能 T 指令

刀具在安装和使用磨损后，存在与理想刀具的偏差，需要通过一定的补偿来消除这些偏差。刀具偏置补偿是补偿刀具形状和刀具安装位置与编程时理想刀具或基准刀具的偏移的，刀具磨损补偿则是用于补偿在刀具使用磨损后刀具头部与原始尺寸的误差的。这些补偿数据通常是通过对刀或检测工件尺寸后采集到的，而且必须将这些数据准确地存储到刀具数据库中，然后通过程序中的刀补代码来提取并执行。

刀具功能指令用 T 代码表示，常用 T 代码格式为"Txxxx"，即 T 后可跟 4 位数，其中前 2 位表示刀具号，后两位表示刀具补偿号，当补偿号为 0 或 00 时，表示不进行补偿或取消刀具补偿。若设定刀具偏置和磨损补偿同时有效时，刀补量是两者的矢量和。若使用基准刀具，则其几何位置偏置为零，刀补只有磨损补偿。

执行 T 指令时，将先让刀架转位，按前 2 位数字指定的刀具号选择好刀具后，再按后 2 位数字对应的刀补地址中刀具位置补偿值的大小来调整刀架拖板位置，实施刀具几何位置补偿和磨损补偿。实际上，"Txxxx"指令就是每通过预存每把刀具的绝对刀偏来预置该刀具的工件坐标系，在程序中执行"Txxxx"指令就可构建和刀具对应的工件坐标系。

T 指令可单独一行书写，也可跟在移动程序指令后部。当一段程序中同时含有 T 指令和刀具移动指令时，先执行 T 指令，后执行刀具移动指令。

7.3　准备功能指令

准备功能 G 指令由 G 后面的 1 位或 2 位数字组成，是用来规定刀具和工件的相对运动轨迹、机床坐标系、刀具补偿、坐标偏置等多种加工操作的。HNC-21T 数控系统的常用 G 功能指令见表 7-2。

G 指令有非模态 G 指令和模态 G 指令之分。组别为"00"的属于非模态 G 指令，只在所规定的程序段有效，程序段结束时被注销；其余为模态 G 指令，同组可以相互注销，这些指令在被同一组的另一个指令取代前一直有效。模态 G 指令组中包含一个缺省指令（见表 7-2 中标有 * 的代码），系统上电时将被初始化。

表 7 – 2 HNC-21T 常用 G 指令代码

代码	组别	意　义	代码	组别	意　义	代码	组别	意义
* G00		快速点定位	* G40		刀补取消	G80		内、外圆固定循环
G01		直线插补	G41	09	左刀补	G81	01	端面固定循环
G02	01	顺圆插补	G42		右刀补	G82		螺纹固定循环
G03		逆圆插补	G52		局部坐标系设置	* G90		绝对坐标编程
G32		螺纹切削	G53	00	机床坐标系设置	G91	13	增量坐标编程
G04	00	暂停延时	* G54			G92	00	工件坐标系指定
G20		英制单位	～G59	11	工件坐标系选择	* G94		每分钟进给方式
* G21	08	公制单位	G65	00	子程序调用	G95	14	每转进给方式
G28		回参考点	G71		内、外圆复合循环	G96		恒线速方式
G29	00	参考点返回	G72		端面复合循环	* G97	16	取消恒线速方式
* G36		直径编程	G73	00	环状复合循环			
G37	17	半径编程	G76		螺纹复合循环			

没有共同参数的不同组 G 指令可以放在同一段程序中，而且与顺序无关。例如：G90、G01、G92 可以放在同一段程序中。数控编程指令书写的一般顺序如下：

（1）选定/设置编程单位。

（2）选定/设置编程基准坐标系（即工件坐标系）。

（3）选定编程方式（绝对坐标编程/相对坐标编程，直径方式编程/半径方式编程）。

（4）建立刀尖的半径补偿。

（5）指定刀具和工件的相对运动轨迹。

（6）撤销刀尖的半径补偿。

（7）程序结束。

当然，在程序中还可能会用到固定循环、复合循环指令等。下面按数控编程的一般顺序来分类介绍 HNC-21T 数控装置的 G 功能指令。

7.3.1　单位设定指令

1. 尺寸单位选择指令 G20、G21

指令格式如下：

　　G20

　　G21

其中，G20 指令为英制输入制式；G21 指令为公（米）制输入制式。

2. 进给速度单位的设定指令 G94、G95

指令格式如下：

> G94 F_
> G95 F_

其中，G94 指令为每分钟进给量，单位为 mm/min；G95 指令为每转进给量，即主轴旋转一周时刀具的进给量，单位为 mm/r。

7.3.2　编程方式选定指令

1. 直径编程指令 G36 和半径编程指令 G37

指令格式如下：

> G36
> G37

数控车床的工件外形通常是旋转体，其 X 轴尺寸可以用两种方式加以指定，直径编程指令 G36 为缺省值时，地址 X 后所跟的坐标值是直径。采用 G37 指令编程时，地址 X 后所跟的坐标值是半径。

说明：

（1）使用直径、半径编程时，系统参数设置要求与之对应，如无特殊说明，后述编程事例均采用直径方式编程。

（2）无论是直径编程还是半径编程，圆弧插补时 R、I、K 的值都以半径计算。

2. 绝对坐标编程指令 G90 和相对坐标编程指令 G91

指令格式如下：

> G90
> G91

G90 指令后面的 X、Z 表示 X 轴、Z 轴的坐标值是相对于程序原点计量；G91 指令后面的 X、Z 表示 X 轴、Z 轴的坐标值是相对于前一位置计量，该值等于沿轴移动的距离。

说明：

（1）可以直接用 X、Z 表示绝对编程，U、W 表示相对编程，并允许在同一段程序中混合使用绝对和相对编程法，不需要在程序段前用 G90 指令或 G91 指令来指定。

（2）表示增量的字符 U、W 不能用于循环指令 G80、G81、G82、G71、G72、G73、G76程序段中，但可用于定义精加工轮廓的程序中。

例 7 - 1　图 7-1 所示的工件分别使用 G90、G91 指令编程，要求刀具由原点按顺序移动到 1、2、3 点，然后回到原点。

绝对编程	增量编程	混合编程
O0001	O0001	O0001
T0101(G36)	T0101（G36）	T0101(G36)
(G90)G00 X50 Z2	G00 X50 Z2	G00 X50 Z2
G01 X15(Z2)	G91 G01 X-35	G01 X15（Z2）
(X15) Z-30	(X0) Z-32	Z30
X25 Z-40	X10 Z-10	U10 Z-40

X50 Z2	X25 Z42	X50 W42
M30	M30	M30

选择合适的编程方式可以简化编程。当工件尺寸由一个固定基准给定时，采用绝对编程较为方便；当工件尺寸是以轮廓顶点间的间距给出时，采用相对编程较为方便。

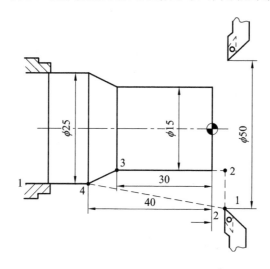

图 7 - 1 G90/G91 编程

7.3.3 工件坐标系建立指令

在数控车床中，工件坐标系的建立通常有三种方式：G92、G54～G59 和 Txxxx，"Txxxx"前文已经介绍，这里介绍另外两种方式。

1. 工件坐标系设定指令 G92

指令格式如下：

G92 X_ Z_

G92 指令通过设定对刀点与工件坐标系原点的相对位置建立工件坐标系。该指令 X、Z 后的数值即为当前刀位点在工件坐标系的坐标，在实际加工之前通过对刀操作可以获得这一数据。

说明：

（1）在执行此指令之前必须先进行对刀，通过调整机床，将刀尖放在程序所要求的起刀点（G92 指令所指定的）位置上。或者记下对刀后刀具相对于工件原点的距离，然后据此改写程序中的 G92 指令后的 X、Z 坐标。

（2）此指令并不会产生机械移动，只是让系统内部用新的坐标值取代旧的坐标值，从而建立新的坐标系。

（3）此关系一旦确定，在运行程序前不可轻易移动刀架或工件，以确保起刀点与工件原点之间的位置关系，避免因这一坐标关系产生改变而需要重新对刀。

（4）如果对刀结束即使用 MDI 执行过 G92 的指令，则程序中可免去 G92 的指令行，此时起刀点的位置可移动而不再受 G92 指令的限制。

（5）G92 指令为非模态指令，但其建立的工件坐标系在被新的工件坐标系取代前一直有效。

2. 工件坐标系选择指令 G54～G59

指令格式如下：

$$\left\{ \begin{array}{l} \text{G54} \\ \text{G55} \\ \text{G56} \end{array} \right\} \left\{ \begin{array}{l} \text{G57} \\ \text{G58} \\ \text{G59} \end{array} \right.$$

数控机床还可用工件零点预置 G54～G59 指令来预先设置好几个工件坐标系。如图 7 - 2 所示，它是先测定出预置的工件原点相对于机床原点的偏置值，并把该偏置值通过存储设定的方式预置在机床预置工件坐标的数据库中，则该值无论断电与否都将一直被系统所记忆，直到重新设置为止。在工件原点预置好以后，便可用"G54 G90 G00 X_ Z_"的指令先调用 G54 坐标系为当前工件坐标系，然后让刀具移到该预置工件坐标系中的任意指定位置。G54～G59 指令共可预置 6 个工件的原点，根据需要可任选其一。

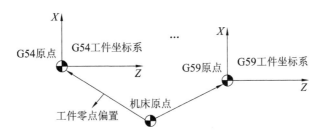

图 7 - 2　工件坐标系选择（G54～G59）

说明：

（1）这 6 个预定工件坐标系的原点在机床中的值（工件零点偏置值）可用 MDI 方式输入（输入错误将导致产品有误差或报废，甚至出现危险），数控系统会自动记忆。

（2）工件坐标系一旦选定，后续程序段中绝对编程时的指令值均为相对此工件坐标系的原点参照值。

7.3.4　进给控制指令

1. 快速定位指令 G00

指令格式如下：

　　G00 X(U)_ Z(W)_

G00 指令指定刀具从当前位置以系统预先设定的快进速度移动，并定位至所指定的位置。

说明：

（1）执行 G90 指令时，X、Z 均为快速定位终点在工件坐标系中的坐标；执行 G91 指令时，X、Z 分别为定位终点相对于起点的位移量。

（2）执行 G90/G91 指令时，U、W 均为快速定位终点相对于起点的位移量。

（3）G00 指令一般用于加工前快速定位趋近加工点，或加工后快速退刀，以缩短加工辅助时间，但不能用于加工过程。

（4）G00 指令的快速移动速度由机床参数"最高快速移动速度"对各轴分别设定，不能用进给速度指令 F 设定。

2. 线性进给指令 G01

指令格式如下：

　　G01 X(U)_ Z(W)_ F_

G01 指令指定刀具以联动的方式按 F 规定的合成进给速度，从当前位置按线性路线（联动直线轴的合成轨迹为直线）移动到程序段指定的终点。

说明：

（1）执行 G90 指令时，X、Z 均为线性进给终点在工件坐标系中的坐标；执行 G91 指令时，X、Z 均为进给终点相对于起点的位移量。

（2）执行 G90/G91 指令时，U、W 均为线性进给终点相对于起点的位移量。

（3）F 为合成进给速度，G01 指令的实际进给速度等于 F 指令速度与进给速度修调倍率的乘积。

例 7-2　如图 7-3 所示工件用直线插补指令编程。

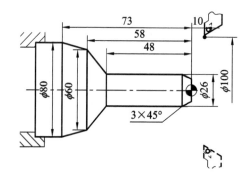

图 7-3　G01 编程图例 1

编程如下：

```
%0001
N10 G92 X100 Z10；          建立工件坐标系
N20 M03 S800；              让主轴以 800 r/min 正转
N30 G00 X16 Z2；            快速移动到倒角延长线
N40 G01 U10 W-5 F300；       倒 3×45°角
N50 Z-48；                  车削加工 φ26 外圆
N60 U34 W-10；              车削第一段锥
N70 U21 Z-73；             车削第二段锥
N80 X90；                   退刀
N90 X100 Z10；             回起刀点
```

N100 M05；　　　　　　　　　　主轴停转

N110 M30；　　　　　　　　　　程序结束

例 7 - 3　使用 G01 指令编写如图 7 - 4 所示工件的粗、精加工程序。

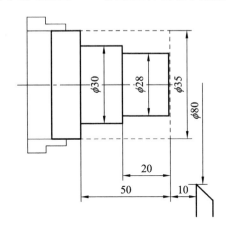

图 7 - 4　G01 编程图例 2

编程如下：

%1008

N10 T0101；　　　　　　　　　选定坐标系，选 1 号刀

N20 M03 S600

N30 G00 X80 Z10；　　　　　　快速定位到起点

N40 G00 X31 Z3；　　　　　　　移到切入点

N50 G01 Z-50 F100；　　　　　　粗车 ϕ30 外圆

N60 G00 X36；　　　　　　　　退刀

N70 Z3

N80 X29

N90 G01 Z-20 F100；　　　　　　粗车 ϕ28 外圆

N100 G00 X36

N110 Z3

N120 X28

N130 G01 Z-20 F80；　　　　　　精车 ϕ28 外圆

N140 X30；　　　　　　　　　精车端面

N150 Z-50；　　　　　　　　　精车 ϕ30 外圆

N160 G00 X36

N170 X80 Z10；

N180 M05 M30

3. 圆弧进给指令 G02、G03

指令格式如下：

$$\begin{Bmatrix} G02 \\ G03 \end{Bmatrix} X(U)\_ \ Z(W)\_ \begin{Bmatrix} I\_ \ K\_ \\ R\_ \end{Bmatrix} F\_$$

G02/G03 指令刀具以联动的方式按 F 规定的合成进给速度，从当前位置按顺、逆圆弧路线

移动到程序段指定的终点。

说明：

（1）执行 G90 指令时，X、Z 均为圆弧终点在工件坐标系中的坐标；执行 G91 指令时，X、Z 均为圆弧终点相对于圆弧起点的位移量。

（2）执行 G90/G91 指令时，U、W 均为圆弧终点相对于圆弧起点的位移量。

（3）插补方向的判断：沿不在圆弧平面内的坐标轴，正方向向负方向看，顺时针方向为顺圆插补（G02 指令），逆时针方向为逆圆插补（G03 指令），如图 7-5 所示。

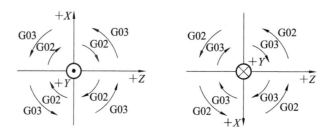

图 7-5　G02、G03 插补方向

（4）圆弧半径编程时，当加工圆弧段所对的圆心角为 0~180° 时，R 取正值；当圆心角为 180°~360° 时，R 取负值。同一程序段中 I、K、R 同时指定时，R 优先，I、K 无效。

（5）X、Z 同时省略时，表示起终点重合；若用 I、K 指定圆心，相当于指定了 360° 的弧；若用 R 编程，则表示指定为 0° 的弧。例如：

G02（G03）I_ ；整圆　　　G02（G03）R_ ；不动

（6）无论用绝对还是用相对编程方式，I、K 都为圆心相对于圆弧起点的坐标增量，为零时可省略。

图 7-6 所示圆弧 AB 的编程计算方法如下：

绝对：G90 G02 $X(X_b)$ $Z(Z_b)$ $R(r)$ $F(f)$

或

G90 G02 $X(X_b)$ $Z(Z_b)$ $I(X_1-X_a)/2K(Z_1-Z_a)$ $F(f)$

增量：G91 G02 $X(X_b-X_a)$ $Z(Z_b-Z_a)$ $R(r)$ $F(f)$

或

G91 G02 $X(X_b-X_a)$ $Z(Z_b-Z_a)$ $I(X_1-X_a)/2K(Z_1-Z_a)$ $F(f)$

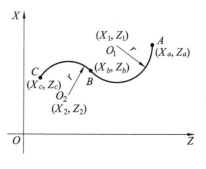

图 7-6　圆弧控制

图 7-6 所示圆弧 BC 的编程计算方法如下：

绝对：G90 G03 $X(X_c)$ $Z(Z_c)$ $R(r)$ $F(f)$

或

G90 G03 $X(X_c)$ $Z(Z_c)$ $I(X_2-X_b)/2K(Z_2-Z_b)F(f)$

增量：G91 G02 $X(X_c-X_b)$ $Z(Z_c-Z_b)R(r)$ $F(f)$

或

G91 G02 $X(X_c-X_b)$ $Z(Z_c-Z_b)$ $I(X_2-X_b)/2K(Z_2-Z_b)F(f)$

例 7-4　使用圆弧指令编写图 7-7 所示工件的加工程序。

编程如下：

%1353

N10 G92 X40 Z5

N20 M03 S400

N30 G00 X0

N40 G01 Z0 F260

N50 G03 U24 W-24 R15

N60 G02 X26 Z-31 R5

N70 G01 Z-40

N80 G00 X40

N90 Z5

N100 M05 M30

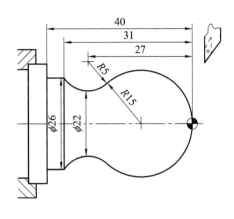

图 7 - 7　G02/G03 编程图例

4. 螺纹切削指令 G32

指令格式如下：

G32 X(U)_ Z(W)_ R_ E_ P_ F_

G32 指令用于加工圆柱螺纹、锥螺纹和端面螺纹。锥螺纹切削时各参数的意义如图 7 - 8 所示。

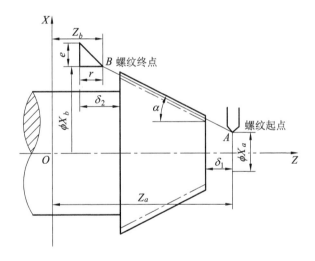

图 7 - 8　螺纹切削参数

说明：

（1）执行 G90 指令时，X、Z 均为有效螺纹终点在工件坐标系中的坐标；执行 G91 指令时，X、Z 均为有效螺纹终点相对于螺纹切削起点的位移量。

（2）执行 G90/G91 指令时，U、W 均为有效螺纹终点相对于螺纹切削起点的位移量。

（3）F 为螺纹的导程，即主轴每转一圈，刀具相对于工件的进给值。

（4）R、E 为螺纹切削的退尾量，R 表示 Z 向退尾量，E 表示 Z 向退尾量。R、E 在 G90/G91 编程时都是以增量方式指定，其为正表示沿 Z、X 正向回退，其为负表示沿 Z、X 负向回退。使用 R、E 可免去退刀槽。R、E 可以省略，表示不用回退功能。根据螺纹标准，R 一般取 2 倍的螺距，E 取螺纹的牙型高。P 为主轴基准脉冲处距离螺纹切削起始点的主轴转角。

（5）螺纹切削应注意在两端设置足够的升速进刀段 δ_1 和降速退刀段 δ_2，以剔除两端因变速而出现的非标准螺距的螺纹段。同理，在螺纹切削过程中，进给速度修调功能和进给暂停功能无效；若此时按进给暂停键，刀具将在螺纹段加工完后才停止运动。

（6）对于端面螺纹和锥面螺纹的加工来说，若恒线速控制有效，则主轴转速将是变化的，这样加工出的螺纹螺距也将是变化的。所以，在螺纹加工过程中，就不应该使用恒线速控制功能。从粗加工到精加工，主轴转速必须保持一常数；否则，螺距将发生变化。

（7）对锥螺纹，当锥度角 α 在45°以下时，螺距以 Z 轴方向的值指定；45°～90°时，以 X 轴方向的值指定。

（8）牙型较深且螺距较大时，可分数次进给，每次进给的背吃刀量用螺纹深度减去精加工背吃刀量所得之差按递减规律分配。常用公制螺纹切削的进给次数与背吃刀量见表7-3。

表 7 - 3　常用公制螺纹切削的进给次数与背吃刀量

螺距/mm		1.0	1.5	2.0	2.5	3.0	3.5	4.0
牙深/mm		0.649	0.974	1.299	1.624	1.949	2.273	2.598
背吃刀量和进给次数	1 次	0.7	0.8	0.9	1.0	1.2	1.5	1.5
	2 次	0.4	0.6	0.6	0.7	0.7	0.7	0.8
	3 次	0.2	0.4	0.6	0.6	0.6	0.6	0.6
	4 次		0.16	0.4	0.4	0.4	0.6	0.6
	5 次			0.1	0.4	0.4	0.4	0.4
	6 次				0.15	0.4	0.4	0.4
	7 次					0.2	0.2	0.4
	8 次						0.15	0.3
	9 次							0.2

例 7 - 5　加工如图 7 - 9 所示 M30×1-6h 螺纹，其牙深为 0.649 mm（半径值），三次背吃刀量（直径值）为 0.7、0.4、0.2(mm)，升、降速段分别为 1.5、1(mm)。

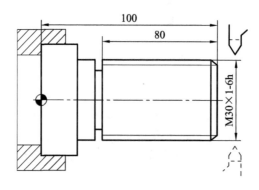

图 7 - 9　圆柱螺纹切削图例

编程如下：

```
%3019
N10 T0101
N20 M03 S460
```

N30 G00 X50 Z120

N40 X29.3 Z101.5;　　　　　　　到螺纹起点，升速段为 1.5 mm，吃刀深度为 0.7 mm

N50 G32 Z19 F1；　　　　　　　切削螺纹到螺纹切削终点，降速段为 1 mm

N60 G00 X40

N70 Z101.5

N80 X28.9；　　　　　　　　　　到螺纹起点，吃刀深度为 0.4 mm

N90 G32 Z19 F1

N100 G00 X40

N110 Z101.5

N120 X28.7；　　　　　　　　　到螺纹起点，吃刀深度为 0.2 mm

N130 G32 Z19 F1

N140 G00 X40

N150 X50 Z120

N160 M05 M30

例 7-6　加工如图 7-10 所示的锥螺纹，螺距为 1.5 mm，四次背吃刀量（直径值）为 0.8、0.6、0.4、0.16（mm）。

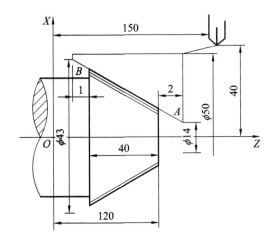

图 7-10　锥螺纹切削图例

编程如下：

%0013

G54 G90 G00 X80 Z150 S200 M03

X50 Z122 M08

X13.2；　　　　　　　　　　　吃刀深度为 0.8 mm

G91 G32 X29.0 Z-b 43.0 F1.5；　车螺纹第 1 刀（增量方式）

G00 X7；　　　　　　　　　　　退刀至 X=50 处

Z43；　　　　　　　　　　　　退刀至 Z=122 处

G90 X12.6；　　　　　　　　　吃刀深度为 0.6 mm

G32 X41.6 Z79；　　　　　　　车螺纹第 2 刀

G00 X50

Z122

X12.2

G32 X41.2 Z79;   吃刀深度为 0.4 mm

G00 X50.0

Z122.0

X12.04;   吃刀深度为 0.6 mm

G32 X41.04 Z79.0

G00 X50.0

Z122.0

X80.0 Z150.0 M09

M05

M30

5. 倒角指令

1) 直线后倒直角指令

指令格式如下：

    G01 X(U)_ Z(W)_ C_

该指令用于直线后倒直角，即指令刀具从当前直线段起点 A 经该直线上的中间点 B，倒直角到下一段的 C 点，如图 7 – 11 所示。

说明：

(1) 执行 G90 指令时，X、Z 为未倒角前两相邻程序段轨迹的交点 G 的坐标值；执行 G91 指令时，X、Z 为 G 点相对于起点 A 的位移量。

(2) 执行 G90/G91 指令时，U、W 均为 G 点相对于起点 A 的位移量。

(3) C 是倒角起点和终点距未倒角前两相邻轨迹线交点的距离（即 CG 或 BG 的长度）。

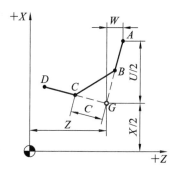

图 7 – 11　直线后倒直角参数

2) 直线后倒圆角指令

指令格式如下：

    G01 X(U)_ Z(W)_ R_

该指令用于直线后倒圆角，即指令刀具从当前直线段起点 A 经该直线上的中间点 B，倒圆角到下一段的 C 点，如图 7 – 12 所示。

说明：

(1) 执行 G90 指令时，X、Z 为未倒角前两相邻程序段轨迹的交点 G 的坐标值；执行 G91 指令时，X、Z 为 G 点相对于起点 A 的位移量。

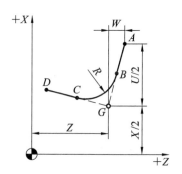

图 7 – 12　直线后倒圆角参数

(2) 执行 G90/G91 指令时，U、W 均为 G 点相对于起点 A 的位移量。

(3) R 是倒角半径。

例 7 – 7　用倒角指令编写图 7 – 13 所示工件的加工程序。

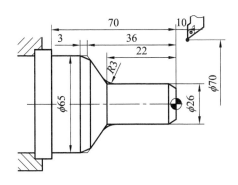

图 7-13　倒角编程图例

编程如下：

```
%2201
N10 G92 X70 Z10
N20 S630 M03
N30 G00 X0 Z4
N40 G01 W-4 F100
N50 U26 C3;              倒 3×45°直角
N60 W-22 R3;             倒 R3 圆角
N70 U39 W-14 C3;         倒边长为 3 mm 的等腰直角
N80 W-34
N90 G00 U5 W80
N100 M05
N110 M30
```

3）圆弧后倒直角指令

指令格式如下：

$$\begin{Bmatrix} G02 \\ G03 \end{Bmatrix} X(U)\_\ Z(W)\_\ R\_\ RL=\_$$

该组指令用于圆弧后倒直角，即指令刀具从当前圆弧段起点 A 经该直线上的中间点 B，倒直角到下一段的 C 点，如图 7-14 所示。

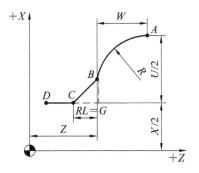

图 7-14　圆弧后倒直角参数

说明：

（1）执行 G90 指令时，X、Z 为未倒角前圆弧终点 G 的坐标值；执行 G91 指令时，X、Z 为 G 点相对于起点 A 的位移量。

（2）执行 G90/G91 指令时，U、W 均为 G 点相对于起点 A 的位移量。

（3）R 为圆弧的半径值，RL 为倒角终点 C 相对于未倒角前圆弧终点 G 的距离。

4）圆弧后倒圆角指令

指令格式如下：

$$\begin{Bmatrix} G02 \\ G03 \end{Bmatrix} X(U)\_\ Z(W)\_\ R\_\ RC=\_$$

该组指令用于圆弧后倒圆角，即指令刀具从当前圆弧段起点 A 经该直线上的中间点 B，倒直角到下一段的 C 点，如图 7-15 所示。

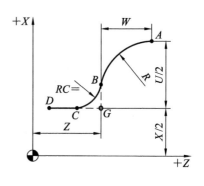

图 7-15 圆弧后倒圆角参数

说明：

（1）执行 G90 指令时，X、Z 为未倒角前圆弧终点 G 的坐标值；执行 G91 指令时，X、Z 为 G 点相对于起点 A 的位移量。

（2）执行 G90/G91 指令时，U、W 均为 G 点相对于起点 A 的位移量。

（3）R 为圆弧的半径值，RC 为倒角圆弧的半径值。

例 7-8 用倒角指令编写图 7-16 所示工件的加工程序。

编程如下：

```
%1011
N10 G92 X70 Z10
N20 S630 M03
N30 G00 X0 Z4
N40 G01 W-4 F100
N50 X26 C3
N60 Z-21
N70 G02 U30 W-15 R15 RL=4
N80 G01 Z-70
N90 U10
N100 G00 X70 Z10
N110 M05
N120 M30
```

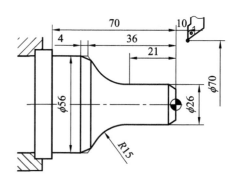

图 7-16 倒角编程图例

7.3.5 刀具补偿功能指令

数控车床的刀具补偿分为刀尖的圆弧半径补偿和刀具的几何补偿。刀尖的圆弧半径补偿由 G40、G41、G42 指令指定。刀具的几何补偿包括刀具的偏置补偿和刀具的磨损补偿，由 T 指令指定，该指令已在前面介绍过。这里介绍刀尖的圆弧半径补偿。

当系统执行到含 T 代码的程序指令时，仅仅只是从中取得了刀具补偿的寄存器地址号（其中包括刀具几何补偿和刀具半径大小），此时并不会开始实施刀尖圆弧半径补偿，只有在程序中遇到 G41、G42、G40 指令时才开始从刀库中提取数据并实施相应刀尖圆弧半径补偿。

指令格式如下：

$$\begin{Bmatrix} G40 \\ G41 \\ G42 \end{Bmatrix} \begin{Bmatrix} G00 \\ G01 \end{Bmatrix} X(U)\_ \ Z(W)\_$$

该组指令用于建立/取消刀尖圆弧半径补偿。

说明：

（1）G41/G42 指令不带参数，其补偿号（代表所用刀具对应的刀尖半径补偿值）由 T 指令指定。刀尖圆弧补偿号与刀具偏置补偿号对应。

（2）G40 指令取消刀尖半径补偿，G41 指令为左刀补，G42 指令为右刀补。

（3）左补偿与右补偿的判定：从虚拟轴 Y 正方向看，沿着刀具前进方向，刀具在工件的左侧为左补偿，在右侧为右补偿。

（4）X、Z、U、W 为 G00/G01 的参数。

（5）刀具半径补偿的建立与取消只能使用 G00 指令或 G01 指令，不能用 G02 指令或 G03 指令。

（6）在刀尖圆弧半径补偿寄存器中，定义了车刀圆弧半径及刀尖的方向号；车刀刀尖的方向号定义了刀具刀位点与刀尖圆弧圆心的位置关系，如图 7 - 17 所示。

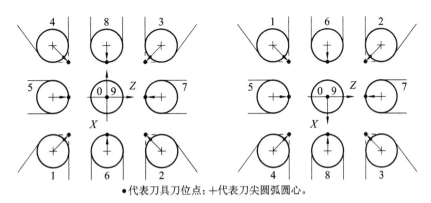

●代表刀具刀位点；+代表刀尖圆弧圆心。

图 7 - 17　车刀刀尖位置码定义

如果以刀尖圆弧中心作为刀位点进行编程，则应选用 0 或 9 作为刀尖方位号，其他编号都是以假想刀尖编程时采用的。只有在刀具数据库内按刀具实际放置情况设置相应的刀尖方位代码，才能保证对其正确的刀补，否则将会出现不合要求的过切和欠切现象。

例 7 - 9　考虑刀尖圆弧半径补偿，编写如图 7 - 18 所示零件的加工程序。

编程如下：

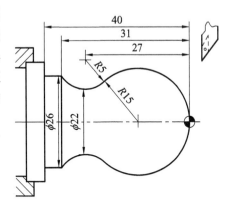

图 7 - 18　刀尖圆弧半径补偿编程图例

```
%3301
T0101
M03 S400
G00 X40 Z5
X0;                              刀具移到工件中心
G42 G01 Z0 F60;                  建立刀尖半径右补偿，工进接触工件
G03 U24 W-24 R15
G02 X26 Z-31 R5
G01 Z-40
G00 X30;                         退出已加工表面
G40 X40 Z5;                      取消刀尖半径补偿，返回程序起点位置
```

M05 M30

7.3.6 暂停功能指令

暂停指令格式如下：

G04 P_

G04 指令用于暂停程序执行一段时间。

说明：

（1）P 为暂停时间，单位为 s。

（2）G04 指令可使刀具作短暂停留，以获得圆整而光滑的表面。该指令多用于过渡清根或台阶孔、盲孔等加工中对孔底和表面有粗糙度要求时。

（3）G04 指令在前一程序段的速度降到零之后才开始暂停动作。

7.3.7 恒线速度功能指令

恒线速度指令格式如下：

G96 S_

G97 S_

G46 X_ P_

该组指令用于建立或取消恒线速度功能。

说明：

（1）G96 指令为恒线速度功能；G97 指令为取消恒线速度功能；G46 指令为极限转速限定。

（2）S 在 G96 指令后为切削的恒线速度（m/min），在 G97 指令后为切削的恒线速度（r/min）取消后的主轴转速。

（3）G46 指令只在恒线速度功能有效时才有效，X 为恒线速度时主轴最低转速限定（r/min），P 为恒线速度时主轴最高转速限定（r/min）。

例 7-10 利用恒线速度指令，编写如图 7-18 所示零件的加工程序。

编程如下：

```
%3016
T0101
M03 S500
G96 S80;                        恒线速度有效，线速度为 80 m/min
G46 X400 P900;                  限定主轴转速范围（400～900 r/min）
G00 X40 Z5
X0
G01 Z0 F60
G03 U24 W-24 R15
G02 X26 Z-31 R5
G01 Z-40
G00 X30
X40 Z5
```

G97 S300；　　　　　　取消恒线速度，设定主轴转速为 300 r/min
M05 M30

7.3.8　固定循环功能指令

1. 内、外圆车削固定循环指令 G80

指令格式如下：

　　G80 X_ Z_ I_ F_

如图 7-19 所示，刀具从循环起点 A 开始按着箭头所指的路线行走，先走 X 轴快进（G00 速度）到外圆锥面切削起点 C，再工进切削（F 指定速度）到外圆锥面的切削终点 B，然后轴向退刀，最后又回到循环起点 A。

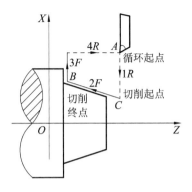

图 7-19　内、外圆车削固定循环路线图

说明：

（1）G80 指令适用于轴向余量比径向余量多的毛坯粗加工。执行 G90 指令时，X、Z 为切削终点 B 的坐标值；执行 G91 指令时，X、Z 为切削终点 B 相对于循环起点 A 的位移量。

（2）无论用何种方式编程，I 后的值总为外圆锥面切削起点与外圆锥面切削终点的半径差。当 I 值为零省略时，即为圆柱面车削循环。

（3）X、Z、I 后的值都可正可负，也就是说，本固定循环指令既可以用于外圆的车削，也可以用于内孔的车削，如图 7-20 所示。

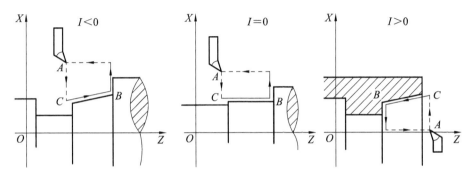

图 7-20　不同 I 值时的情形

例 7 - 11 如图 7 - 21 所示的零件切削分三次循环，采用直径、绝对编程方式。

编程如下：

```
%0004
G54 G90 X56 Z70
M03 S500
G80 X40 Z20 I-5 F30
G80 X30 Z20 I-5
G80 X20 Z20 I-5
M05
M30
```

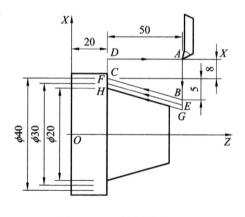

图 7 - 21 外圆车削图例

2. 端面车削固定循环指令 G81

指令格式如下：

G81 X_ Z_ K_ F_

如图 7 - 22 所示，刀具从循环起点开始，按箭头所指的路线行走（先走 Z 轴），最后又回到循环起点。

说明：

（1）G81 指令适用于径向余量比轴向余量多的毛坯粗加工。执行 G90 指令时，X、Z 为切削终点 B 的坐标值；执行 G91 指令时，X、Z 为切削终点 B 相对于循环起点 A 的位移量。

（2）无论用何种方式编程，K 后的值总为外圆锥面切削起点与外圆锥面切削终点的 Z 坐标差。当 K 值为零省略时，即为端平面车削循环。

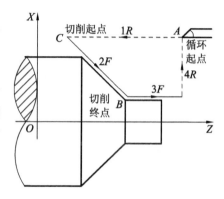

图 7 - 22 端面车削固定循环路线图

（3）X、Z、K 后的值都可正可负，也就是说，本固定循环指令既可以用于外部轴的端面车削，也可以用于内孔端面的车削，如图 7 - 23 所示。

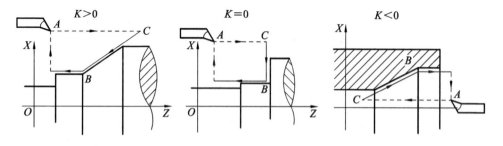

图 7 - 23 不同 K 值时的情形

例 7 - 12 如图 7 - 24 所示的零件切削分三次循环，采用直径、绝对编程方式。

编程如下：

```
%0005
G54 G90 X35 Z41.48
M03 S500
```

G81 X15 Z33.48 K-3.48 F30

G81 X15 Z31.48 K-3.48

G81 X15 Z28.78 K-3.48

M05

M30

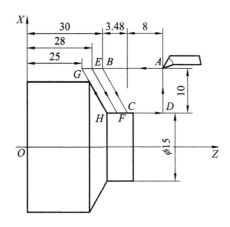

图 7 - 24　外圆车削图例

3. 螺纹车削固定循环指令 G82

指令格式如下：

G82 X_ Z_ I_ R_ E_ C_ P_ F_

如图 7 - 25 所示，刀具从循环起点开始沿着 X 方向快进到螺纹起点，再工进切削（F 指定速度）到螺纹终点 B，然后根据退尾量退刀，最后又回到循环起点 A。

说明：

（1）执行 G90 指令时，X、Z 为螺纹终点 B 的坐标值；执行 G91 指令时，X、Z 为螺纹终点 B 相对于循环起点 A 的位移量。

（2）无论用何种方式编程，I 后的值总为螺纹切削起点与螺纹切削终点的半径差。当 I 值为零省略时，即为圆柱面螺纹车削固定循环。

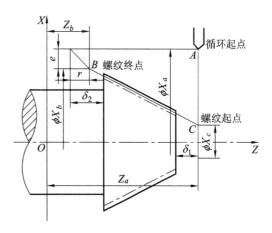

图 7 - 25　螺纹车削固定循环路线图及其参数

（3）R 为 Z 向退尾量，E 为 X 向退位量，不用回退功能时可以省略；C 为螺纹头数，值为 0 或 1 时切削单头螺纹。

（4）在单头螺纹切削时，P 为主轴基准脉冲处距离切削起始点的主轴转角（缺省值为 0）；在多头螺纹切削时，P 为相邻螺纹头的切削起始点之间对应的主轴转角。

（5）F 为螺纹导程。

例 7 - 13　如图 7 - 26 所示，加工 M30×3（P1.5）的双头螺纹，其牙深为 0.974 mm（半径值），四次背吃刀量（直径值）分别为 0.8、0.6、0.4、0.16（mm），升、降速段分别为

1、1.5(mm)。

编程如下：

%0015

N10 T0101

N20 G00 X35 Z101

N30 M03 S300

N40 G82 X29.2 Z18.5 C2 P180 F3

N50 X28.6 Z18.5 C2 P180 F3

N60 X28.2 Z18.5 C2 P180 F3

N70 X28.04 Z18.5 C2 P180 F3

N80 M05

N90 M30

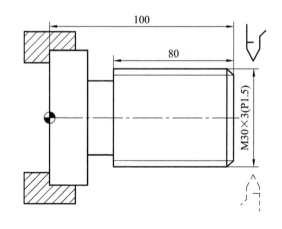

图 7-26　G82 螺纹切削固定循环图例

7.3.9　复合循环指令

1. 内、外圆粗车复合循环指令 G71

指令格式如下：

G71 U(Δd) R(e) P(ns) Q(nf) X(Δu) Z(Δw) F(f) S(s) T(t)

G71 指令执行如图 7-27 所示的粗加工，粗加工路径如箭头所示，$A \to A' \to B$。

参数说明：

Δd：每次吃刀深度(半径值)。

e：退刀量。

ns：精加工程序段的开始程序行号。

nf：精加工程序段的结束程序行号。

Δu：径向(X 轴方向)的精加工余量(直径值)。

Δw：轴向(Z 轴方向)的精加工余量。

F、S、T：粗切时的进给速度、主轴转速、刀补设定。

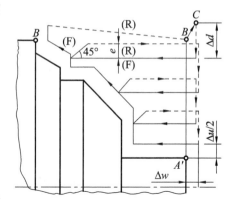

图 7-27　G71 循环路线图及其参数

注意：

(1) G71 指令适用于轴向余量比径向余量多的毛坯粗加工。

(2) G71 指令程序段本身不进行精加工，粗加工是按后续程序段 ns～nf 给定的精加工编程轨迹 $A \to A' \to B$，沿平行于 Z 轴方向进行。G71 复合循环下 X(Δu) 和 Z(Δw) 的符号如图 7-28 所示。

(3) 循环中的第一个程序段(即 ns 段)必须包含 G00 指令或 G01 指令，即 $A \to A'$ 的动作必须是直线或点定位运动，但不能有 Z 轴方向上的移动。

(4) G71 指令必须带有 P、Q 地址，否则不能进行该循环加工，ns 到 nf 程序段中，不能包含子程序。

(5) G71 指令循环时可以进行刀具位置补偿，但不能进行刀尖半径补偿。因此，在 G71 指令前必须用 G40 指令取消原有的刀尖半径补偿。在 ns 到 nf 程序段中可以含有 G41 指令

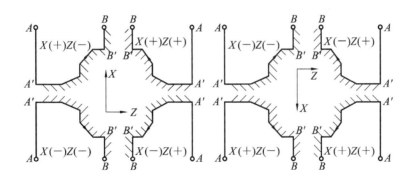

图 7-28　G71 指令复合循环下 X(Au)和 Z(Aw)的符号

或 G42 指令，对精车轨迹进行刀尖半径补偿。

例 7-14　使用 G71 指令编写如图 7-29 所示零件的加工程序，要求循环起点在 (46,3)，切削深度为 1.5 mm，退刀量为 1 mm，X 方向精加工余量为 0.4 mm，Z 方向精加工余量为 0.1 mm。其中点画线部分为工件毛坯。

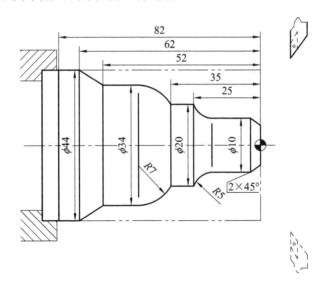

图 7-29　G71 外圆复合循环编程图例

编程如下：

```
%3301
N10 T0101
N20 G00 X80 Z80
N30 M03 S400
N40 G00 X46 Z3
N50 G71 U1.5 R1 P60 Q140 X0.4 Z0.1 F100
N60 G00 X0
N70 G01 X10 Z-2 F80
N80 Z-20
N90 G02 U10 W-5 R5
```

N100 G01 W-10

N110 G03 U14 W-7 R7

N120 G01 Z-52

N130 U10 W-10

N140 W-20

N150 X50

N160 G00 X80 Z80

N170 M05

N180 M30

例 7-15 使用 G71 指令编写如图 7-30 所示零件的加工程序，要求循环起始点在 (6,5)，切削深度为 1 mm，退刀量为 0.5 mm，X 方向精加工余量为 0.4 mm，Z 方向精加工余量为 0.1 mm。其中点画线部分为工件毛坯。

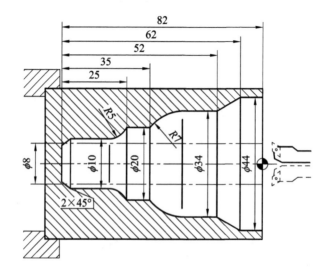

图 7-30 G71 内径复合循环编程图例

编程如下：

%3332

N10 T0101

N20 G00 X80 Z80

N30 M03 S400

N40 G40 X6 Z5

N50 G71 U1 R0.5 P80 Q160 X-0.4 Z0.1 F100

N60 G00 X80 Z80

N70 G00 G41 X6 Z5

N80 G00 X44

N90 G01 Z-20 F80

N100 X34 Z-30

N110 Z-40

N120 G03 X20 Z-47 R7

N130 G01 Z-57

N140 G02 X10 Z-62 R5

N150 G01 Z-80

N160 X8 Z-82

N170 G40 X4

N180 G00 Z80

N190 X80

N200 M05 M30

对于有凹槽内、外圆粗车复合循环，HNC-21T 提供如下程序格式：

G71 U(△d) R(e) P(ns) Q(nf) E(e) F(f) S(s) T(t)

其中，e 为精加工余量，外径切削时为正，内径切削时为负。其他参量含义同上。

例 7 - 16　使用有凹槽的外径粗加工复合循环指令编写图 7 - 31 所示零件的加工程序。其中点画线部分为工件毛坯。

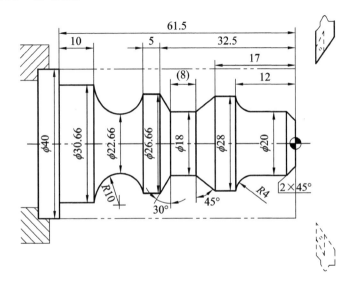

图 7 - 31　G71 有凹槽复合循环编程图例

编程如下：

％3329

N10 T0101

N20 G00 X80 Z100 M03 S400

N30 G00 X42 Z3

N40 G71 U1 R1 P8 Q19 E0.3 F100

N50 G00 X80 Z100

N60 T0202

N70 G00 G42 X42 Z3

N80 G00 X10

N90 G01 X20 Z-2 F80

N100 Z-8

N110 G02 X28 Z-12 R4

N120 G01 Z-17

N130 U-10 W-5

N140 W-8

N150 U8.66 W-2.5

N160 Z-37.5

N170 G02 X30.66 W-14 R10

N180 G01 W-10

N190 X40

N200 G00 G40 X80 Z100

N210 M05 M30

2. 端面粗车复合循环指令 G72

指令格式如下：

G72 W(Δd) R(e) P(ns) Q(nf) X(Δu) Z(Δw) F(f) S(s) T(t)

G72 指令执行如图 7-32 所示的粗加工，粗加工路径如箭头所示，$A \rightarrow A' \rightarrow B$。

说明：

（1）G72 指令适用于径向余量比轴向余量多的毛坯粗加工。

（2）G72 指令与 G71 指令的区别仅在于切削方向平行于 Z 轴，所以 $A \rightarrow A'$ 的动作必须是直线或点定位运动，但不能有 X 轴方向上的移动。

例 7-17 使用 G72 指令编写如图 7-33 所示零件的加工程序，要求循环起点在(80,1)，切削深度为 1.2 mm，退刀量为 1 mm，X 方向精加工余量为 0.2 mm，Z 方向精加工余量为 0.5 mm。其中点画线部分为工件毛坯。

编程如下：

％3337

N10 T0101

N20 G00 X100 Z80

N30 M03 S400

N40 G40 X80 Z1

N50 G72 W1.2 R1 P80 Q170 X0.2 Z0.5 F100

N60 G00 X100 Z80

N70 G42 X80 Z1

N80 G00 Z-53

N90 G01 X54 Z-40 F80

N100 Z-30

N110 G02 U-8 W4 R4

N120 G01 X30

N130 Z-15

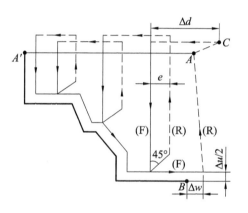

图 7-32 G72 循环路线图及其参数

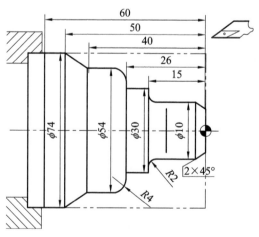

图 7-33 G72 外圆复合循环编程图例

N140 U-16

N150 G03 U-4 W2 R2

N160 Z-2

N170 U-6 W3

N180 G00 X50

N190 G40 X100 Z80

N200 M05 M30

例 7 - 18　使用 G72 指令编写如图 7 - 34 所示零件的加工程序，要求循环起点在(6，3)，切削深度为 1.2 mm，退刀量为 1 mm，X 方向精加工余量为 0.2 mm，Z 方向精加工余量为 0.5 mm。其中点画线部分为工件毛坯。

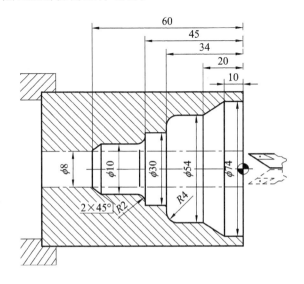

图 7 - 34　G72 内圆复合循环编程图例

编程如下：

%3333

N10 G92 X100 Z80

N20 M03 S400

N30 G00 X6 Z3

N40 G72 W1.2 R1 P5 Q15 X-0.2 Z0.5 F100

N50 G00 Z-61

N60 G01 U6 W3 F80

N70 W10

N80 G03 U4 W2 R2

N90 G01 X30

N100 Z-34

N110 X46

N120 G02 U8 W4 R4

N130 G01 Z-20

N140 U20 W10

N150 Z3

N160 G00 X100 Z80

N170 M05 M30

3. 环状粗车复合循环指令 G73

指令格式如下：

G73 U(Δi) W(Δk) R(m) P(ns) Q(nf) X(Δu) Z(Δw) F(f) S(s) T(t)

G73 指令在切削工件时刀具轨迹如图 7 – 35 所示。刀具逐渐进给，使封闭切削回路逐渐向工件最终形状靠近，最终切削成零件的形状，其精加工路径为 $A \to A' \to B$。

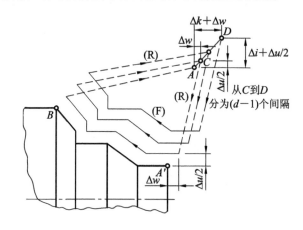

图 7 – 35　G73 循环路线图及其参数

说明：

(1) G73 指令适用于铸锻半成型毛坯件的车削加工。

(2) G73 指令格式中，Δi、Δk 分别为 X、Z 方向上的粗加工余量（需考虑正负号）；m 为粗切的次数；其余参数与 G71 指令、G72 指令相同。

例 7 – 19　使用 G73 指令编写如图 7 – 36 所示零件的加工程序，要求循环起点在 (60，5)，X、Z 方向粗加工余量分别为 3 mm、0.9 mm，粗加工次数为 3，X、Z 方向精加工余量分别为 0.6 mm、0.1 mm。

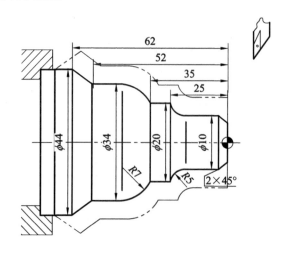

图 7 – 36　G73 编程图例

编程如下：

%3340

N10T0101

N20 G00 X80 Z80

N30 M03 S400

N40 G00 X60 Z5

N50 G73 U3 W0.9 R3 P60 Q130 X0.6 Z0.1 F120

N60 G00 X0 Z3

N70 G01 U10 Z-2 F80

N80 Z-20

N90 G02 U10 W-5 R5

N100 G01 Z-35

N110 G03 U14 W-7 R7

N120 G01 Z-52

N130 U10 W-10

N140 U10

N150 G00 X80 Z80

N160 M05 M30

4. 螺纹切削复合循环指令 G76

指令格式如下：

G76 C_ R_ E_ A_ X_ Z_ I_ K_ U_ V_ Q_ P_ F_

G76 指令执行如图 7 - 37 所示的螺纹复合循环的加工路线。

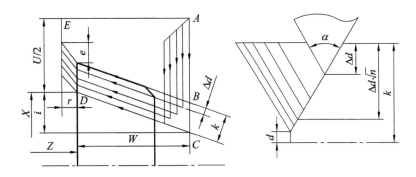

图 7 - 37　G76 循环路线图及其参数

参数说明：

C：精整次数。

R：螺纹 Z 向退尾长度。

E：螺纹 X 向退尾长度。

A：牙型角（取 80°，60°，55°，30°，29°，0°）通常为 60°。

X、Z：绝对编程时为螺纹终点 D 的坐标值；相对编程时，为螺纹终点 D 相对于循环起点 A 的有向距离。

I：锥螺纹的始点与终点的半径差，$i=0$ 时则为圆柱螺纹。

K：螺纹牙型高度(半径值)。

U：精加工余量。

Q：第一次切削深度(半径值)。

P：主轴基准脉冲处距离切削起始点的主轴转角。

F：螺纹导程。

V：最小进给深度，当某相邻两次的切削深度差小于此值时，则以此值为准。

按照车螺纹的规律，每次吃刀时的切削面积应尽可能保持均衡的趋势，这样相邻两次的吃刀深度将会按递减规律逐步减小。本循环方式下，第一次切深为 Δd，第 n 次切深为 $\Delta d \sqrt{n}$，相邻两次切削深度差为 $\Delta d \sqrt{n} - \Delta d \sqrt{n-1}$。若相邻两次切削深度差始终为定值的话，则必然是随着切削次数的增加切削面积逐步增大。为了计算简便而采用这种等深度螺纹车削方法，螺纹就不易车光，而且也不会影响刀具寿命。

7.3.10 参考点控制指令

1. 自动返回参考点指令 G28

指令格式如下：

G28 X(U)_ Z(W)_

G28 指令首先使所有的编程轴都快速定位到中间点 B，然后再从中间点快速返回到参考点 R。G28 指令的执行情况如图 7-38 所示。

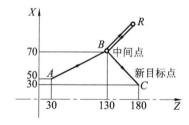

图 7-38　G28/G29 编程图例

说明：

(1) 执行 G90 指令时，X、Z 均为回参考点时经过的中间点坐标；执行 G91 指令时，X、Z 均为中间点相对于起点的位移量。

(2) 执行 G90/G91 指令时，U、W 均为中间点相对于起点的位移量。

(3) G28 指令前要求机床在通电后必须(手动)返回过一次参考点。

(4) 使用 G28 指令时，必须预先取消刀补量(用 Txx00，即将后 2 位刀补地址置 0)，否则会发生不正确的动作。

2. 自动从参考点返回指令 G29

指令格式如下：

G29 X(U)_ Z(W)_

G29 指令首先使所有的编程轴快速经过由 G28 指令定义的中间点 B，然后再到达指定点 C。G29 指令的执行情况如图 7 - 38 所示。

（1）执行 G90 指令时，X、Z 均为回定位终点的坐标；执行 G91 指令时，X、Z 均为定位终点相对于 G28 定义的中间点的位移量。

（2）执行 G90/G91 指令时，U、W 均为定位终点相对于 G28 定义的中间点的位移量。

（3）G29 指令一般在 G28 指令后出现。其应用习惯通常为：在换刀程序前先执行 G28 指令回参考点（换刀点），执行换刀程序后，再用 G29 指令往新的目标点移动。

例如，对图 7 - 38 所示的换刀编程如下：

```
T0101
 ⋮
G90 G28 X70 Z130 T0100;            A→B→R
T0202
G29 X30 Z180;                      R→B→C
 ⋮
```

例 7 - 20　如图 7 - 39 所示的零件需要三把车刀，分别用于粗、精车，切槽和车螺纹。刀具安装位置如图 7 - 40 所示，刀号 1 为偏置（0，0）基准刀，刀号 2 为偏置（5，3），刀号 3 为偏置（−5，−3），将其刀偏数据输入刀库中，编写相应程序完成加工。

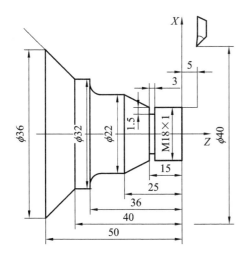

图 7 - 39　换刀车削零件

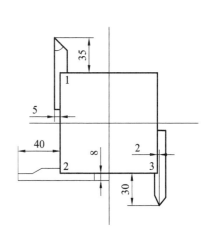

图 7 - 40　刀具安装位置图

编程如下：

```
%0018
T0101
G90 G00 X40 Z5 M03 S600
G71 U1 R2 P10 Q20 X0.2 Z0.2 F50
N10 G00 X18 Z5
    G01 X18 Z-15 F30
    X22 Z-25
    Z-31
    G02 X32 Z-36 R5
    G01 X32 Z-40
```

N20 G01 X36 Z-50

G28 X40 Z5 T0100

M05

T0202

G29 X20.0 Z-15 S500 M03

G01 X15 F20

G04 X2

G00 X20

G28 X40 Z5 T0200

M05

T0303

G00 X20 Z5 S200 M03

G82 X17.3 Z-13 F1

G82 X16.9 Z-13

G82 X16.7 Z-13

G91 G28 X0 Z0 T0300

M05

M30

例 7-21　编写如图 7-41 所示零件的加工程序。工艺条件：工件材质为 45♯钢或铝，毛坯为直径 $\phi54$ mm、长 200 mm 的棒料。刀具选用：1 号端面刀加工工件端面，2 号端面外圆刀粗加工工件轮廓，3 号端面外圆刀精加工工件轮廓，4 号外圆螺纹刀加工导程为 3 mm、螺距为 1 mm 的三头螺纹。

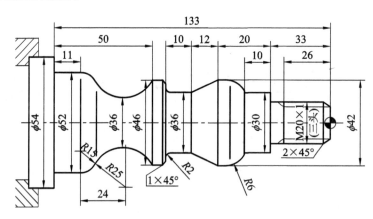

图 7-41　综合车削图例

编程如下：

%3346

N1 T0101

N2 M03 S500

N3 G00 X100 Z80

N4 G00 X60 Z5；　　　　　　　　到端面循环起点位置

N5 G81 X0 Z1.5 F100；　　　　　固定端面循环，加工过长毛坯

N6 G81 X0 Z0；　　　　　　　　固定端面循环，加工过长毛坯

N7 G28 X100 Z80 T0100

N8 T0202

N9 G29 X60 Z3

N10 G80 X52.6 Z-133 F100；　　　　固定外圆循环，加工过大毛坯直径

N11 G01 X54

N12 G71 U1 R1 P16 Q32 E0.3；　　　有凹槽外径粗切复合循环加工

N13 G28 X100 Z80 T0200

N14 T0303

N15 G29 X70 Z3

N16 G01 X10 F100；　　　　　　　　精加工轮廓开始，到倒角延长线处

N17 X19.95 Z-2

N18 Z-33

N19 G01 X30

N20 Z-43

N21 G03 X42 Z-49 R6

N22 G01 Z-53

N23 X36 Z-65

N24 Z-73

N25 G02 X40 Z-75 R2

N26 G01 X44

N27 X46 Z-76

N28 Z-84

N29 G02 Z-113 R25

N30 G03 X52 Z-122 R15

N31 G01 Z-133

N32 G01 X54；　　　　　　　　　　退出已加工表面，精加工轮廓结束

N33 G28 X100 Z80 T0300 M05

N34 T0404

N35 G29 X30 Z5 M03 S200

N36 G82 X19.3 Z-20 R-3 E1 C3 P120 F3

N37 G82 X18.9 Z-20 R-3 E1 C3 P120 F3

N38 G82 X18.7 Z-20 R-3 E1 C3 P120 F3

N39 G28 X100 Z80 T0400

N40 M05

N41 M30

习　　题

1. 关于代码的模态，错误描述的是（　　　）。

A. 只有 G 指令有模态，F 指令没有　　　B. G00 指令可被 G02 指令取代

C. G00 G01 X100.5 程序段，G01 指令无效　　D. G01 指令可被 G97 指令取代

2. G91 G00 X30.0 Z-20.0 表示( )。

A. 刀具按进给速度移至机床坐标系 $X=30$ mm，$Z=-20$ mm 点

B. 刀具快速移至机床坐标系 $X=30$ mm，$Z=-20$ mm 点

C. 刀具快速向 X 正方向移动 30 mm，Z 负方向移动 20 mm

D. 编程错误

3. 圆弧插补指令 G03 X_ Z_ R_中，X、Z 后的值表示圆弧的( )。

A. 起点坐标值   B. 终点坐标值

C. 圆心坐标相对于起点的值   D. 圆心坐标相对于终点的值

4. 切削循环 G73 指令适用于加工( )形状。

A. 圆柱   B. 圆锥

C. 铸毛坯   D. 球

5. 编写题图 7-1 所示零件的粗、精加工程序，工件坐标系原点建在工件右端面中心。

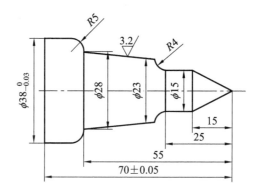

题图 7-1

6. 编写题图 7-2 所示零件的加工程序(不考虑左端面的夹持和切断以及刀具半径补偿，不加工 $\phi60$ 圆柱面)，工件坐标系原点建在工件右端面中心。工件毛坯直径为 60 mm，加工需要三把车刀，分别用于粗、精车，切槽和车螺纹，并分别将其刀偏数据输入刀库 01、02、03 中。切槽刀宽度为 5 mm，M24×3 的螺纹，其牙深为 1.949 mm(半径值)，七次背吃刀量(直径值)为 1.2、0.7、0.6、0.4、0.4、0.4、0.2(mm)，升、降速段为 5、3(mm)，主轴转速为 600 r/min，粗加工进给量为 200 mm/min，其他过程进给量为 100 mm/min。

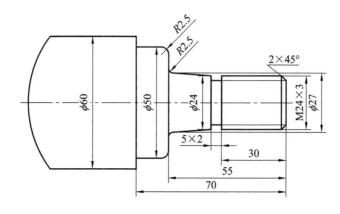

题图 7-2

7. 编写题图 7-3 所示零件的加工程序(不考虑左端面的夹持和切断以及刀具半径补偿),工件坐标系原点建在工件右端面中心。工件毛坯直径为 60 mm,加工需要三把车刀,分别用于粗、精车,切槽和车螺纹,并分别将其刀偏数据输入刀库 01、02、03 中。切槽刀宽度为 4 mm、M30×1.5 的螺纹,其牙深为 0.974 mm(半径值),四次背吃刀量(直径值)为 0.8、0.6、0.4、0.16(mm),升、降速段为 1.5、1(mm),主轴转速为 630 r/min,粗加工进给量为 200 mm/min,精加工进给量为 100 mm/min。

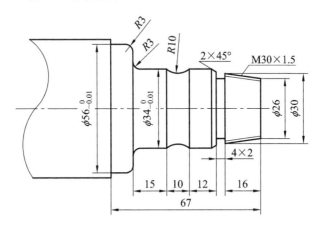

题图 7-3

第8章 数控铣床与加工中心的编程

基本要求

(1) 了解数控铣床(加工中心)的编程特点。
(2) 掌握利用刀具半径补偿功能编制轮廓铣削加工的编程方法。
(3) 掌握腔槽程序和孔加工程序的编写方法。
(4) 掌握加工中心换刀指令的编程方法。
(5) 掌握用于数控铣床(加工中心)的中等复杂程度典型零件加工程序的编写方法。

重点与难点

刀具半径补偿与刀具长度补偿指令的应用，以及固定循环指令的应用；数控铣床与加工中心的编程差别，换刀程序的应用。

课程思政

针对复杂零件的加工，尝试运用不同的编程策略，并进行对比分析，从而激发学生的创新思维，培养敢于突破传统、勇于尝试新技术的创新精神，在未来的工作中能够适应不断变化的技术需求，以推动技术升级和创新发展。

数控铣床是一种用途十分广泛的机床，主要用于各种较复杂的曲面和壳体类零件的加工，如各类凸轮、模具、连杆、叶片、螺旋桨和箱体等零件的铣削加工，同时还可以进行钻、扩、锪、铰、攻螺纹、镗孔等加工。

本章以配置有华中数控世纪星数控装置(HNC-21M)的铣床和加工为例，阐述数控铣床和加工中心的编程方法。

8.1 辅助功能指令

HNC-21M 数控系统的常用 M 指令代码见表 8-1。

表 8 - 1 HNC-21M 数控系统的常用 M 指令代码

代码	作用时间	组别	意 义	代码	作用时间	组别	意 义
M00	★	00	程序暂停	M30	★	00	程序结束并返回程序起点
M02	★	00	程序结束				
M03	♯		主轴正转	M98		00	子程序调用
M04	♯	a	主轴反转	M99		00	子程序返回
*M05	★		主轴停转	M06		00	自动换刀
M07	♯		开切削液				
M08	♯	b	开切削液				
*M09	★		关切削液				

HNC-21M 中的 M 指令与 HNC-21T 中的 M 指令基本相同，这里主要介绍 M98、M99、M06。

1. 子程序调用指令

在程序中含有某些固定顺序或重复出现的程序区段时，把这些固定顺序或重复区段的程序作为子程序单独存放，通过在主程序内调用子程序的指令可多次调用这些子程序，甚至在子程序中也可以再调用另外的子程序。如图 8-1 所示，这种主、子程序综合作用的程序结构使得数控系统的功能更为强大。

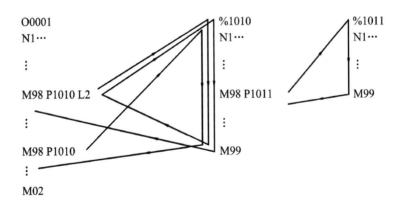

图 8-1 主、子程序调用关系

子程序的格式和一般程序格式相似，也是以"％xxxx"或"Oxxxx"开头，后跟的几位数字是子程序的程序号，是作为调用入口地址使用的，其必须和主程序中的子程序调用指令中所指向的程序号一致。另外，子程序结束不要用 M02 或 M30，而要用 M99 指令，以控制执行完该子程序后返回调用它的程序中。

调用子程序的指令格式如下：

M98(G65) P_ L_

P 为被调用的子程序号，L 为程序调用次数，L 省略时调用次数为 1。在 HNC 系统下，主、子程序可以写在同一个文件夹中，主程序在前，子程序在后，两者之间可加空行作为分隔。

HNC 数控系统还支持带参数的子程序调用，子程序更详细的使用方法请参见 9.2.3 节。

2. 自动换刀指令 M06

M06 用于加工中心上进行换刀操作，欲安装的刀具由刀具功能字 T 指定。使用 M06 后，刀具将被自动安装在主轴上。

8.2　主轴功能、进给功能和刀具功能指令

8.2.1　主轴功能 S 指令

主轴功能 S 指令控制主轴转速，其后的数值表示主轴速度(由于车床的工件安装在主轴上，主轴的转速即为工件旋转的速度)。

S 是模态指令，S 指令只有在主轴速度可调节时才有效，借助操作面板上的主轴倍率开关，指定的速度可在一定范围内进行倍率修调。

8.2.2　进给功能 F 指令

F 指令表示加工工件时刀具对于工件的合成进给速度。F 的单位取决于 G94 指令(每分钟进给量，单位为 mm/min)或 G95 指令(主轴每转的刀具进给量，单位为 mm/r)。

当以 G01、G02 或 G03 方式工作时，编程的 F 值一直有效，直到被新的 F 值所取代为止。当以 G00 方式工作时，快速定位的速度是各轴的最高速度，与所指定的 F 值无关。

借助机床的控制面板上的倍率按键，F 值可在一定范围内进行倍率调修。当执行攻丝循环 G84 和攻丝 G34 时，倍率开关失效，进给倍率固定在 100%。

8.2.3　刀具功能 T 指令

T 指令一般用于加工中心，在加工中心上执行 T 指令时，首先刀库转动并选择所需的刀具，然后等待，直到 M06 指令作用时完成换刀。

8.3　准备功能指令

HNC-21M 数控系统的常用 G 指令代码见表 8-2。

表 8 - 2　HNC-21M 数控系统的常用 G 指令代码

代码	组别	意　义	代码	组别	意　义	代码	组别	意　义
* G00		快速点定位	* G40		刀径补偿取消	* G54～G59	11	工件坐标系选择
G01		直线插补	G41	09	刀径左补偿	G09	00	准停校验
G02	01	顺圆插补	G42		刀径右补偿	G61		精确停止校验
G03		逆圆插补	G43		刀长正补偿	* G64	12	连续方式
G34		攻丝切削	G44	10	刀长负补偿	G65	00	子程序调用
G04	00	暂停延时	* G49		刀长补偿取消	G73～G89	06	钻、镗循环
G07	16	虚轴指定	* G50	04	缩放关	* G90	13	绝对坐标编程
* G17		XY 加工平面	G51		缩放开	G91		增量坐标编程
G18	02	ZX 加工平面	G24	03	镜像开	G92	00	工件坐标系设定
G19		YZ 加工平面	* G25		镜像关	* G94	14	每分钟进给方式
G20	08	英制单位	G68	05	旋转变换	G95		每转进给方式
* G21		公制单位	* G69		旋转取消	G98	15	回初始平面
G28	00	回参考点	G52	00	局部坐标系设定	* G99		回参考平面
G29		参考点返回	G53		机床坐标系编程			

注：G73～G89 中的缺省指令为 G80(取消固定循环)。

8.3.1　单位设定指令

1. 尺寸单位选择指令 G20、G21

指令格式如下：

G20

G21

其中，G20 指令为英制输入制式；G21 指令为公(米)制输入制式。

2. 进给速度单位的设定指令 G94、G95

指令格式如下：

G94 F_

G95 F_

G94 指令为每分钟进给量，单位为 mm/min；G95 指令为每转进给量，即主轴旋转一周时刀具的进给量，单位为 mm/r。

8.3.2　坐标系的设定与选择指令

1. 工件坐标系设定指令 G92

指令格式如下：

G92 X_ Y_ Z_

G92 指令通过设定对刀点与工件坐标系原点的相对位置建立工件坐标系。该指令格式中，X、Y、Z 后的数值即为当前刀位点在工件坐标系的坐标，在实际加工之前通过对刀操作可以获得这一数据。

2. 工件坐标系选择指令 G54～G59

指令格式如下：

$$\left.\begin{array}{l} \text{G54} \\ \text{G55} \\ \text{G56} \\ \text{G57} \\ \text{G58} \\ \text{G59} \end{array}\right\}$$

数控机床还可用工件零点预置 G54～G59 指令来预先设置好几个工件坐标系。如图 8-2 所示，数控机床先测定出预置的工件原点相对于机床原点的偏置值，并把该偏置值通过存储设定的方式预置在机床预置工件坐标的数据库中。工件原点预置好以后，便可用 "G54 G90 G00 X_ Y_ Z_" 的指令先调用 G54 坐标系为当前工件坐标系，然后让刀具移到该预置工件坐标系中的任意指定位置。G54～G59 可预置 6 个工件的原点，根据需要可任选其一。

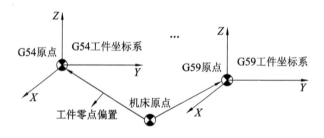

图 8-2　工件坐标系选择(G54～G59)

3. 局部坐标系设定指令 G52

指令格式如下：

G52 X_ Y_ Z_

G52 指令能在所有的工件坐标系(G92、G54～G59)内形成子坐标系即局部坐标系，如图 8-3 所示。

说明：

（1）X、Y、Z 分别为局部坐标系原点在当前工件坐标系中的坐标值。

（2）含有 G52 指令的程序段中，绝对值编程方式的指令值就是在该局部坐标系中的坐标值。

（3）G52 指令为非模态指令，但其设定的局部坐标系在被取代或注销前一直有效。设定局部坐标系后，工件坐标系和机床坐标系保持不变。

（4）要注销局部坐标系，可用 G52 X0 Y0 Z0 来实现。

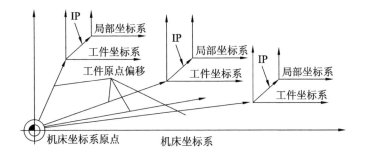

图 8-3　局部坐标系设定

4. 直接机床坐标系编程指令 G53

指令格式如下：

　　G53

G53 是机床坐标系编程指令。在含有 G53 指令的程序段中，绝对值编程时的指令值是在机床坐标系中的坐标值。

例 8-1　如图 8-4 所示，编程实现从 $A \rightarrow B \rightarrow C \rightarrow D$ 行走路线。

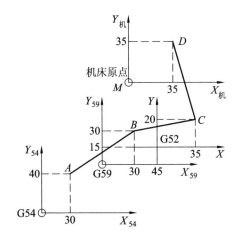

图 8-4　坐标系设定图例

编程如下：

```
%0022
N10 G54 G00 G90 X30 Y40;        快速移到 G54 中的 A 点
N15 G59;                        将 G59 置为当前工件坐标系
N20 G00 X30 Y30;                移到 G59 中的 B 点
N25 G52 X45 Y15;                在当前工件坐标系 G59 中建立局部坐标系 G52
N30 G00 G90 X35 Y20;            移到 G52 中的 C 点
N35 G53 X35 Y35;                移到 G53(机械坐标系)中的 D 点
    ⋮
```

8.3.3 坐标平面和编程方式的选定指令

1. 坐标平面选择指令 G17、G18、G19

指令格式如下：

G17

G18

G19

该组指令用来选择进行圆弧插补和刀具半径补偿的平面。

说明：

（1）G17 指令选择 XY 平面；G18 指令选择 ZX 平面；G19 指令选择 YZ 平面。

（2）该组指令并不限制 G00、G01 的移动范围。如果当前加工平面设置为 G17，同样可以在 G00、G01 中指定 Z 轴的移动。

2. 绝对坐标编程指令 G90 和相对坐标编程指令 G91

格式如下：

G90

G91

用 G90 指令后面的 X、Y、Z 表示 X 轴、Y 轴、Z 轴的坐标值是相对于程序原点计量；用 G91 指令后面的 X、Y、Z 表示 X 轴、Y 轴、Z 轴的坐标值是相对于前一位置计量，该值等于沿轴移动的距离。

8.3.4 进给控制指令

1. 快速定位指令 G00

指令格式如下：

G00 X_ Y_ Z_

G00 指令指定刀具从当前位置以系统预先设定的快进速度移动定位至所指定的位置。

说明：

（1）执行 G00 指令时，X、Y、Z 三轴同时以各轴的快进速度从当前点开始向目标点移动。一般，各轴不能同时到达终点，其行走路线可能为折线。

（2）执行 G00 指令时，主轴移动速度不能由 F 代码来指定，它只受快速修调倍率的影响。一般，G00 代码段只能用于工件外部的空程行走，不能用于切削行程中。

（3）执行 G90 指令时，X、Y、Z 均为快速定位终点在工件坐标系中的坐标；执行 G91 指令时，X、Y、Z 分别为定位终点相对于起点的位移量。

2. 线性进给指令 G01

指令格式如下：

G01 X_ Y_ Z_ F_

G01 指令指定刀具以联动的方式，按 F 规定的合成进给速度，从当前位置按线性路线（联动直线轴的合成轨迹为直线）移动到程序段指定的终点。

说明：

（1）执行 G90 指令时，X、Y、Z 均为线性进给终点在工件坐标系中的坐标；执行 G91 指令时，X、Y、Z 均为进给终点相对于起点的位移量。

（2）F 为合成进给速度，G01 指令的实际进给速度等于 F 指令速度与进给速度修调倍率的乘积。

3. 圆弧进给指令 G02、G03

指令格式如下：

$$G17 \begin{Bmatrix} G02 \\ G03 \end{Bmatrix} X\_ Y\_ \begin{Bmatrix} I\_ J\_ \\ R\_ \end{Bmatrix} F\_$$

$$G18 \begin{Bmatrix} G02 \\ G03 \end{Bmatrix} X\_ Z\_ \begin{Bmatrix} I\_ K\_ \\ R\_ \end{Bmatrix} F\_$$

$$G19 \begin{Bmatrix} G02 \\ G03 \end{Bmatrix} Y\_ Z\_ \begin{Bmatrix} J\_ K\_ \\ R\_ \end{Bmatrix} F\_$$

G02/G03 指令指定刀具以联动的方式，按 F 规定的合成进给速度，在 G17/G18/G19 指令规定的平面内，从当前位置按顺、逆圆弧路线移动到程序段指定的终点。

说明：

（1）执行 G90 指令时，X、Y、Z 均为圆弧终点在工件坐标系中的坐标；执行 G91 指令时，X、Y、Z 均为圆弧终点相对于圆弧起点的位移量。

（2）G02 为顺时针方向圆弧插补指令，G03 为逆时针方向圆弧插补指令。圆弧走向的顺逆应是从垂直于圆弧加工平面的第三轴的正方向看到的回转方向，如图 8-5 所示。

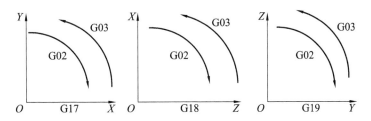

图 8-5　不同平面的 G02 与 G03 的选择

（3）圆弧插补既可用圆弧半径 R 指定编程，也可用 I、J、K 指定编程。在同一程序段中，用 I、J、K、R 同时指定编程时，R 优先，I、J、K 指定无效。

（4）当用 R 指定编程时，如果加工圆弧段所对的圆心角为 0°～180°，R 取正值；如果圆心角为 180°～360°，R 则取负值。

（5）X、Y、Z 同时省略时，表示起、终点重合；若用 I、J、K 指定圆心，相当于指定为 360°的弧；若用 R 编程时，则表示指定为 0°的弧。例如：

　　　　G02（G03）I_；整圆　　　G02（G03）R_；不动

（6）无论用绝对编程方式还是相对编程方式，I、J、K 都为圆心相对于圆弧起点的坐标增量，为零时可省略。

(7) G17 指令指定机床启动时默认的加工平面。如果程序中刚开始时所加工的圆弧属于 XY 平面，则 G17 指令可省略，一直到有其他平面内的圆弧加工时才指定相应的平面设置指令；再返回到 XY 平面内加工圆弧时，则必须指定 G17 指令。

例 8 - 2 使用 G02 指令对图 8 - 6 所示的劣弧 a 和优弧 b 编程。

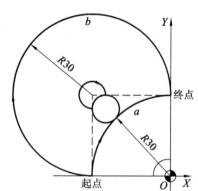

(1) 劣弧 a 的 4 种编程方法为：

G90 G02 X0 Y30 R30 F300；

G90 G02 X0 Y30 I30 J0 F300；

G91 G02 X30 Y30 R30 F300；

G91 G02 X30 Y30 I30 J0 F300。

(2) 优弧 b 的 4 种编程方法为：

G90 G02 X0 Y30 R-30 F300；

G90 G02 X0 Y30 I0 J30 F300；

G91 G02 X30 Y30 R-30 F300；

G91 G02 X30 Y30 I0 J30 F300。

图 8 - 6　圆弧编程图例

例 8 - 3 使用 G02/G03 指令对图 8 - 7 所示的整圆编程。

(1) 从 A 点顺时针转一周，编程方法为：

G90 G02 X30 Y0 I-30 J0 F300；

G91 G02 X0 Y0 I-30 J0 F300。

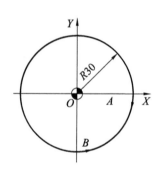

(2) 从 B 点逆时针转一周，编程方法为：

G90 G03 X0 Y-30 I0 J30 F300；

G91 G03 X0 Y0 I0 J30 F300。

4. 螺旋线进给指令 G02、G03

图 8 - 7　整圆编程图例

指令格式如下：

$$G17\begin{Bmatrix}G02\\G03\end{Bmatrix}X\_\ Y\_\begin{Bmatrix}I\_\ J\_\\R\_\end{Bmatrix}Z\_\ F\_$$

$$G18\begin{Bmatrix}G02\\G03\end{Bmatrix}X\_\ Z\_\begin{Bmatrix}I\_\ K\_\\R\_\end{Bmatrix}Y\_\ F\_$$

$$G19\begin{Bmatrix}G02\\G03\end{Bmatrix}Y\_\ Z\_\begin{Bmatrix}J\_\ K\_\\R\_\end{Bmatrix}X\_\ F\_$$

当 G02/G03 指令指定刀具相对于工件圆弧进给的同时，对另一个不在圆弧平面上的坐标轴施加运动指令，则联动轴的合成轨迹为螺旋线。

说明：

(1) X、Y、Z 中由 G17/G18/G19 指定平面选定的两个坐标为螺旋线投影圆弧的终点，意义同圆弧进给；第三坐标是与选定平面相垂直的轴终点；其余参数的意义同圆弧进给。

(2) 该指令对于任何小于或等于 360° 的圆弧，可附加任一数值的第三轴指令，实现螺旋线进给。

例 8 - 4 使用 G03 指令对图 8 - 8 所示的螺旋线编程。

（1）使用 G90 指令编程时，编程方法为：

G90 G17 G03 X0 Y30 R30 Z10 F300。

（2）使用 G91 指令编程时，编程方法为：

G91 G17 G03 X-30 Y30 R30 Z10 F300。

5. 虚轴指定指令 G07

指令格式如下：

　　G07 X_ Y_ Z_

G07 为虚轴指定和取消指令。

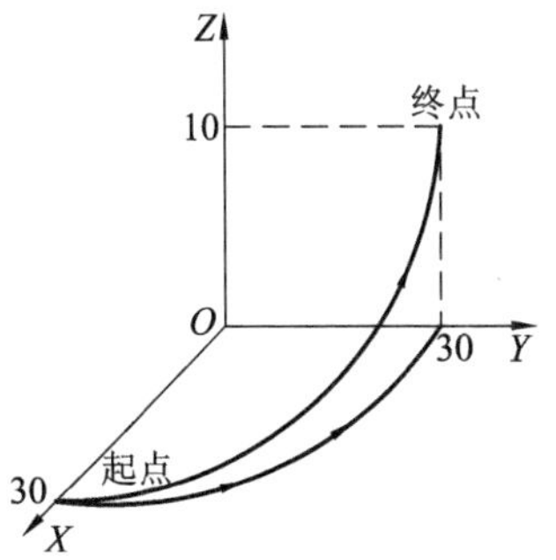

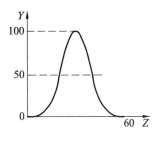

图 8 - 8　螺旋线编程图例

说明：

（1）X、Y、Z 可被指定为虚轴，若被指定轴后跟数字 0，则表示该轴为虚轴；若后跟数字 1，则表示该轴为实轴。

（2）若一轴为虚轴，则此轴只参加计算，不运动。

（3）虚轴仅对自动操作有效，对手动操作无效。

（4）用 G07 指令可进行正弦曲线插补，即在螺旋线插补前，将参加圆弧插补的某一轴指定为虚轴，则螺旋线插补变为正弦线插补。

例 8 - 5　使用 G07 指令对图 8 - 9 所示的正弦线编程。

编程如下：

　　⋮

　　G90 G00 X-50 Y0 Z0

　　G07 X0 G91

　　G03 X0 Y0 I0 J50 Z60 F800

　　⋮

图 8 - 9　正弦线编程图例

8.3.5　刀具补偿功能指令

数控铣床的刀具补偿分为刀具半径补偿和刀具长度补偿。刀具半径补偿由 G40、G41、G42 指令指定；刀具长度补偿由 G43、G44、G49 指令指定。

1. 刀具半径补偿指令 G40、G41、G42

指令格式如下：

$$\left.\begin{Bmatrix} G17 \\ G18 \\ G19 \end{Bmatrix}\begin{Bmatrix} G40 \\ G41 \\ G42 \end{Bmatrix}\begin{Bmatrix} G00 \\ G01 \end{Bmatrix}\right. X\_ Y\_ Z\_ D\_$$

该组指令用于建立/取消刀具半径补偿。

说明：

（1）G17 指令在 XY 平面建立刀具半径补偿平面；G18 指令在 ZX 平面建立刀具半径补偿平面；G19 指令在 YZ 平面建立刀具半径补偿平面。

（2）X、Y、Z 为 G00/G01 指令的参数，即刀补建立或取消的终点，有 G90 指令和 G91

指令两种编程方式。

（3）D 为刀具半径补偿寄存器的地址字，在补偿寄存器中存有刀具半径补偿值。刀径补偿有 D00～D99 共 100 个地址号可用，其中 D00 已为系统留作取消刀具半径补偿专用。补偿值可在 MDI 方式下键入。

例 8-6　考虑刀具半径补偿，编写图 8-10 所示零件的加工程序。要求建立如图 8-10 所示的工件坐标系，并按箭头所指示的路径进行加工。设加工开始时刀具距离工件上表面 50 mm，切削深度为 10 mm。

编程如下：

```
%1008
G92 X-10 Y-10 Z50
G90 G17
G42 G00 X4 Y10 D01
Z2 M03 S900
G01 Z-10 F800
X30
G03 X40 Y20 I0 J10
G02 X30 Y30 I0 J10
G01 X10 Y20
Y5
G00 Z50 M05
G40 X-10 Y-10
M02
```

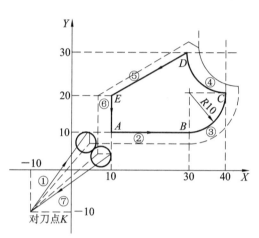

图 8-10　刀具半径补偿编程图例

2. 刀具长度补偿指令 G43、G44、G49

指令格式如下：

$$\begin{Bmatrix} G17 \\ G18 \\ G19 \end{Bmatrix} \begin{Bmatrix} G43 \\ G44 \\ G49 \end{Bmatrix} \begin{Bmatrix} G00 \\ G01 \end{Bmatrix} X\_ \ Y\_ \ Z\_ \ H\_$$

该组指令用于建立/取消刀具长度补偿。若一个程序中需要用到多把刀具时，它们可以共用一个工件坐标系，因刀具长短的不同而出现的 Z 向对刀数据的差距可以使用刀具长度补偿功能来修正。另外，当实际使用刀具与编程时估计的刀具长度有出入时，或刀长磨损后导致 Z 向加工不到位时，亦可不用重新改动程序或重新进行对刀调整，仅需改变刀具数据库中刀具长度补偿量即可。

说明：

（1）G43 指令建立正向偏置；G44 指令建立负向偏置；G49 指令取消偏置。

（2）G17 指令表示刀具长度补偿轴为 Z 轴；G18 指令表示刀具长度补偿轴为 Y 轴；G19 指令表示刀具长度补偿轴为 X 轴。如在执行 G17 指令的情况下，G43、G44 指令只用于 Z 轴的补偿，而对 X 轴和 Y 轴无效。

（3）X、Y、Z 分别为 G00/G01 指令的参数，即刀补建立或取消的终点，同样有 G90 和 G91 两种编程方式。

（4）H 为刀具长度补偿寄存器的地址字，在补偿寄存器中存有刀具长度补偿值。长度补偿有 H00～H99 共 100 个地址号可用，其中 H00 已为系统留作取消长度补偿专用。补偿值可在 MDI 方式下键入。

例 8-7　考虑刀具长度补偿，编写如图 8-11 所示零件的加工程序。要求建立如图 8-11 所示的工件坐标系，并按箭头所指示的路径进行加工。

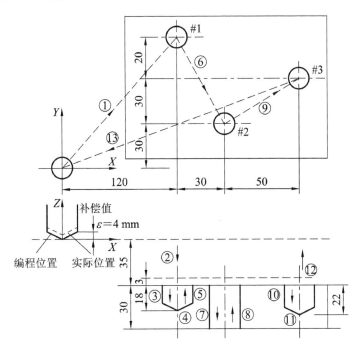

图 8-11　刀具长度补偿编程图例

编程如下：

```
%1050
G92 X0 Y0 Z0
G91 G00 X120 Y80 M03 S600
G43 Z-32 H01
G01 Z-21 F300
G04 P2
G00 Z21
X30 Y-50
G01 Z-41
G00 Z41
X50 Y30
G01 Z-25
G04 P2
G00 G49 Z57
X-200 Y-60
M05 M30
```

8.3.6 简化编程指令

1. 镜像功能指令 G24、G25

指令格式如下：

G24 X_ Y_ Z_

M98 P_

G25 X_ Y_ Z_

当工件相对于某一轴具有对称形状时，可以利用镜像功能和子程序，只对工件的一部分进行编程，就能加工出工件的对称部分，这就是镜像功能。当某一轴的镜像有效时，该轴执行与编程方向相反的运动。

说明：

（1）G24 指令建立镜像；G25 指令取消镜像。

（2）X、Y、Z 为径向位置参数。

（3）当采用绝对编程方式时，如 G24 X-9 表示图形将以 X=-9 的直线作为对称轴，G24 X6 Y4 表示以点(6,4)为对称中心的点对称图形。某轴对称一经指定，持续有效，直到执行 G25 且后跟该轴指令才取消。若先执行 G24 X_，后来又执行了 G24 Y_，则对称效果是两者的综合。

（4）当用增量编程时，镜像坐标指令中的坐标数值没有意义，所有的对称都是从当前执行点处开始的。

例 8-8　使用镜像功能指令编写如图 8-12 所示轮廓的加工程序，设刀具起点距离工件上表面 100 mm，切削深度为 5 mm。

编程如下：

%0008

G92 X0 Y0 Z0

G91 G17 M03 S600

M98 P100；　　　　　　加工第一象限图形

G24 X0

M98 P100；　　　　　　加工第二象限图形

G24 Y0

M98 P100；　　　　　　加工第三象限图形

G25 X0

M98 P100；　　　　　　加工第四象限图形

G25 Y0；　　　　　　　取消镜像

M05 M30

%100

G41 G00 X10 Y4 D01

G43 Z-98 H01

G01 Z-7 F300

Y26

X10

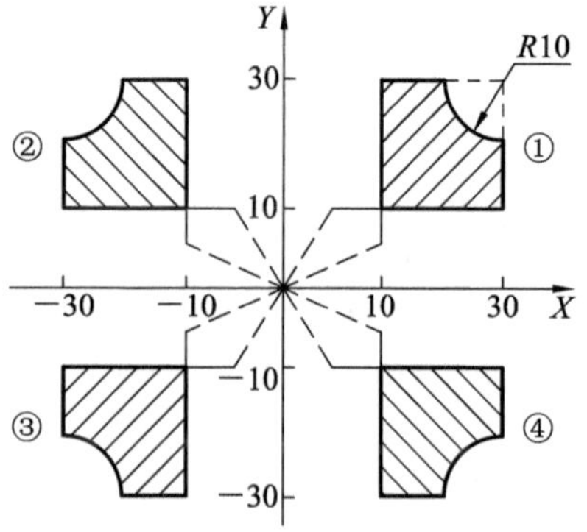

图 8-12　镜像功能编程图例

```
G03 X10 Y-10 I10 J0
G01 Y-10
X-25
G49 G00 Z105
G40 X-5 Y-10
M99
```

2. 缩放功能指令 G50、G51

指令格式如下：

```
G51 X_ Y_ Z_ P_
M98 P_
G25
```

该组指令用于建立/取消缩放。

说明：

(1) G51 指令建立缩放，其既可以指定平面缩放，也可以指定空间缩放；G50 指令取消缩放。

(2) X、Y、Z 为缩放中心的坐标值，P 为缩放倍数。

(3) 在有刀具补偿的情况下，先进行缩放，然后再进行刀具半径补偿、刀具长度补偿。

例 8 – 9 使用缩放功能指令编写如图 8 – 13 所示的加工程序。已知△ABC 的顶点为 A(10，30)、B(90，30)、C(50，110)，△A′B′C′ 为缩放后的图形，其中缩放中心为 D(50，50)，缩放系数为 0.5 倍。设刀具起点距工件表面 50 mm。

编程如下：

```
%0001
G92 X0 Y0 Z60 G90 G17 M03 S600 F60
G00 Z-1
M98 P100;                加工△ABC
G00 Z6
G51 X50 Y50 P0.5;        缩放中心(50，50)
M98 P100;                加工△A′B′C′
G50;                     取消缩放
G00 Z60
G00 X0 Y0
M05 M30
%100
G42 G00 Y30 D01
G01 X90 Y30
X50 Y110
X5 Y20
G40 G00 Y0
M99
```

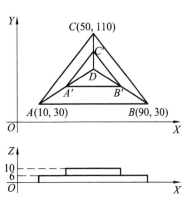

图 8 – 13 缩放功能编程图例

3. 旋转功能指令 G68、G69

指令格式如下：

G17 G68 X_ Y_ P_

G18 G68 Y_ Z_ P_

G19 G68 Y_ Z_ P_

M98 P_

G69

该组指令用于建立/取消旋转变换。

说明：

（1）G68 指令建立旋转变换；G69 指令取消旋转变换。

（2）X、Y、Z 为旋转中心的坐标值。

（3）P 为旋转角度，单位是"°"，且 $0° \leq P \leq 360°$。

（4）在有刀具补偿的情况下，先旋转后刀补（刀具半径补偿、长度补偿）；在有缩放功能的情况下，先缩放后旋转。

例 8-10　使用旋转功能指令编写如图 8-14 所示的加工程序。设刀具起点距工件表面 50 mm，切削深度为 5 mm。

编程如下：

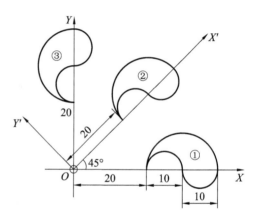

%0068

G92 X0 Y0 Z50

G90 G17 M03 S600

G43 Z-5 H02

M98 P200；　　　　加工①

G68 X0 Y0 P45；　　旋转 45°

M98 P200；　　　　加工②

G68 X0 Y0 P90；　　旋转 90°

M98 P200；　　　　加工③

G49 Z50

G69；　　　　　　取消旋转

M05 M30

%200

G41 G01 X20 Y-5 D02 F300

Y0

G02 X40 I10

X30 I-5

G03 X20 I-5

G00 Y-6

G40 X0 Y0

M99

图 8-14　旋转功能编程图例

8.3.7　其他功能指令

1. 暂停指令 G04

指令格式如下：

　　　G04 P_

G04 指令用于暂停程序执行一段时间。

说明：

（1）P 为暂停时间，单位为 s。

（2）G04 指令可使刀具作短暂停留，以获得圆整而光滑的表面。对不通孔进行深度控制时，在刀具进给到规定深度后，用暂停指令使刀具作非进给光整切削，然后退刀，以保证孔底平整。

（3）G04 指令在前一程序段的速度降到零之后才开始暂停动作。

2. 准停校验指令 G09

指令格式如下：

　　　G09

一个包含 G09 的程序段在终点进给速度减到 0，确认进给电机已经到达规定终点的范围内之后，才继续进行下一个程序段。该功能可用于形成尖锐的棱角。

3. 段间过渡方式指令 G61、G64

指令格式如下：

$$\left\{\begin{matrix} G61 \\ G64 \end{matrix}\right\}$$

该组指令用于控制程序段间的过渡方式。

说明：

（1）G61 指令为精确停止检验；G64 指令为连续切削方式。

（2）G61 指令后的各程序段的移动指令都要在终点被减速到 0，直到遇到 G64 指令为止。在终点处确定为到位状态后，继续执行下一个程序段，这样便可确保实际轮廓和编程轮廓相符。

（3）在 G64 指令之后的各程序段所有的编程轴刚开始移动减速时就执行下一个程序段，直到遇到 G61 指令为止。因此，加工轮廓转角处时就可能形成圆角过渡，进给速度 F 越大，则转角就越大。

8.3.8　固定循环功能指令

数控车削加工编程中已经介绍了采用固定循环编程的方便之处，而数控铣床和数控加工中心具备钻、镗固定循环功能指令，也可以很方便地处理钻、镗加工编程问题。

如图 8-15 所示，以立式数控铣床为例，钻、镗固定循环动作顺序如下：

（1）X、Y 轴快速定位到孔中心的位置上。

（2）快速运行到靠近孔上方的安全高度平面（R 平面）。

（3）钻、镗孔（工进）。

（4）在孔底进行需要的动作。

（5）退回到安全平面高度或初始平面高度。

（6）快速退回到初始点的位置。

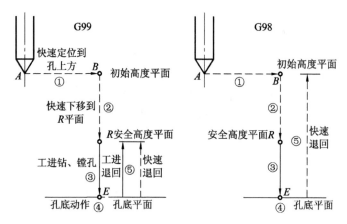

图 8-15 固定循环动作

固定循环的程序格式包括数据形式、返回点平面、孔加工方式、孔位置数据、孔加工数据和循环次数。数据形式(G90 或 G91)在程序开始时就已指定,因此在固定循环程序格式中可不注出。

指令格式如下:

$$\begin{Bmatrix} G98 \\ G99 \end{Bmatrix} G\_ \ X\_ \ Y\_ \ Z\_ \ R\_ \ Q\_ \ P\_ \ I\_ \ J\_ \ K\_ \ F\_ \ L\_$$

该组指令用于控制孔加工固定循环。

说明:

(1) G98 指令表示返回初始平面;G99 指令表示返回到安全高度平面。当某孔加工完后还有其他同类孔需要继续加工时,一般使用 G99 指令;只有在全部同类孔都加工完成后,或孔间有比较高的障碍需跳跃时,才使用 G98 指令,这样可节省抬刀时间。

(2) G 指令为固定循环代码 G73、G74、G76 和 G81~G89 之一,对应的固定循环功能见表 8-3。

表 8-3 固定循环功能指令表

G 指令	加工动作—Z 向	在孔底部的动作	回退动作—Z 向	用 途
G73	间歇进给		快速进给	高速深孔加工循环
G74	切削进给(主轴反转)	主轴正转	切削进给	反攻螺纹循环
G76	切削进给	主轴定向停止	快速进给	精镗循环
G80				取消固定循环
G81	切削进给		快速进给	定心钻循环
G82	切削进给	暂停	快速进给	带停顿的钻孔循环
G83	间歇进给		快速进给	深孔加工循环
G84	切削进给(主轴正转)	主轴反转	切削进给	攻螺纹循环
G85	切削进给		切削进给	镗孔循环
G86	切削进给	主轴停止	切削进给	镗孔循环
G87	切削进给	主轴停止	手动或快速	反镗循环
G88	切削进给	暂停、主轴停止	手动或快速	镗孔循环
G89	切削进给	暂停	切削进给	镗孔循环

（3）X、Y 为加工起点到孔位的距离（G91）或孔位坐标（G90）；Z 为 R 点到孔底的距离（G91）或孔底坐标（G90）。

（4）R 为初始点到 R 点的距离（G91）或 R 点的坐标（G90）；P 为刀具在孔底的暂停时间。

（5）Q 为每次进给深度（G73/G83）；I、J 为刀具在轴反向的位移增量（G76/G87）。

（6）G73 指令中，K 为每次退刀距离；G83 指令中，K 为每次退刀后再次进给，由快速进给转换为切削进给时距上次加工面的距离。

（7）F 为切削进给速度；L 为固定循环的次数。

（8）G73、G74、G76 和 G81～G89 是同组的模态指令。G80、G01～G03 等指令可以取消固定循环。

1. 高速深孔加工循环指令 G73

指令格式如下：

$$\left\{ {G98 \atop G99} \right\} G73\ X\_\ Y\_\ Z\_\ R\_\ Q\_\ P\_\ K\_\ F\_\ L\_$$

G73 指令用于高速深孔加工循环，其指令动作循环如图 8-16 所示。每次进刀量为 q，退刀量为 K。G73 指令在钻孔时间歇进给，有利于断屑、排屑，适用于深孔加工。

例 8-11　使用 G73 指令编写如图 8-16 所示的深孔加工程序。设刀具起点距工件上表面 42 mm，距孔底 80 mm，并在距工件上表面 2 mm 处（R 点）由快进转换为工进，每次进给深度为 10 mm，每次退刀距离为 5 mm。

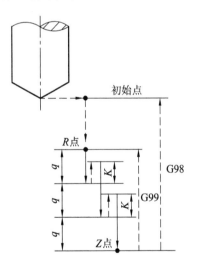

编程如下：

```
%0073
G92 X0 Y0 Z80
G00 G90 M03 S600
G98 G73 X100 Z0 R40 P2 Q-10 K5 F200
G00 X0 Y0 Z80
M05
M30
```

2. 反攻螺纹循环指令 G74

图 8-16　G73 指令动作循环

指令格式如下：

$$\left\{ {G98 \atop G99} \right\} G74\ X\_\ Y\_\ Z\_\ R\_\ P\_\ F\_\ L\_$$

G74 指令用于左旋攻螺纹，其指令动作循环如图 8-17 所示。执行过程中，主轴在 R 平面处开始反转直至孔底，到达后主轴自动转为正转，返回。

说明：

（1）攻丝时，速度倍率进给保持均不起作用。

（2）R 应选在距工件表面 7 mm 以上的地方。

例 8 – 12 使用 G74 指令编写如图 8 – 17 所示反螺纹攻丝的加工程序。设刀具起点距工件上表面 48 mm，距孔底 60 mm，并在距工件上表面 8 mm 处（R 点）由快进转换为工进。

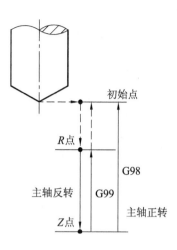

编程如下：

```
%0074
G92 X0 Y0 Z60
G91 G00 F200 M04 S500
G98 G74 X100 R-40 P4 G90 Z0
G0 X0 Y0 Z60
M05 M30
```

3. 精镗循环指令 G76

图 8 – 17 G74 指令动作循环

指令格式如下：

$$\left\{ {G98 \atop G99} \right\} G76\ X\_\ Y\_\ Z\_\ R\_\ P\_\ I\_\ J\_\ F\_\ L\_$$

G76 指令用于精镗循环，其指令动作循环如图 8 – 18 所示。加工到孔底时，主轴停止在定向位置上；然后，使刀头沿孔径向离开已加工的内孔表面后抬刀退出，这样可以高精度、高效率地完成孔加工，退刀时不损伤已加工的表面。I、J 指定各轴位移量，可沿任意方位让刀。

例 8 – 13 使用 G76 指令编制如图 8 – 18 所示的精镗加工程序。设刀具起点距工件上表面 42 mm，距孔底 50 mm，并在距工件上表面 2 mm 处（R 点）由快进转换为工进。

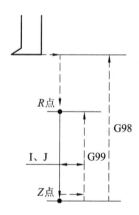

编程如下：

```
%0076
G92 X0 Y0 Z50
G00 G91 G99 M03 S600
G76 X100 R-40 P2 I-6 Z-10 F200
G00 X0 Y0 Z40
M05
M30
```

4. 定心钻循环指令 G81

图 8 – 18 G76 指令动作循环

指令格式如下：

$$\left\{ {G98 \atop G99} \right\} G81\ X\_\ Y\_\ Z\_\ R\_\ F\_\ L\_$$

G81 指令用于定心钻孔，其指令动作循环如图 8 – 19 所示。钻孔动作循环包括 X、Y 坐标定位、快进、工进和快速返回等动作。

例 8 – 14 使用 G81 指令编写如图 8 – 19 所示的精镗加工程序。设刀具起点距工件上表面 42 mm，距孔底 50 mm，并在距工件上表面 2 mm 处（R 点）由快进转换为工进。

编程如下：

```
%0081
G92 X0 Y0 Z50
G00 G90 M03 S600
G99 G81 X100 Z0 R10 F200
G90 G00 X0 Y0 Z50
M05
M30
```

5. 带停顿的钻孔循环指令 G82

指令格式如下：

$$\begin{Bmatrix} G98 \\ G99 \end{Bmatrix} G82\ X\_\ Y\_\ Z\_\ R\_\ P\_\ F\_\ L\_$$

G82 指令用于带停顿的钻孔循环，其指令动作循环和 G81 指令类似，但该指令将使刀具在孔底暂停，暂停时间由 P 指定。孔底暂停可确保孔底平整，常用于锪孔、做沉头台阶孔。

6. 深孔加工循环指令 G83

指令格式如下：

$$\begin{Bmatrix} G98 \\ G99 \end{Bmatrix} G83\ X\_\ Y\_\ Z\_\ R\_\ Q\_\ P\_\ K\_\ F\_\ L\_$$

G83 指令用于深孔加工循环，其指令动作循环如图 8 – 20 所示。G83 指令和 G73 指令的区别：G83 指令在每次进刀 q 深度后都返回安全平面高度处，再进行第二次进给，这样更有利于钻深孔时的排屑。

例 8 – 15　使用 G83 指令编写如图 8 – 20 所示的深孔加工程序。设刀具起点距工件上表面 42 mm，距孔底 80 mm，并在距工件上表面 2 mm 处（R 点）由快进转换为工进。每次进给深度为 10 mm，每次退刀后，再由快速进给转换为切削进给时距上次加工面的距离为 5 mm。

编程如下：

```
%0083
G92 X0 Y0 Z80
G00 G99 G91 F200
M03 S500
G83 X100 G90 R40 P2 Q-10 K5 Z0
G90 G00 X0 Y0 Z80
M05
M30
```

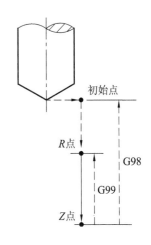

图 8 – 19　G81 指令动作循环

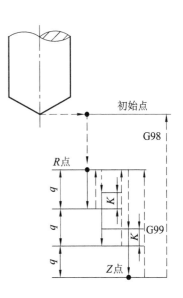

图 8 – 20　G83 指令动作循环

7. 攻螺纹循环指令 G84

指令格式如下：

$$\begin{Bmatrix} G98 \\ G99 \end{Bmatrix} G84 \ X\_ \ Y\_ \ Z\_ \ R\_ \ P\_ \ F\_ \ L\_$$

G84 指令用于右旋攻螺纹，其指令动作循环中的主轴转向与 G74 指令相反，其他和 G74 指令相同。

8. 镗孔循环指令 G85

G85 指令与 G81 指令相似，G85 指令进刀和退刀时都为工进速度，且回退时主轴照样旋转。

9. 镗孔循环指令 G86

G86 指令与 G8 指令相似，但 G86 指令进刀到孔底后将使主轴停转，然后快速退回安全平面或初始平面。由于退刀前没有让刀动作，快速回退时可能会划伤已加工的表面，因此只用于粗镗。

10. 反镗循环指令 G87

指令格式如下：

$$\begin{Bmatrix} G98 \\ G99 \end{Bmatrix} G87 \ X\_ \ Y\_ \ Z\_ \ R\_ \ P\_ \ I\_ \ J\_ \ F\_ \ L\_$$

G87 指令用于反镗循环，其指令动作循环如图 8－21 所示。执行时，X、Y 轴定位后，主轴准停，刀具以反刀尖的方向偏移 I、J 值，并快速下行到孔底（即 R 平面高度）。在孔底处，顺时针启动主轴，刀具按原偏移量摆回加工位置，在 Z 轴方向上一直向上加工到孔终点（即其孔底平面高度）。在这个位置上，主轴再次准停后刀具又进行反刀尖偏移 I、J 值，然后向孔的上方移出返回到初始点（只能用 G98），主轴正转，继续执行下一程序段。

例 8－16　使用 G87 指令编写如图 8－21 所示的反镗加工程序。设刀具起点距工件上表面 40 mm，距孔底（R 点）80 mm。

编程如下：

```
%0087
G92 X0 Y0 Z80
G00 G91 G98 F300
G87 X50 Y50 I-5 G90 R0 P2 Z40
G00 X0 Y0 Z80
M05 M30
```

11. 镗孔循环指令 G88

指令格式如下：

$$\begin{Bmatrix} G98 \\ G99 \end{Bmatrix} G88 \ X\_ \ Y\_ \ Z\_ \ R\_ \ P\_ \ F\_ \ L\_$$

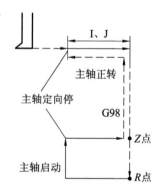

图 8－21　G87 指令动作循环

G88 指令用于镗孔循环,其指令动作循环如图 8-22 所示。加工到孔底后暂停,主轴停止转动,自动转换为手动状态,用手动将刀具从孔中退出到返回点平面后,主轴正转,再转入下一个程序段自动加工。

例 8-17 使用 G88 指令编制如图 8-22 所示的镗孔加工程序。设刀具起点距 R 点 40 mm,距孔底 80 mm。

编程如下:

```
%0088
G92 X0 Y0 Z80
M03 S600
G90 G00 G98 F200
G88 X60 Y80 R40 P2 Z0
G00 X0 Y0
M05 M30
```

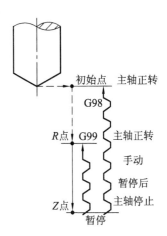

图 8-22 G88 指令动作循环

12. 镗孔循环指令 G89

G89 指令与 G86 指令相似,但在孔底有暂停。

13. 取消固定循环指令 G80

G80 指令用于取消固定循环,同时 R 点和 Z 点也被取消。

例 8-18 编写如图 8-23 所示的螺纹加工程序。设刀具起点距工作表面 100 mm 处,切削深度为 10 mm。

(1) 先用 G81 钻孔,编程如下:

```
%1000
G92 X0 Y0 Z0
G91 G00 M03 S600
G99 G81 X40 Y40 G90 R-98 Z-110 F200
G91 X40 L3
Y50
X-40 L3
G90 G80 X0 Y0 Z0
M05 M30
```

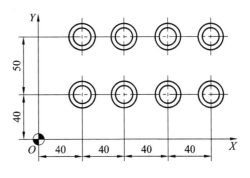

图 8-23 螺纹加工图例

(2) 再用 G84 攻丝,编程如下:

```
%2000
G92 X0 Y0 Z0
G91 G00 M03 S600
G99 G84 X40 Y40 G90 R-93 Z-110 F100
G91 X40 L3
Y50
X-40 L3
G90 G80 X0 Y0 Z0
```

M05 M30

8.3.9 参考点控制指令

指令格式如下：

G28 X_ Y_ Z_

G29 X_ Y_ Z_

G28 指令首先使所有的编程轴都快速定位到中间点，然后从中间点快速返回到参考点。G29 指令首先使所有的编程轴快速经过由 G28 指令定义的中间点，然后到达指定点。

说明：

（1）采用绝对坐标 G90 编程方式时，G28 指令中的 X、Y、Z 坐标是中间点在当前坐标系中的坐标值，G29 指令中的 X、Y、Z 坐标是从参考点出发将要移动的目标点在当前坐标系中的坐标值；采用增量坐标 G91 编程方式时，G28 中指令值为中间点相对于当前位置点的坐标增量，G29 中指令值为将要移动的目标点相对于前段 G28 指令中的中间点的坐标增量。

（2）G28、G29 指令通常应用于换刀前后。在换刀程序前，先执行 G28 指令回参考点（换刀点）；执行换刀程序后，再用 G29 指令往新的目标点移动。

（3）数控铣床中采用"M00"进行程序暂停，手动换刀后再进行循环启动；加工中心中采用"Txx M06"完成选刀和自动换刀，换刀以后，主轴上装夹的就是"Txx"号刀具，而刀库中目前换刀位置上安放的则是刚换下的刀具。

（4）由于 G28、G29 采用与 G00 一样的移动方式，其行走轨迹常为折线，较难预计，因此经常将 XY 和 Z 分开使用。先用 G28 Z_提刀并回 Z 轴参考点位置，然后再用 G28 X_ Y_回到 XY 方向的参考点。

例 8-19　在数控铣床上编写如图 8-24(a)所示的零件程序。以外形定位，加工内槽和钻凸耳处的四个圆孔。

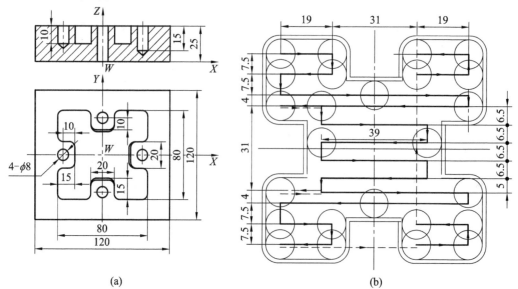

(a)　　　　　　　　　　(b)

图 8-24　挖槽加工图例

　　整个零件采用先铣槽后钻孔的顺序。内槽铣削使用 10 mm 的铣刀，先采用行切方法（双向切削）去除大部分材料，整个周边留单边 0.5 mm 的余量；最后采用环切的方法加工整个内槽周边。整个内槽铣切的位置点关系及路线安排如图 8 - 24(b)所示。编程如下：

```
%0001
G90 G54 G00 X-34.5 Y34.5
Z30 S200 M03；                   快速下刀至距工件上表面 5 mm 处
G01 Z10 F50；                    进给下刀至槽底部，进给速度为 50 mm/min
G91 G01 X19；                    横向进给，增量方式，右移 19 mm(行切开始)
Y-7.5；                          下移 7.5
X-19；                           左移 19
Y-7.5；                          下移 7.5
X69；                            右移 69，铣至宽槽处
Y-4；                            下移 4
X-69；                           左移 69
G90 X-19.5；                     往回移至 X＝19.5 处，准备向下进给
G91 Y-6.5；                      增量值方式，下移 6.5
X39；                            右移 39，铣槽的中腰部
Y-6.5；                          下移 6.5
X-39；                           左移 39
Y-6.5；                          下移 6.5
X39；                            右移 39
Y-6.5；                          下移 6.5
X-39；                           左移 39
Y-5；                            下移 5
X-15；                           左移 15
X69；                            右移 69(重复 15 mm)，铣下部宽槽
Y-4；                            下移 4
X-69；                           左移 69
Y-7.5；                          下移 7.5
X-19；                           右移 19，铣左下部窄槽
Y-7.5；                          下移 7.5
X-19；                           左移 19
G01 Z15；                        向上抬刀 15
G00 X50；                        快速右移至右下角窄槽区
G01 Z-15；                       下刀进给至槽底部
X19；                            右移 19
Y7.5；                           上移 7.5
X-19；                           左移 19
G90 Y27；                        绝对值方式，向上进给移动到右上角窄槽区
X34.5；                          右移至 X＝34.5 处(右端)
Y34.5；                          上移至 Y＝34.5 处
```

X15.5;	左移至 $X=15.5$ 处（内槽粗铣完毕，行切结束）
G91 G01 X-0.5 Y0.5 F20;	进给至刀刃近右上角顶部直线段的左端点处
X20.0;	右移 20，开始沿顺时针方向对周边进行环切
Y-20	
X-15	
Y-30	
X15	
Y-20	
X-20	
Y15	
X-30	
Y-15	
X-20	
Y20	
X15	
Y30	
X-15	
Y20	
X20	
Y-15	
X30	
Y15.0;	内槽周边铣切的最后一刀，环切结束
G90 G01 Z30.0 M05;	抬刀至距工件上表面 5 mm 的上部，主轴停
G91 G28 Z0;	Z 轴先返回参考点
G28 X0 Y0;	X、Y 方向返回参考点
M00;	暂停程序运行，准备进行手动换刀
G90 G55 X35 Y0;	使用 G55 的工件坐标系
Z30 S1200 M03;	下刀至距工件上表面 5 mm 的安全平面高度处
G01 Z10 F10;	工进钻孔，进给速度为 10 mm/min
G04 P1.5;	孔底暂停 1.5 s
G00 Z30;	快速提刀至安全平面高度
X0 Y35;	快移至孔 K2 的孔位上方
G01 Z-2;	钻孔 K2
G00 Z30;	提刀至安全平面
X-35 Y0;	快移至孔 K3 的上方
G01 Z15;	钻孔 K3
G00 Z30;	提刀至安全平面
X0 Y-35;	快移至孔 K4 的上方
G01 Z-2;	钻孔 K4
G91 G28 Z0;	提刀并返回 Z 轴参考点所在平面高度
G28 X0 Y0 M05;	返回 X、Y 方向参考点，主轴停

　　M30；　　　　　　　　　　　　　　程序结束并复位

　　例 8-20　加工中心上加工如图 8-25 所示的零件。分别用 $\phi40$ 的端面铣刀铣上表面，用 $\phi20$ 的立铣刀铣四个侧面和 A、B 面，用 $\phi6$ 的钻头钻 6 个小孔，$\phi14$ 的钻头钻中间的两个大孔。对刀后，各刀具长度和刀具直径分别设定在 H1～H4、D1～D4 中。

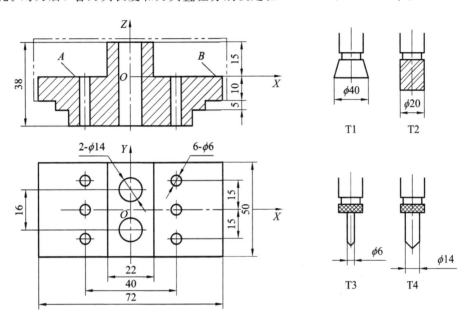

图 8-25　加工中心编程图例

　　编程如下：

　　%0002

　　T1 M6；　　　　　　　　　　　　　　自动换上 T1 刀具

　　G90 G54 G00 X60 Y15 S500 M03；　　走刀到毛坯外 G54 坐标系的 X60 Y15 处

　　G43 Z20 H01 M07；　　　　　　　　Z 向下刀到离毛坯上表面 5 mm 处，打开切削液

　　G01 Z15 F200；　　　　　　　　　　工进下刀到欲加工上表面高度处

　　X-60；　　　　　　　　　　　　　　加工到左侧（左右移动）

　　Y-15；　　　　　　　　　　　　　　到 Y=－15 上

　　X60；　　　　　　　　　　　　　　　往回加工到右侧

　　Z20 M09；　　　　　　　　　　　　上表面加工完成，关闭切削液

　　G91 G28 Z0 M05；　　　　　　　　　Z 向返回参考点，关闭主轴

　　T2 M6；　　　　　　　　　　　　　　换 T2 刀具

　　G90 G54 G0 X60 Y25 S600 M03；　　　走刀到铣四侧的起始位置，启动主轴

　　G43 Z-12 H02 M07；　　　　　　　　下刀到 Z=－12 高度处，打开切削液

　　G0I G42 X36 D02 F200；　　　　　　刀径补偿引入，铣四侧开始

　　X-36；　　　　　　　　　　　　　　铣后侧面

　　Y-25；　　　　　　　　　　　　　　铣左侧面

　　X36；　　　　　　　　　　　　　　　铣前侧面

　　Y30；　　　　　　　　　　　　　　　铣右侧面

　　G00 G40 Y40；　　　　　　　　　　刀补取消，引出

Z0;	抬刀至 A、B 面高度
G01 Y-40 F80;	工进铣削 B 面开始（前后移动）
X21	
Y40	
X-21;	移到左处
Y-40;	铣削 A 面开始
X-36	
Y40	
Z20 M09;	A 面铣削完成，关闭切削液
G91 G28 Z0 M05;	Z 向返回参考点，关闭主轴
T3 M6;	自动换 T3 刀具
G90 G54 G0 X20 Y30 S800 M03;	走刀到右侧三 $\phi6$ 小孔钻削起始处，启动主轴
G43 Z3 H03 M07;	下刀到离 B 面 3 mm 的高度，打开切削液
M98 P120 L3;	调用子程序，钻 3-$\phi6$ 孔
G00 Z20;	抬刀至上表面的上方高度
X-20 Y30;	移到左侧 3-$\phi6$ 小孔钻削起始处
Z3;	下刀至离 A 面 3 mm 的高度
M98 P120 L3;	调用子程序，钻 3-$\phi6$ 孔
Z20 M09;	抬刀至上表面的上方高度，关闭切削液
G91 G28 Z0 M5;	Z 向返回参考点，关闭主轴
T4 M6;	换 T4 刀具
G90 G54 G0 X0 Y24 S600 M03;	走刀到中间 2-$\phi14$ 孔钻削起始处，启动主轴
G43 Z20 H04 M07;	下刀到离上表面 5 mm 的高度，打开切削液
M98 P130 L2;	调用子程序，钻 2-$\phi14$ 孔
G91 G28 Z0 M09;	Z 向返回参考点，关闭切削液
G28 X0 Y0 M05;	X、Y 向返回参考点，关闭主轴
M30;	程序结束
%120;	子程序——钻 $\phi6$ 小孔
G91 G00 Y-15	
G01 Z-30 F100	
G00 Z30	
G90 M99	
%130;	子程序——钻 $\phi14$ 孔
G91 G00 Y-16	
G01 Z-48 F80	
G00 Z48	
M99	

例 8-21 在加工中心中加工如图 8-26(a)所示零件的 13 个孔，需要使用 3 把直径不同的刀具，其刀具号分别为 T1、T3 和 T5（如图 8-27(b)所示）。由于全部都是钻、镗点位加工，因此不需使用刀径补偿，仅考虑刀长补偿，对刀后分别按 H1、H3、H5 设置刀具长度补偿。

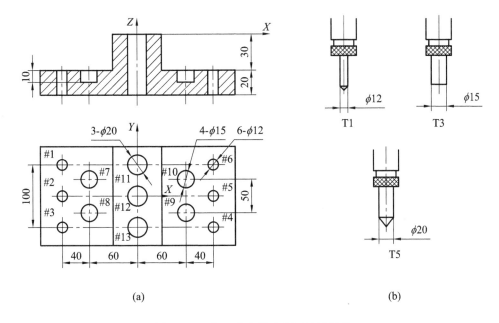

图 8 - 26　加工中心固定循环编程图例

编程如下：

%0003

T1 M6；	换 T1 刀具
G90 G54 G00 X0 Y0 S1000 M03；	定位到工件原点，打开主轴
G43 Z10 H1 M07；	下刀到初始高度面，打开切削液
G99 G81 X-100 Y50 Z-53 R-27 F120；	钻#1孔，返回 R 平面
G91 Y-50 L2；	钻#2、#3孔，返回 R 平面
G90 X-60 Y25 Z-40；	预钻#8孔，返回 R 平面
G98 Y25；	钻#7孔，返回初始平面
G99 X60；	钻#10孔，返回 R 平面
Y-25；	钻#9孔，返回初始平面
X100 Y-50 Z-53；	钻#4孔，返回 R 平面
Y0；	钻捕孔，返回 R 平面
G98 Y50；	钻#6孔，返回初始平面
G91 G28 Z0 M09；	Z 向回参考点，关闭切削液
G28 X0 Y0 M05；	X、Y 向返回参考点，关闭主轴
T3 M6；	换 T3 刀具
G90 G54 G00 X0 Y0 S800 M03；	定位到工件原点，打开主轴
G43 Z10 H3 M07；	下到初始平面，打开切削液
G99 G82 X-60 Y25 Z-40 R-27 P1 F70；	锪钻#7孔，返回 R 平面
G98 Y-25；	锪钻#8孔，返回初始平面
G99 X60；	锪钻#9孔，返回 R 平面
G98 Y25；	锪钻#10孔，返回初始平面
G91 G28 Z0 M09；	Z 向回参考点，关闭切削液，主轴停
G28 X0 Y0 M05；	X、Y 向返回参考点，关闭主轴

T5 M6；	换 T5 刀具
G90 G54 G00 X0 Y0 S600 M03；	定位到工件原点，打开主轴
G43 Z10 H5 M07；	下到初始平面，打开切削液
G99 G83 X0 Y50 Z-55 R3 Q5 F50；	钻♯11孔，返回 R 平面
G91 Y-50 L2；	钻♯12、♯13孔，返回 R 平面
G28 Z0 M09；	Z 向返回参考点，关闭切削液
G28 X0 Y0 M05；	X、Y 向返回参考点，关闭主轴
M30；	程序结束

习 题

1. 圆弧插补段程序中，若采用圆弧半径 R 编程，从起始点到终点存在两条圆弧线段，当（   ）时，用－R 表示圆弧半径。

A. 圆弧小于或等于 $180°$

B. 圆弧大于或等于 $180°$

C. 圆弧小于 $180°$

D. 圆弧大于 $180°$

2. 在主程序中调用子程序 O1000，其正确的指令是（   ）。

A. M98 O1000

B. M99 O1000

C. M98 P1000

D. M99 P1000

3. 在数控加工中，刀具补偿功能除对刀具半径进行补偿外，在用同一把刀进行粗、精加工时，还可进行加工余量的补偿。设刀具半径为 r，粗加工时，半径方向余量为 $\triangle$，则最后一次粗加工走刀的半径补偿量为（   ）。

A. r B. $\triangle$ C. $r+\triangle$ D. $2r+\triangle$

4. 加工中心和数控铣镗床的主要区别是，加工中心（   ）。

A. 装有刀库并能自动换刀

B. 加工中心有两个或两个以上工作台

C. 加工中心加工的精度高

D. 加工中心能进行多工序加工

5. 使用子程序调用功能编写如题图 8-1 所示轮廓的加工程序。设刀具起点距工件上表面 100 mm 处，切削深度为 10 mm。

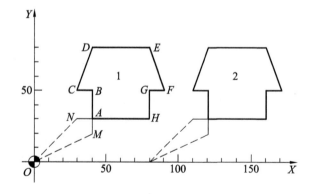

题图 8-1

6. 使用子程序调用功能编写如题图 8-2 所示轮廓的加工程序，设刀具起点距工件上表面 50 mm 处,切削深度为 2 mm。

7. 加工题图 8 - 3 所示的零件,分别用 $\phi40$ 的端面铣刀铣上表面,用 $\phi20$ 的立铣刀铣 4 个侧面和 A、B 凸台面,用 $\phi8$ 的钻头钻 6 个小孔。对刀后,各刀具长度和刀具直径分别设定在 H1～H3、D1～D3 寄存器中。钻孔部分用子程序调用。

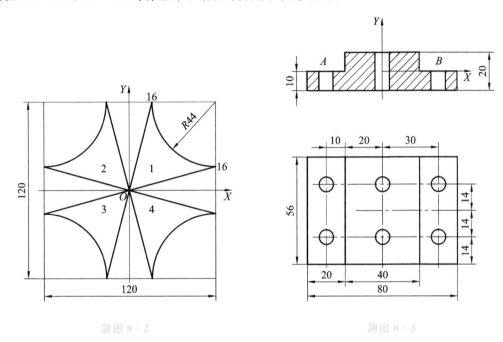

题图 8 - 2　　　　　　　　　　　　题图 8 - 3

8. 如题图 8 - 4 所示,用 $\phi20$ 的刀具加工轮廓,用 $\phi16$ 的刀具加工凹台,用 $\phi6$、$\phi8$ 的刀具加工孔。

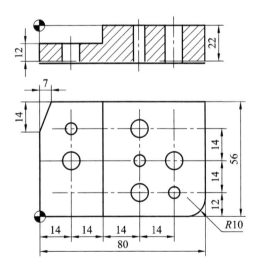

题图 8 - 4

9. 零件图及毛坯位置图如题图 8 - 5 所示。其中,♯1、♯2、♯5、♯6、♯7、♯8孔深为 10 mm,♯3、♯4、♯9 为通孔。选择以下 4 种刀具进行加工:1 号刀为 $\phi50$ mm 端铣刀,用于铣上表面;2 号刀为 $\phi20$ mm 立铣刀,用于铣左台阶面;3 号刀为 $\phi6$ mm 钻头;4 号刀

为 $\phi 11$ mm 钻头，用于加工孔。通过测量刀具，设定补偿值用于刀具补偿。该零件工艺规程见题表 8－1。

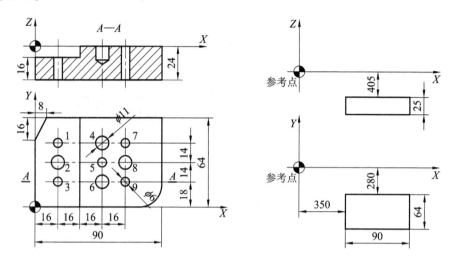

题图 8－5

题表 8－1

工序	工序内容	刀具号	刀具规格	$S/(\text{r/min})$	$F/(\text{mm/min})$
1	铣平面	T1	$\phi 50$ mm 端铣刀	1500	150
2	铣左台阶孔	T2	$\phi 20$ mm 立铣刀	1000	150
3	钻♯3 孔	T3	$\phi 6$ mm 钻头	1000	100
4	钻♯1 孔	T3	$\phi 6$ mm 钻头	1000	100
5	钻♯9 孔	T3	$\phi 6$ mm 钻头	1000	100
6	钻♯5 孔	T3	$\phi 6$ mm 钻头	1000	100
7	钻♯7 孔	T3	$\phi 6$ mm 钻头	1000	100
8	钻♯8 孔	T4	$\phi 11$ mm 钻头	700	100
9	钻♯6 孔	T4	$\phi 11$ mm 钻头	700	100
10	钻♯4 孔	T4	$\phi 11$ mm 钻头	700	100
11	钻♯2 孔	T4	$\phi 11$ mm 钻头	700	100

第9章 宏指令编程

基本要求

（1）了解宏程序的概念。
（2）理解变量的概念，掌握变量的类型及表示方法、变量的赋值方式。
（3）掌握常用的算术与逻辑运算指令的编程方法。
（4）掌握控制类指令的编程方法。
（5）掌握编写简单宏程序的方法。

重点与难点

车削宏编程、铣削宏编程。

课程思政

掌握高级指令的使用方法，关注行业前沿技术动态，思考如何在学习和实践中将新技术与数控加工技术相融合，为我国制造业智能化转型贡献智慧和力量。

9.1 宏指令编程技术基础

9.1.1 宏指令编程的概念

宏指令编程是指像计算机高级语言一样，可以使用变量进行算术运算、逻辑运算和函数混合运算的程序编写形式。在宏程序编程的形式中，一般都提供顺序、选择分支、循环三大程序结构和子程序调用的方法。程序指令的坐标数据根据运算结果动态获得，可用于编制各种复杂的零件加工程序，特别是在非圆方程曲线的处理上显示出其强大的扩展编程功能。

熟练应用宏程序指令进行编程，可大大精简程序量。对于开放式 PC-NC 系统来说，还可利用宏程序指令语言进行二次开发，以扩展编程指令系统，增强机床的加工适应能力。

9.1.2 宏指令编程的技术规则

各种数控系统的宏程序格式和用法均有所不同。HNC-21M（T）数控系统定义了宏变量、常量、运算符与表达式、函数与语句。

1. 宏变量

HNC 数控系统中的宏变量都是以带♯的数字作为变量名的，如♯0、♯10、♯500 等。变量不需要进行数据类型的预定义，一般根据赋值和运算结果决定变量数据的类型。变量使用范围受到系统分配区段的限制，这主要取决于该变量性质是局部变量还是全局变量。

局部变量：赋值定义的变量的有效范围仅局限于本程序内使用，同样的变量名在主、子程序中使用不同的寄存器地址，是互相独立的变量。HNC 系统中，♯0～♯49 为当前局部变量，♯200～♯599 分别为 1～8 层局部变量。

全局变量：同一变量名在主、子程序中使用同一寄存器地址，可任意调用并因重新赋值而有相互影响的变量。HNC 系统中，♯50～♯199 为全局变量。其中，♯100～♯199 为刀补变量。这些变量里存放的数据可以作为刀具半径或长度补偿值来使用。例如：

♯100＝8

G41 D100;   D100 就是指加载♯100 的值 8 作为刀补半径

注意：上面的程序中，如果把 D100 写成 D[♯100]，则相当于 D8，即调用 8 号刀补，而不是补偿量为 8。

HNC 系统中，♯600～♯699 为刀具长度寄存器 H0～H99，♯700～♯799 为刀具半径寄存器 D0～D99 补偿，♯800～♯899 为刀具寿命寄存器。以上寄存器中的值除了用 MDI 输入，还可以赋值。例如：

♯701＝10;   D01 寄存器赋值 10

G41 D01;   引入刀具半径补偿

♯1000 以上为系统模态变量，为只读性质的变量。

2. 常量

HNC 系统定义的常量主要有 PI（圆周率）、TRUE（条件成立真）、FALSE（条件成立假）。

3. 运算符与表达式

（1）算术运算符：＋，－，＊，/。

（2）条件运算符：EQ（＝），NE（≠），GT（＞），GE（≥），LT（＜），LE（≤）。

（3）逻辑运算符：AND（与），OR（或），NOT（非）。

（4）用运算符号连接起来的常数、宏变量及常量构成表达式。

算术运算表达式：175/SQRT[2]＊COS[55＊PI/180]。

关系运算表达式：♯1GT10（表示♯1＞10）。

逻辑运算表达式：[♯1GT10]AND[♯1LE20]（表示 10＜♯1≤20）。

4. 函数

SIN[X]：计算输入值 X（用弧度表示）的正弦值。
COS[X]：计算输入值 X（用弧度表示）的余弦值。
TAN[X]：计算输入值 X（用弧度表示）的正切值。
ATAN[X]：计算输入值 X（用弧度表示）的反正切值。
ABS[X]：计算输入值 X 的绝对值。
INT[X]：求输入值 X 的整数部分。
SIGN[X]：求输入值 X 的符号。
SQRT[X]：计算输入值 X 的平方根。
EXP[X]：计算输入值 X 的指数值。

5. 语句

HNC 系统变量的赋值与运算接近一般的数学语言，以"变量名＝常量或表达式"的格式将等式右边的常量或表达式的运算结果赋给等式左边的变量。例如：

♯2＝175/SQRT[2] * COS[55 * PI/180]

作为一套完整的编程语言系统，程序流程的结构化控制是不可缺少的。HNC 系统也遵循顺序结构的运行流程，提供简单的选择分支和循环语句结构。

1）条件判别语句

（1）IF…ELSE 语句。

　　IF 条件表达式
　　（满足条件时执行的程序行）
　　ELSE
　　（不满足条件时执行的程序行）
　　ENDIF

（2）IF 语句。

　　IF 条件表达式
　　（满足条件时执行的程序行）
　　ENDIF

2）循环语句

（1）WHILE 循环语句。

　　WHILE 条件表达式
　　（循环体）
　　ENDW

说明：在这种循环结构中，当条件成立时，则重复执行循环体语句，直至条件全部满足后，跳出循环体。循环体中，通常包含改变循环变量值的语句。

（2）WHILE 循环嵌套语句。

　　WHILE 条件表达式
　　（循环体 1）

WHILE 条件表达式

（循环体 2）

ENDW

ENDW

说明：这种循环结构称为嵌套，嵌套调用的深度最多可以有 9 层，每一层子程序都有自己独立的局部变量（变量个数为 50）。当前局部变量为 ♯0～♯49，第一层局部变量为 ♯200～♯249，第二层局部变量为 ♯250～♯299，第三层局部变量 ♯300～♯349，依次类推。

在华中 8 型数控系统中，增加了跳转语句 GOTO n（n 为指定的程序行号）。例如 GOTO 5，将跳转到 N5 程序段，该程序段头必须写 N5。

9.1.3 宏指令编程的数学基础

1. 曲线的标准方程和参数方程

对于方程曲线类几何图素，宏编程时往往需要将其中一个坐标作为变量，再根据曲线方程求算另一坐标的对应值。虽然都可利用曲线的标准方程来计算，但有时采用参数方程来求算更为方便。表 9－1 是常见曲线的标准方程和参数方程。

表 9－1 常见曲线的标准方程和参数方程

曲线类型	标准方程	参数方程	参数说明
圆	$\dfrac{X^2}{R^2}+\dfrac{Y^2}{R^2}=1$	$X=R \cdot \cos t$ $Y=R \cdot \sin t$	t 为圆上动点的离心角（＋X 为始边） （$0 \leqslant t < 2\pi$）
椭圆	$\dfrac{X^2}{a^2}+\dfrac{Y^2}{b^2}=1$	$X=a \cdot \cos t$ $Y=b \cdot \sin t$	t 为椭圆上动点的离心角 （$0 \leqslant t < 2\pi$）
抛物线	$Y^2=2 \cdot P \cdot X$ $X^2=2 \cdot P \cdot Y$	$X=2 \cdot P \cdot t^2 \quad Y=2 \cdot P \cdot t$ $X=2 \cdot P \cdot t \quad Y=2 \cdot P \cdot t^2$	t 为抛物线上除顶点外的点与顶点连线的斜率的倒数
双曲线	$\dfrac{X^2}{a^2}-\dfrac{Y^2}{b^2}=1$	$X=a \cdot \sec t$ $Y=b \cdot \tan t$	t 为双曲线上动点的离心角
阿基米德螺线	$P=k \cdot t + \rho_0$	$X=\rho \cdot \cos t$ $Y=\rho \cdot \sin t$	t 为螺线上动点的离心角
渐开线		$X=a \cdot (\cos t + t \cdot \sin t)$ $Y=a \cdot (\sin t - t \cdot \cos t)$	

2. 图素的几何变换

（1）平移变换。若 m 表示 X 方向的平移向量，n 表示 Y 方向的平移向量，则平移后某点新坐标为

$$X_1 = X + m; Y_1 = Y + n$$

（2）旋转变换。点(X, Y)绕坐标原点旋转一 θ 角后，其新坐标为

$$X_1 = X \cdot \cos\theta - Y \cdot \sin\theta, \quad Y_1 = X \cdot \sin\theta + Y \cdot \cos\theta$$

点(X, Y)绕某点(X_0, Y_0)旋转一 θ 角后，其新坐标为

$$X_1 = (X - X_0) \cdot \cos\theta - (Y - Y_0) \cdot \sin\theta + X_0$$

$$Y_1 = (X - X_0) \cdot \sin\theta + (Y - Y_0) \cdot \cos\theta + Y_0$$

（3）对称（镜像）变换。

关于 X 轴对称：$X_1 = X$，$Y_1 = -Y$。

关于 Y 轴对称：$X_1 = -X$，$Y_1 = Y$。

关于原点对称：$X_1 = -X$，$Y_1 = -Y$。

3. 方程曲线的逼近算法

方程曲线的逼近算法见 6.4.2 节，因等间距直线逼近的算法简单方便，本章宏编程示例大多采用此方法处理。

9.2　车削宏指令编程

9.2.1　车削宏指令编程技术

数控车削加工编程的对象是简单的二维图形。车削系统已经提供了非常全面的从粗车到精车的各类功能指令，指令格式简单且实用。对于边廓以直线、圆弧为主的常规零件加工，大多采用手工编程的方法。宏编程技术的优势在车削加工中主要表现在非圆曲线边廓的处理上。

FANUC 的宏编程只能在非圆曲线轮廓的精车时独立使用，且不能为 G71～G73 的粗车提供参考边廓数据；而 HNC 精车的程序段若用宏编程，其计算的数据可提供给 G71～G73 作边廓参考依据，这使得 HNC 的车削宏编程技术更具实用性。

使用主、子程序调用的宏编程技术，在调用子程序时可通过宏变量传递参数，易于实现子程序的模块化，整个程序修改起来更简单，程序通用性得到了增强。

9.2.2　车削宏指令编程示例

例 9-1　使用宏编程编制加工如图 9-1 所示抛物线轮廓的精车程序。

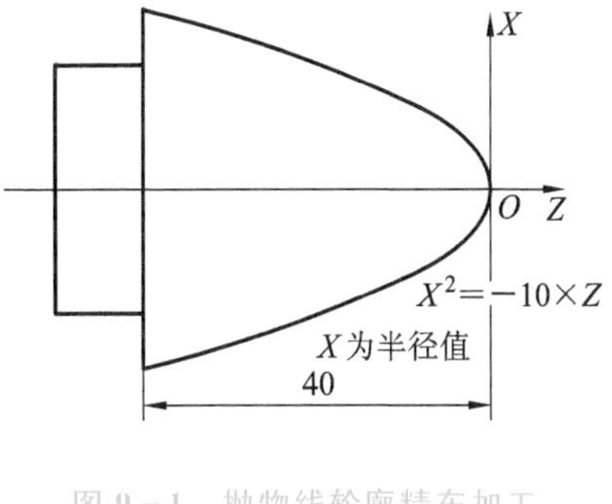

抛物线轮廓的精车加工图示抛物线方程为

$$X^2 = -10 \times Z$$

此处 X 为半径值。若 X 用直径值，则抛物线方程应为

$$X^2 = -40 \times Z$$

图 9-1　抛物线轮廓精车加工

编程思路：采用循环程序结构，以 Z 值为循环变量，循环间距 0.1（等间距直线逼近

法），按照 $X^2 = -40 \times Z$ 来计算每一步的 X 值，Z 的取值范围为 $-40 \leqslant Z \leqslant 0$。

参考程序编写如下：

```
%0001
T0101
G90 G00 X45 Z5 S600 M03
G90 G00 X0 Z2；               走到右端的起刀点
G01 Z0 F200；                 走刀到抛物线的起点
#1=-0.1；                     循环初值，Z 右边界
#2=-40；                      循环终值，Z 左边界
WHILE #1GE#2；                循环语句，以 Z 作循环变量
#3= SQR[-40 * #1]；           计算 X 直径值
G01 X[#3] Z[#1]；             加工拟合的小线段
#1=#1-0.1；                   Z 变化一个步长
ENDW
G90 G0 X[#3+0.5]；            X 方向向外退刀 0.5
Z5；                          退刀到右端外 5 mm 处
M05
M30
```

例 9-2   使用宏指令编程编写如图 9-2 所示零件的外轮廓粗精加工程序。

编程思路：采用循环程序结构，选定椭圆线段的 Z 坐标为自变量 #2，起点 S 的 Z 坐标为 $Z_1 = 8$，终点 T 的 Z 坐标为 $Z_2 = -8$，则自变量 #2 的初始值为 8，终止值为 -8。

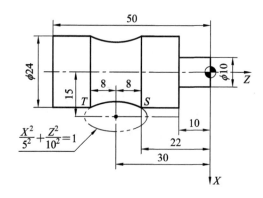

图 9-2   椭圆轮廓加工

参考程序编写如下：

```
T0101
G90 M03 S700
G00 X33 Z2
G71 U1 R0.5 P10 Q20 X0.6 F100
N10 G01 X10 F60 S1000
Z-10
X24
Z-22；                        公式曲线起点
#2=8；                        设 Z 为自变量 #2，给自变量 #2 赋值 8
```

```
WHILE ♯2 GE [−8];                         自变量♯2的终止值−8
♯1=5∗SQRT[1−♯2∗♯2/10/10]
♯11=−♯1+15;                               工件坐标系下的 X 坐标值为♯11
♯22=♯2−30;                                工件坐标系下的 Z 坐标值为♯22
G01 X[2∗♯11] Z[♯22]
♯2=♯2−0.1;                                自变量以步长 0.1 变化
ENDW;                                     循环结束
N20 G01 Z-50
G00 X100 Z80
M05 M30
```

9.2.3　子程序调用及参数传递

1. 普通子程序

普通子程序指没有宏的子程序，程序中各种加工的数据是固定的。子程序编好之后，其工作流程就固定了，程序内部的数据不能在调用时"动态"地改变，只能通过"镜像""旋转""缩放""平移"等有限地改变子程序的用途。例如：

```
%3001
G01 X80 F100
M99
```

子程序中的数据固定，普通子程序的效能有限。

2. 宏子程序

宏子程序可以包含变量，不但可以反复调用简化代码，而且通过改变变量的值就能使加工数据灵活变化或改变程序的流程，实现复杂的加工过程处理。例如：对圆弧往复切削时，指令 G02、G03 交替使用；参数♯51 改变程序流程，可以自动选择。编程如下：

```
%3002
IF ♯51 GE 1
G02 X[♯50] R[♯50];                        条件满足，执行 G02
ELSE
G03 X[−♯50] R[♯50];                       条件不满足，执行 G03
ENDIF
♯51=♯51∗[−1];                             改变条件，为下次做准备
M99
```

子程序中的变量，如果不是在子程序内部赋值的，则在调用时必须给变量一个值。这就是参数传递问题，变量类型不同，传值的方法也不同。

（1）全局变量传递参数。如果子程序中使用的变量是全局变量，则调用子程序前先给变量赋值，再调用子程序。

程序如下：

```
%3000
♯51=40;                                   ♯51 为全局变量，给它赋值
```

M98 P4003；　　　　　　　　　　进入子程序后，♯51 的值是 40

♯51＝25；　　　　　　　　　　第二次给它赋值

M98 P3003；　　　　　　　　　　再次调用子程序，进入子程序后，♯51 的值是 25

M30

％3003；　　　　　　　　　　　子程序

G91 G01 X[♯51] F150；　　　　♯51 的值由主程序决定

M99

（2）局部变量传递参数。在 HNC 系统中，可通过使用 M98 Pxxxx A_ B_ C_…Z_指令格式在调用子程序的同时，将主程序 A～Z 各字段的内容拷贝到宏执行的子程序为局部变量♯0～♯25 预设的存储空间中，从而实现参数传递。传值的规则是：A→♯0，B→♯1，C→♯2，…，X→♯23，Y→♯24，Z→♯25，即 A 后的值在子程序中可用♯0 来调用，B 后的值在子程序中可用♯1 来调用，以此类推，Z 后的值在子程序中可用♯25 来调用。

基于这一规则，可以将加工某类轮廓的宏子程序模块化，不在子程序中对轮廓尺寸变量赋值，而将其编写成依赖于变量的标准程序格式，由主程序传递不同的参数调用即可得到不同的加工结果。

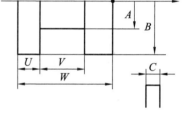

例 9－3　如图 9－3 所示，利用宏参数传递完成切槽加工的主、子程序的编程。

编程如下：

％300

T0101

G00 X90 Z30 M03 S300

图 9－3　切槽加工图例

M98 P3004 U10 V50 W80 A20 B40 C3　（U、V、W、A、B、C 对应尺寸变量如图 9－3 所示）

G00 X90

Z30

M05

M30

％3004

G00 Z[－♯22＋♯21＋♯20]；　　　　　　　　切刀 Z 向定位

X[♯1＋5]；　　　　　　　　　　　　　　　接近工件，留 5 mm 距离

♯10＝♯2；　　　　　　　　　　　　　　　♯10 已切宽度＋♯2

WHILE ♯10 LE ♯21；　　　　　　　　　　是否够切一刀

G00 Z[－♯22＋♯21＋♯20－♯10]；　　　　Z 向定位

G01 X[♯0] F20；　　　　　　　　　　　　切到要求的深度

G00 X[♯1＋5]；　　　　　　　　　　　　　X 向退刀到工件外

♯10＝♯10＋♯2－1；　　　　　　　　　　　修改♯10

ENDW

G00 Z[－♯22＋♯20]；　　　　　　　　　　切最后一刀

G01 X[♯0]

G00 X[♯1＋5]

G00 X90 Z30

M99

9.3　铣削宏指令编程

9.3.1　铣削宏指令编程技术

数控铣和加工中心都是三坐标及三坐标以上的编程加工，且都具有钻、镗循环的点位加工能力，因而使用宏编程技术解决问题的情形较多。除圆曲线边廓的外形或槽形加工可考虑使用宏编程外，粗铣和精铣的动态刀补实现、均布孔的钻镗加工、三维空间上的斜坡面与曲面铣削加工等都是展现宏编程优势的舞台。在很多数控系统中，钻、镗循环的编程功能本身就是通过宏编程技术来拓展的。

9.3.2　铣削加工动态刀补的实现

所谓动态刀补，是指执行 G41、G42 指令时所提取的刀补地址 Dxx 的数据是随着程序进程不同而变化的。

1. 动态刀补实现粗、精加工

无论是挖槽还是铣外形轮廓，都有从粗切到精切的过程。粗、精切的过程通常都只需要编写一个利用刀径补偿进行轮廓加工的程序，通过改变刀补来实现。对于轮廓中圆弧段可能会因刀补过大而出现负半径的情形，可用选择分支来进行预处理。

例 9 - 4　利用动态刀补方法加工如图 9 - 4 所示的正多边形槽。

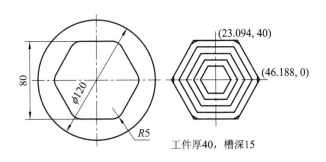

图 9 - 4　槽型加工图例

图 9 - 4 所示的槽形为规则边廓，最小圆角半径为 R5，用 ϕ10 的刀具直接按正多边形边廓编程，多边形两个交点的坐标已算出(见右图)，其余各点坐标均可方便推算出来。

加工编程思路：深度方向共分三层切削，每层下降 5 mm，由循环第一层 WHILE 实现。径向分层由第二层循环 WHILE 控制，仅编写一个带刀补的槽形边廓的加工程序。已知最大、最小刀补半径和精修余量，按(0.6~0.8)大小预设一个粗切间距，则

$$粗切余量 = 最大刀补 - 最小刀补 - 精修余量$$

$$粗切次数 \geqslant \frac{粗切余量}{预设粗切间距(圆整为整数)}$$

$$实际粗切间距 = \frac{粗切余量}{圆整后的粗切次数}$$

槽形加工采取由内向外环切的方式，最后一次粗切时保留一个精修余量，再以实际刀具半径大小作最终刀补继续精修一圈。粗、精切由选择分支判断后决定刀补算法。当粗切一圈后的动态刀补值介于精修刀补半径和粗切间距之间，即剩最后一次精修时，可直接将精修刀补设为动态刀补，再做一次切削循环以完成精修；否则视为粗切，按实际粗切间距来逐步减小动态刀补值，继续做粗切循环。编程如下：

```
%0004
#1=-5;                              第一刀切削深度
#2=-15;                             最终切削深度
#3=35;                              最大刀补半径、刀补初值
#4=5;                               精修刀补半径(刀具半径)
#5=0.2;                             精修余量
#6=8;                               参考粗切间距
#7=[#3-#4-#5];                      计算粗切余量
#9=#7/#6;                           粗算粗切次数
IF INT[#9] LT #9;                   如果粗切次数为小数
#9=INT[#9]+1;                       圆整粗切次数
ENDIF
#8=#7/#9;                           计算实际粗切间距
G90 G54 G00 X0 Y0 S800 M03;         定位到槽形中心
G43 Z10 H01 M07;                    快进下刀到安全面
G01 Z0 F100;                        工进下刀到表面
WHILE #1 GE #2;                     深度分层循环
G01 Z[#1];                          下刀切入一个深度Z
#101=#3;                            刀补初值赋给刀补专用变量
WHILE #101 GE #4;                   动态刀补循环控制
G01 G42 X0 Y40 D101;                刀补引入，刀补大小为#101的值
X23.094;                            槽形边廓的加工程序
X46.188 Y0
X23.094 Y-40
X-23.094
X-46.188 Y0
X-23.094 Y40
X0
G40 X0 Y0;                          取消刀补
IF[#101 GT #4] AND [#101 LT #8];    如果是精修
#101=#4;                            刀补为精修刀补半径
ELSE;                               如果不是精修
#101=#101-#8;                       刀补递减一个粗切间距
ENDIF;
ENDW;                               本层挖槽循环结束
```

```
♯1=♯1-5；                          改变加工深度后再做下一层加工
ENDW；                             深度分层结束
G00 Z10 M09；                      提刀
G91 G28 Z0 M05；                   回参考点
M30；                              程序结束
```

2. 动态刀补实现边角倒圆

工件边角倒棱和倒圆用相应的倒角刀和内 R 系列铣刀直接以轮廓编程加工即可，但无合适刀具时，可考虑使用平刃铣刀或球刀按曲面加工方式分层铣削。利用宏编程的动态刀补可以很方便地实现分层加工。

例 9 – 5　利用动态刀补方法加工如图 9 – 5 所示的 $R2$ 圆角面。

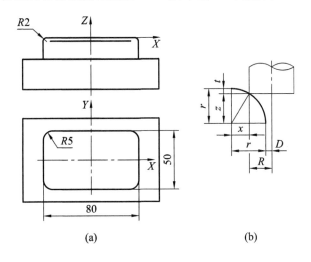

(a)　　　　　　　　　(b)

图 9 – 5　倒角加工图例

由图 9 – 5(b)可知：

$$z = r - t$$

$$x = \sqrt{r^2 - z^2} = \sqrt{t(2r - t)}$$

则距离顶面为 t 的高度层的动态刀补为

$$D = R - (r - x) = R - r + \sqrt{t(2r - t)}$$

编程如下：

```
%0005
♯0=80；                           矩形长度
♯1=50；                           矩形宽度
♯2=5；                            转角半径
♯3=5；                            刀具半径
♯4=2；                            倒圆半径
♯5=0；                            分层初值
G54 G00 X[♯0/2＋♯3＋10] Y0 S1000 M03；   移到右侧工件外
G43 Z10 H01 M07；                 快速下刀
WHILE ♯5 LE ♯4；                   分层循环开始
```

G01 Z[－#5] F50；　　　　　　　　　　　工进下刀到某深度层

#6＝#4－#5；　　　　　　　　　　　　计算 $r-z$

#101＝#3－#4＋SQRT[#4＊#4－#6＊#6]；　计算动态刀补

G01 G41 X[#0/2] Dl01 F100；　　　　　　走到右边线中点，加刀补

G91 Y[#2－#1/2]；　　　　　　　　　　走到右下角

G02 X[－#2] Y[－#2] R[#2]

G0l X[2＊#2－#0)]；　　　　　　　　　走到左下角

G02 X[－#2] Y[#2] R[#2]

G0I Y[#1－2＊#2]；　　　　　　　　　走到左上角

G02 X[#2] Y[#2] R[#2]

G01 X[#0－2＊#2]；　　　　　　　　　走到右上角

G02 X[#2] Y[－#2] R[#2]

G01 Y[#2－#1/2]；　　　　　　　　　　走到右边线中点

G90 G40X[#0/2＋#3＋10]；　　　　　　退出到工件外起点

#5＝#5＋0.1；　　　　　　　　　　　　深度递增

ENDW；　　　　　　　　　　　　　　　深度分层结束

G00 Z10 M05；　　　　　　　　　　　　提刀

G91 G28 Z0 M09；　　　　　　　　　　Z 向回零

M30；　　　　　　　　　　　　　　　　程序结束

9.3.3　铣削加工宏编程实例

　　例 9 - 6　精加工如图 9 - 6 所示工件的沉头孔，选用直径为 8 mm 的铣刀。

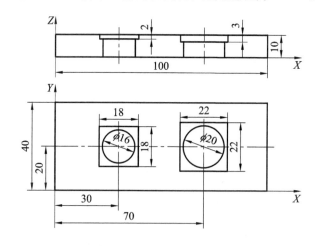

图 9 - 6　沉头孔加工图例

编程如下：

　　O0001

　　G92 X0 Y0 Z50

　　M03 S600

　　#701＝4；　　　　　　　　　　　　刀具半径补偿值设置

　　#50＝8

```
♯51＝9
♯52＝8；                          左圆孔深
G00 X30 Y20；                     左孔中心
M98 P1234
♯50＝10
♯51＝11
♯52＝ 7；                         右圆柱孔深
G00 X70 Y20；                     右孔中心
M98 P1234
G00 Z50
G00 X0 Y0
M05 M30
O1234
G91 G41 G00 X0 Y0 D01
Z-42；                           安全高度平面
G01 Z-10 F100；                   加工方孔
G01 Y[♯50]
G03 I[－♯50]J 0
G01 Y[－♯50]
G90 Z[♯52]；                      加工圆孔
G91 X[♯51]
Y[♯51]
X[－2＊♯51]
Y[－2＊♯51]
X[2＊♯51]
Y[♯51]
G40 G00 X[－♯51]
G90 Z2
M99
```

例 9 - 7　在如图 9 - 7 所示的零件上钻 6 个均匀分布的孔，需要使用两把刀具分别进行钻孔和锪孔加工。

编程如下：

```
％0007
♯50＝0；                          定义 X₀
♯51＝0；                          定义 Y₀
♯52＝100；                        定义 R
♯53＝0；                          定义 a
♯54＝6；                          定义 n
♯55＝－41；                        距孔底 Z 高度
♯56＝－25；                        距 R 平面 Z 高度
G90 G54 G00 X0 Y0 S600 M03；      建立工件坐标系
G43 Z10 H01；                     下刀到安全高度平面
M98 P100；                        调用子程序，钻 6 个孔
```

```
G91 G28 Z0 M05；                              返回参考点
T2 M6；                                       换刀
G90 G54 X0 Y0 S600 M03
G43 Z10 H02
M98 P100；                                    调用子程序，锪孔
G91 G28 Z0 M05
M30
%100；                                        子程序号
#10＝0
#11＝ABS[#54]
#57＝PI/180
WHILE #10LT #11；                            孔加工循环
#12＝[#53＋#10＊360/#11]＊#57
#13＝#50＋#52＊COS[#12]
#14＝#51＋#52＊SIN[#12]
G90 G00 X[#13] Y[#14]
G00 Z[#56]
G01 Z[#55] F50
G00 Z[#56]
#10＝#10＋1
ENDW；                                        循环结束
M99；                                         子程序结束
```

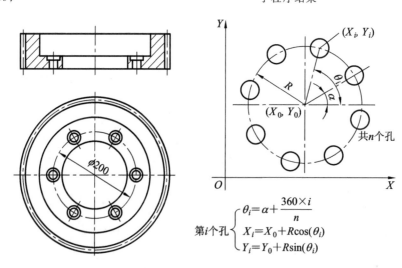

$$\text{第}i\text{个孔}\begin{cases}\theta_i=\alpha+\dfrac{360\times i}{n}\\[4pt]X_i=X_0+R\cos(\theta_i)\\[4pt]Y_i=Y_0+R\sin(\theta_i)\end{cases}$$

图 9-7　均布孔加工图例

例 9-8　利用宏程序加工如图 9-8 所示的圆台与斜方台，立铣刀半径为 10 mm，各自加工 3 个循环，高度均为 10 mm。

编程如下：

```
%0006
#10＝10；                                     圆台阶高度
#11＝10；                                     方台阶高度
```

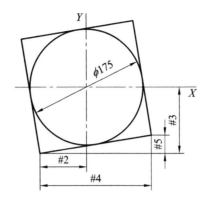

图 9-8　圆台与斜方台加工图例

♯12＝124；	圆外定点的 X 坐标值
♯13＝124；	圆外定点的 Y 坐标值
♯701＝13；	刀具半径补偿值（偏大，粗加工）
♯702＝10.2；	刀具半径补偿值（偏中，半精加工）
♯703＝10；	刀具半径补偿值（实际，精加工）
G92 X0 Y0 Z0 M03 S800	
G00 Z10	
♯0＝0	
G00 X[－♯12] Y[－♯13]；	快速定位到圆外
Z[－♯10]；	Z 向进刀
WHILE ♯0 LT 3；	加工圆台
G01 G42 X[－♯12/2] Y[－175/2] F280；	完成右刀补
D[♯0＋1]	
X[0] Y[－175/2]；	进到工件切入点
G03 J[175/2]；	逆时针切削整圆
G01 X[♯12/2] Y[－175/2]；	切出工件
G40 X[♯12] Y[－♯13]；	取消刀补
G00 X[－♯12] Y[－♯13]	
♯0＝♯0＋1	
ENDW；	循环三次结束
G01 Z[－♯10－♯11] F300	
♯2＝175/SQRT[2]＊COS[55＊PI/180]；	方台外定点的 X 坐标
♯3＝175/SQRT[2]＊SIN[55＊PI/180]；	方台外定点的 Y 坐标
♯4＝175＊COS[10＊PI/180]；	方台的 X 向增量值
♯5＝175＊SIN[10＊PI/180]；	方台的 Y 向增量值
♯0＝0	
WHILE ♯0 LT 3；	加工斜方台
G01 G90 G42 X[－♯2] Y[－♯3] F280	
D[♯0＋1]	
G91 X[＋♯4] Y[＋♯5]	
X[－♯5] Y[＋♯4]	

X[−♯4] Y[−♯5]
X[+♯5] Y[−♯4]
G00 G90 G40 X[−♯12] Y[−♯13]
♯0=♯0+1
ENDW；　　　　　　　　　　　　　　三次循环结束
G00 Z10
X0 Y0
M05
M30

习　　题

1. 利用宏编程技术实现题图 9-1 所示零件的外轮廓粗、精加工，毛坯为直径 33 mm 的棒料。

2. 利用宏参数传递完成题图 9-2 所示零件的抛物线、椭圆的精车编程。

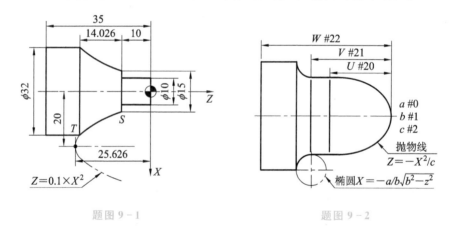

题图 9-1　　　　　　　　　　　　　　题图 9-2

3. 利用宏编程技术实现题图 9-3 所示工件的沉头孔，选用直径为 8 mm 的铣刀。

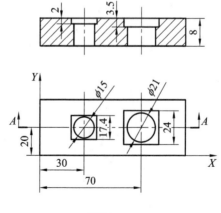

题图 9-3

4. 利用宏编程技术实现题图 9-4 所示零件的轮廓多曲线段车削零件的粗、精加工。其中，各区段分别如下：

抛物线段（$-U \leqslant Z < 0$）：$Z = -\dfrac{X^2}{4}$；

斜线段（$-V \leqslant Z \leqslant -U$）；

1/4 椭圆段（$-[V+a] \leqslant Z \leqslant -V$）：$\dfrac{Z^2}{a^2} + \dfrac{X^2}{b^2} = 1$；

圆柱段（$-W \leqslant Z \leqslant -[V+a]$）。

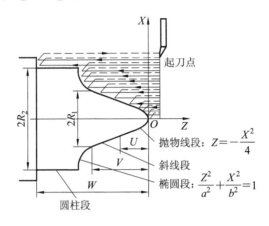

题图 9-4

5. 编写加工题图 9-5 所示两个相互垂直椭圆柱面的交线轮廓的程序（不加工柱面）。需要加工的是平置椭圆柱 A 的 1/4 面与立置椭圆柱 B 的 1/2 面产生的交线，其中立置椭圆柱的长、短轴尺寸为 d_1、d_2（XY 方向），平置椭圆柱的长、短轴尺寸为 d_1、d_3（XZ 方向），平置椭圆柱轴心到工件下表面的距离为 d_4。

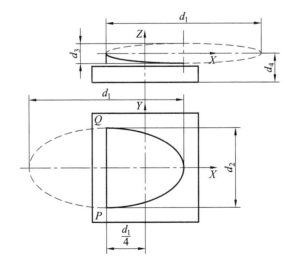

题图 9-5

参 考 文 献

［1］ 何雪明，吴晓光，刘有余. 数控技术［M］. 3 版. 武汉：华中科技大学出版社，2016.

［2］ 董玉红. 数控技术［M］. 2 版. 北京：高等教育出版社，2012.

［3］ 詹华西. 数控加工与编程［M］. 3 版. 西安：西安电子科技大学出版社，2014.

［4］ 叶伯生，戴永清. 数控加工编程与操作［M］. 3 版. 武汉：华中科技大学出版社，2015.

［5］ 陆启建，刘明灯，祁欣. 数控系统的新进展［J］. 制造技术与机床，2022（10）：112 - 118.

［6］ 季泽平，田春苗，郭世杰. 数控机床几何误差研究现状与展望［J］. 航空制造技术，2021，64(22)：65 - 77.

［7］ 马文竹，付双松，齐向阳，等. 数控机床几何与热误差研究方法综述［J］. 机床与液压，2024，52（14）：210 - 218.

［8］ 华中数控股份有限公司. 世纪星数控车床系统编程说明书［Z］. 武汉：华中数控股份有限公司，2009.

［9］ 华中数控股份有限公司. 世纪星数控铣床系统编程说明书［Z］. 武汉：华中数控股份有限公司，2009.

［10］ 华中数控股份有限公司. 华中 8 型数控系统编程说明书［Z］. 武汉：华中数控股份有限公司，2020.